重型燃气轮机通流部件状态监测与故障诊断方法研究

应雨龙 李靖超 等 著

科学出版社
北京

内 容 简 介

本书主要涉及重型燃气轮机通流部件状态监测与故障诊断方法研究，提出了重型燃气轮机寿命预测方法，基于修正曲线的燃气轮机状态监测方法，重型燃气轮机自适应热力建模方法，瞬态变工况下燃气轮机自适应气路故障诊断方法，基于机器学习的燃气轮机气路故障诊断方法，重型燃气轮机进、排气系统性能诊断方法，计及进口导叶的燃气轮机全通流气路故障诊断方法，基于通流部件多级基因精准画像的燃气轮机智慧诊断方法，考虑周向温度分布不均的燃气轮机燃烧室故障诊断方法，基于数据和知识联合驱动的燃气轮机自适应燃烧调整方法。

本书可作为航空工业、航天工业、舰船工业、工业电站、能源、石油和天然气管道运输等领域的高校教师、研究生和相关科研人员进行教学、学习和科研的参考用书。

图书在版编目（CIP）数据

重型燃气轮机通流部件状态监测与故障诊断方法研究 / 应雨龙等著.
北京：科学出版社，2025.5. -- ISBN 978-7-03-079568-7

Ⅰ.TK47

中国国家版本馆 CIP 数据核字第 2024BN7688 号

责任编辑：王喜军　赵微微 / 责任校对：王萌萌
责任印制：徐晓晨 / 封面设计：无极书装

科学出版社 出版
北京东黄城根北街 16 号
邮政编码：100717
http://www.sciencep.com

北京华宇信诺印刷有限公司 印刷
科学出版社发行　各地新华书店经销

*

2025 年 5 月第 一 版　开本：720×1000　1/16
2025 年 5 月第一次印刷　印张：16 3/4
字数：338 000

定价：158.00 元
（如有印装质量问题，我社负责调换）

作者名单

应雨龙　李靖超　武文杰
张　斌　曾令艳

前　言

　　重型燃气轮机作为能源高效转换与洁净利用的核心动力装备，是一种各部件强非线性耦合的热力系统，环境和控制条件的变化都会致使燃气轮机热力系统内部状态发生显著变化，这给通过有效方法来诊断与预测这种强非线性热力系统的部件性能衰退、老化、损伤及故障情况带来了极大困难，至今无论是国内外制造商还是第三方技术服务商均没有开发出成熟的诊断产品。燃气轮机通流部件运行工况复杂、恶劣，易产生各种性能衰退或损伤，并导致严重的故障发生。由于电厂频繁调频调峰的需求，燃气轮机需要更加灵活地运行，这会加速机组设计寿命的损耗。但是，燃气轮机运行维护仍严格按照制造商要求的时间间隔进行定期检修，普遍存在过修和失修，运行维护成本极高。为提高设备安全性和可靠性，降低运行维护成本，应采用视情维修策略，根据机组设备健康状态自主化安排检修计划。要实现对部件性能的分析，需要用户掌握燃气轮机的工作特性，然而受限于国外制造商的技术封锁，燃气轮机本体部件性能诊断困难重重。

　　燃气轮机的性能健康状态通常可由各主要部件的健康参数来表示。然而，这些至关重要的健康状态信息不能直接测得，因此不易监测诊断。目前，重型燃气轮机气路故障分析方法根据诊断机理可以分为基于热力模型决策的气路故障诊断方法和基于人工智能的气路故障诊断方法。基于人工智能的气路故障诊断方法往往需要基于已有设备故障数据样本集，对于样本集中未涉及的故障类型，这种方法通常难以给出准确的诊断结果。在燃气轮机实际运行过程中，缺乏标定的健康数据样本集和各种故障数据样本集，尤其是，对于一种新型或刚投运的燃气轮机，难以在短时间内建立能够覆盖所有故障类型的完备故障样本集，且通过历史运行经验和现场监测数据来积累故障模式与故障征兆之间的关系规则库是项艰难而费时费力的工作，制约了基于人工智能诊断技术的应用。此外，基于人工智能的气路故障诊断方法难以定量评估故障严重程度。而基于热力模型决策的气路故障诊断方法的特点在于无须积累部件故障数据样本集，不需要对各类故障数据样本集进行标定，就可以定量评估部件故障严重程度，特别地，可以诊断部件性能缓变恶化的情况。当前气路故障诊断方法主要是在燃气轮机稳态或准稳态工况下提出的。然而，由于电厂频繁调峰的需求，燃气轮机越来越需要在电网支持模式下更加灵活地运行。在频繁启停、动态加减载等变工况模式下，燃气轮机的使用寿命比基本负荷稳态工况消耗得更快。为延长燃气轮机的使用寿命、提高其可靠性与可用性、降低运行维护成本，用户应高度重视电厂燃气轮机在瞬态变工况下气路故障诊断的研究。虽然已有少数学者开展了相关研究，但他们的研究主要集中在仿真测试上，且没有考虑可变几何部件的影响。

　　本书综合考虑瞬变工况、可变几何、抽气冷却等实际因素，系统性地从工况适用性、诊断准确性、计算实时性等方面开展工业燃气轮机故障预测诊断技术创新，从原理上实现机组性能分析—诊断—预测方法的有效耦合，为实现复杂强非线性热力系统故障诊断与预测提出新方法；在功能上实现详尽的、量化的、准确的各主要部件的故障诊断与预测目的，给制定恰当合理的优化控制和维修策略提供理论和数据支撑。

　　针对当前电厂燃气轮机运行维护严格按照制造商要求的时间间隔进行定期检修的问题，提出融合各主要部件健康参数的多维度时序预测方法，以达到准确预测某一部件性能衰退到某一检修阈值前的剩余使用寿命和预测未来时序内的部件及整机系统性能衰退情况的目的。

　　针对长期基本负荷运行的重型燃气轮机机组，提出基于修正曲线的燃气轮机状态监测方法，通过机组性能修正曲线将现场环境边界条件下的整机性能参数（燃气轮机输出功率、燃气轮机效率、透平排烟质量流量、透平排温）修正至标准环境边界条件下的整机性能参数，消除环境边界对机组性能的影响，实时在线监测整机性能衰减情况。

　　针对以机组性能分析和气路故障诊断为目的的高精度燃气轮机热力模型的建模问题，综合考虑运行工况、环境边界、可变几何、抽气冷却等各种实际干扰因素，提出适用于瞬态变工况且包含可变几何部件的重型燃气轮机自适应热力建模方法。所提出的方法可以应用于各种不同类型的燃气轮机，可以作为工业燃气轮机高精度热力建模的一套可供参考的规范化建模方法。

　　针对从采集的机组运行数据中已很难再过滤出可供气路故障诊断的准稳态数据段的问题，提出瞬态变工况下燃气轮机自适应气路故障诊断方法，对比分析在瞬态变工况下采用牛顿-拉弗森算法和卡尔曼滤波器作为诊断驱动算法的可靠性与准确性。通过稳态热力模型与牛顿-拉弗森算法可以在瞬态变工况下对燃气轮机缓变故障和突变故障进行量化诊断。

　　为降低电厂用户部署基于热力模型决策的燃气轮机气路故障诊断方法的技术成本，提出基于模型与数据混合驱动的燃气轮机气路故障诊断方法，可以有效弥补通过历史运行维护经验积累故障模式与故障征兆间关系规则库的不足。将训练得到的气路故障预测模型部署到对应燃气轮机电厂中，随着机组运行，根据机组实测气路测量数据可以实时预测诊断出各部件健康参数，实现各个通流部件的性能量化诊断。此外，为进一步提高基于数据驱动的燃气轮机气路故障诊断方法的准确性，提出基于双通道特征融合并行优化的气路故障诊断方法。

相较于基于传统机器学习及深度学习的气路故障诊断方法，本书所提方法具有更优的辨识精度。

针对现有重型燃气轮机进、排气系统状态监测技术仅从压差来判断进、排气系统管路性能状况变化的问题，设计无量纲化的压损特性指数来作为重型燃气轮机的进、排气系统的性能健康量化指标，提出一种基于压损特性指数的重型燃气轮机进、排气系统性能诊断方法。用压损特性指数来表征进、排气系统管路状况变化的量化指标，从数学本质上诊断工质流经的管路性能状况变化情况，为制定恰当合理的进、排气系统维修策略提供理论指导。

针对原有的气路故障诊断方法适用边界越来越窄的问题，提出计及进口导叶的燃气轮机全通流气路故障诊断方法。本书所提出的方法可实现燃气轮机机组并网后全工况（从进口导叶最小开度负荷至进口导叶全开基本负荷）全通流部件（进气系统、压气机、透平和排气系统）的实时在线故障量化诊断，揭示气路恶化发展规律，实现在瞬态变工况下的故障辨识。

基于工业燃气轮机机组具有物质性、信息性、继承性、易损性、可分类性与预测性和生物基因类似的特点，将燃气轮机机组的热工量、机械量所携带的固有的、本质的无意"调制"信息，作为机组健康状态的可识别"基因"特征，提出基于通流部件多级基因精准画像的燃气轮机智慧诊断方法，以期实现电厂燃气轮机故障预测诊断的"可视化、精准化与智能化"。

针对重型燃气轮机燃烧室性能诊断问题，提出考虑周向温度分布不均的燃气轮机燃烧室故障诊断方法，建立考虑周向温度分布不均的燃气轮机热力模型，设计基于透平排温周向偏差和燃料分配系数的燃烧室故障诊断策略。

针对工业燃气轮机贫燃料预混燃烧稳定控制的基础问题，提出基于数据和知识联合驱动的燃气轮机自适应燃烧调整方法。在计及部件性能退化的燃气轮机全通流数学建模的基础上，设计基于燃气轮机全通流热力模型的燃烧状态特征提取器；针对燃烧振荡热声耦合特性，建立燃烧稳定性、排放水平与燃烧室载荷、各燃烧器当量比等燃烧状态特征参数的量化关系规则库，揭示燃烧振荡产生机理；再设计用于燃烧调整的深度学习模型，并通过迁移学习，建立一套基于深度强化学习的工业燃气轮机自适应燃烧调整系统，实现燃气轮机燃烧调整的"精准化与智能化"。

本书是作者近十五年研究成果的总结。研究内容的完成得益于前期科研项目的支持，包括上海市经济和信息化委员会工业强基专项"清洁低碳先进燃气轮机主要装备及关键技术研究与开发"（GYQJ-2023-1-06）、上海市"曙光计划"项目"基于知识和数据联合驱动的重型燃机自适应燃烧调整方法"（23SG55）、航空发动机及燃气轮机基础科学中心项目"高效、零排放先进燃气轮机联合循环整机气动匹配仿真技术"（P2022-C-I-001-001）、上海市"科技创新行动计划"启明星项目

"基于基因画像的燃气轮机智能诊断与寿命预测研究"（23QA1403800）、国家自然科学基金项目"瞬态变工况下燃气轮机自适应气路故障预测诊断方法研究"（51806135）、中央高校基本科研业务费专项资金资助项目"燃气轮机健康预测与故障诊断技术研究"（HEUCFZ1005）、上海高校青年教师培养资助计划重点项目"工匠精神在'燃气轮机与联合循环'课程中的思政教育应用"（ZZsdl18002），以及电力企业横向项目"三菱M701F4燃气轮机故障预警及诊断平台搭建"（H2021-238）、"燃气轮机发电系统传感器故障诊断与信号处理技术"（16B12）、"燃气轮机检修周期与检修策略技术研究"（H2020-007）。中国电机工程学会燃气轮机发电专业委员会在2022年第24卷第3期《燃气轮机发电技术》对本书技术成果做了封面报道。此外，感谢上海电机学院对本书出版的资助与支持。

  由于作者水平有限，书中难免存在不妥之处，希望广大同行专家在阅读本书后提出宝贵意见。

应雨龙

2025 年 1 月

yingyulong060313@163.com

目 录

前言
第1章　绪论 ··· 1
  1.1　重型燃气轮机通流部件故障诊断的研究意义 ······································· 1
  1.2　重型燃气轮机通流部件故障诊断的国内外研究现状分析 ······················· 2
      1.2.1　基于人工智能的气路故障诊断方法 ·· 3
      1.2.2　基于热力模型决策的气路故障诊断方法 ······································ 5
      1.2.3　寿命预测方法 ·· 8
      1.2.4　燃烧调整与优化方法 ··· 9
  1.3　亟待解决的问题 ··· 13
  参考文献 ··· 14
第2章　重型燃气轮机寿命预测方法研究 ··· 18
  2.1　重型燃气轮机耐用件的寿命计算 ·· 18
      2.1.1　低周疲劳寿命的计算方法 ··· 19
      2.1.2　蠕变寿命的计算方法 ··· 20
      2.1.3　蠕变与低周疲劳交互作用下寿命的计算方法 ······························· 20
  2.2　重型燃气轮机等效运行小时数计算 ··· 21
      2.2.1　国家标准等效运行小时数计算 ··· 22
      2.2.2　三菱燃气轮机等效运行小时数计算 ·· 22
      2.2.3　西门子燃气轮机等效运行小时数计算 ······································· 23
      2.2.4　GE 燃气轮机等效运行小时数计算 ·· 24
  2.3　基于部件健康参数的重型燃气轮机寿命预测方法 ··························· 26
  参考文献 ··· 29
第3章　基于修正曲线的燃气轮机状态监测方法研究 ····························· 30
  3.1　燃气轮机控制系统简介 ·· 30
      3.1.1　燃气轮机模拟量控制系统 ··· 30
      3.1.2　燃气轮机顺序控制系统 ·· 31
      3.1.3　燃气轮机专用保护系统 ·· 32
  3.2　理想简单循环燃气轮机性能分析 ·· 34
  3.3　燃气轮机运行经济性及耗差分析建模 ··· 37

3.4 基于修正曲线的燃气轮机整机性能诊断方法 ································ 38
3.4.1 修正曲线的绘制 ·· 38
3.4.2 基于修正曲线的整机性能诊断 ··· 53
3.4.3 应用与分析 ·· 57
参考文献 ··· 59

第 4 章 重型燃气轮机自适应热力建模方法研究 ···································· 60
4.1 基于外特性的重型燃气轮机热力建模方法 ···································· 60
4.2 基于物理机理的重型燃气轮机自适应热力建模方法 ························ 66
4.2.1 设计工况自适应修正 ··· 67
4.2.2 变工况自适应修正 ·· 71
4.3 应用与分析 ·· 72
4.3.1 对象燃气轮机 ·· 72
4.3.2 设计工况自适应 ··· 76
4.3.3 不同进口导叶开度位置下的质量流量修正 ······························ 79
4.3.4 变工况的部件特性线修正 ··· 80
参考文献 ··· 83

第 5 章 瞬态变工况下燃气轮机自适应气路故障诊断方法研究 ················· 84
5.1 燃气轮机稳态热力建模 ··· 85
5.1.1 基于 ISO 2314 准则的等效冷却流量处理 ······························· 85
5.1.2 气路部件热力建模 ·· 86
5.1.3 气路部件健康参数 ·· 90
5.1.4 气路部件故障规则 ·· 91
5.2 瞬态变工况下气路故障诊断方法 ··· 92
5.2.1 气路故障诊断方法 ·· 92
5.2.2 诊断驱动算法 ·· 94
5.3 应用与分析 ·· 96
5.3.1 待诊断对象燃气轮机 ··· 96
5.3.2 气路部件故障模拟 ·· 97
5.3.3 案例分析 ··· 100
参考文献 ·· 107

第 6 章 基于机器学习的燃气轮机气路故障诊断方法研究 ······················ 108
6.1 基于深度学习的燃气轮机透平排温预测方法 ································ 108
6.1.1 透平排温预测的简化关系模型 ·· 109
6.1.2 透平排温预测的实际关系模型 ·· 112
6.2 基于模型与数据混合驱动的燃气轮机气路故障诊断方法 ················ 115

6.2.1 基于模型与数据混合驱动的燃气轮机气路故障诊断策略 …………… 116
6.2.2 仿真实验与分析 ……………………………………………………… 117
6.3 基于双通道特征融合并行优化的燃气轮机气路故障诊断方法 ………… 125
6.3.1 双通道特征融合并行优化模型 ……………………………………… 126
6.3.2 仿真实验与分析 ……………………………………………………… 130
6.4 基于机器学习的重型燃气轮机全通流部件性能诊断方法 ……………… 137
6.4.1 高精度重型燃气轮机热力模型 ……………………………………… 138
6.4.2 故障模式与故障征兆知识库 ………………………………………… 138
6.4.3 诊断策略 ……………………………………………………………… 143
6.4.4 应用与分析 …………………………………………………………… 145
参考文献 …………………………………………………………………………… 156

第 7 章 重型燃气轮机进、排气系统性能诊断方法研究 ……………………… 158
7.1 进、排气系统健康特征参数 ……………………………………………… 158
7.1.1 进气系统健康特征参数 ……………………………………………… 158
7.1.2 排气系统健康特征参数 ……………………………………………… 160
7.2 进、排气系统性能诊断方法 ……………………………………………… 160
7.3 应用与分析 ………………………………………………………………… 162
7.3.1 仿真实验测试 ………………………………………………………… 162
7.3.2 现场运行测试 ………………………………………………………… 164
参考文献 …………………………………………………………………………… 167

第 8 章 计及进口导叶的燃气轮机全通流气路故障诊断方法研究 …………… 168
8.1 计及进口导叶的燃气轮机全通流热力建模 ……………………………… 168
8.2 燃气轮机全通流气路故障诊断方法 ……………………………………… 176
8.3 应用与分析 ………………………………………………………………… 181
8.3.1 目标对象燃气轮机 …………………………………………………… 181
8.3.2 燃气轮机热力模型验证 ……………………………………………… 182
8.3.3 气路诊断仿真测试 …………………………………………………… 183
8.3.4 气路诊断现场测试 …………………………………………………… 189
参考文献 …………………………………………………………………………… 199

第 9 章 基于通流部件多级基因精准画像的燃气轮机智慧诊断方法研究 …… 200
9.1 研究目标与内容 …………………………………………………………… 201
9.1.1 燃气轮机多级基因数学建模 ………………………………………… 201
9.1.2 基于热力模型的多级基因特征提取 ………………………………… 202
9.1.3 基于知识和数据联合驱动的智慧诊断 ……………………………… 203
9.2 拟解决的关键科学问题 …………………………………………………… 203

9.3 研究思路、方法与技术路线 ·· 205
   9.3.1 基于燃气轮机基因认知的多级数学建模 ···························· 205
   9.3.2 基于热力模型的多级基因特征提取器的设计 ······················· 207
   9.3.3 基于基因画像的智慧诊断系统的构建 ································ 210
参考文献 ··· 215

第 10 章 考虑周向温度分布不均的燃气轮机燃烧室故障诊断方法研究 ··· 216
10.1 基于透平排温周向偏差的燃烧室故障诊断方法 ····················· 216
10.2 基于燃料分配系数的燃烧室故障诊断方法 ···························· 222
   10.2.1 考虑周向温度分布不均的燃气轮机热力建模 ····················· 222
   10.2.2 基于燃料分配系数的燃烧室故障诊断策略 ························ 225
10.3 应用与分析 ··· 228
参考文献 ··· 233

第 11 章 基于数据和知识联合驱动的燃气轮机自适应燃烧调整方法研究 ··· 234
11.1 燃气轮机燃烧室燃烧稳定性原理分析 ································· 234
   11.1.1 扩散燃烧与预混燃烧 ·· 234
   11.1.2 热声振荡产生机理 ·· 236
11.2 燃气轮机燃烧室燃烧调整技术发展现状 ······························ 237
11.3 基于机器学习的燃烧调整优化 ··· 244
   11.3.1 燃烧调整优化目标 ·· 245
   11.3.2 机器学习模型建立 ·· 246
11.4 基于数据和知识联合驱动的燃烧调整优化 ··························· 248
   11.4.1 研究目标与内容 ·· 248
   11.4.2 拟解决的关键科学问题 ·· 249
   11.4.3 研究思路、方法与技术路线 ·· 251
参考文献 ··· 255

第1章 绪　　论

1.1　重型燃气轮机通流部件故障诊断的研究意义

燃气轮机是一种将气体或液体燃料的化学能转变为有用功的内燃式叶轮旋转机械。根据燃气轮机的用途，可将其分为航空发动机、舰船燃气轮机、重型燃气轮机、小型燃气轮机和微型燃气轮机等[1]。因其具备启停快速、调载能力强、热效率高及环保等优异性能，已被广泛应用于石油和天然气管道运输、舰船工业、航空工业和工业电站等领域[2]。作为能源转换装备制造业的高端产品，燃气轮机被誉为装备制造业"皇冠上的明珠"，是工业强国的重要标志之一，并被我国列为优先发展的重大装备，对国家国防、能源等重要领域的安全发展具有特别重要的意义。其中，重型燃气轮机被广泛应用于燃气-蒸汽联合循环电厂[3]。据统计，重型燃气轮机发电是继煤电和核电之后当今世界第三大发电方式，重型燃气轮机将是21世纪乃至更长时期内能源高效转换与洁净利用系统的核心动力设备[4]。工业燃气轮机运行过程中，在恶劣工况条件（机组内部的高温、高压、高转速、高热流、高强度燃烧及高机械应力和热应力）以及周围污染的环境条件下，其主要部件（如压气机、燃烧室和透平）会随着运行时间的增加产生各种各样的性能衰退或损伤，如积垢、泄漏、腐蚀、热畸变、内物损伤等，并易导致各种严重的故障发生。随着重型燃气轮机技术发展，其维修成本在不断增加，在F级重型燃气轮机电厂全寿命周期总成本中，运行维护总费用占15%~20%，其中维修费用占总成本的10%~15%，且随着技术的进步，虽然基建和燃料成本所占的比例逐渐下降，但维修费用所占比例逐渐上升[5]。透平、压气机、燃烧室等通流部件是重型燃气轮机最易发生故障的部件，其性能的渐变退化是机组运行的必然结果，会影响机组的可用性、可靠性和运行成本。目前，世界主要的燃气轮机制造商都在研发下一代重型燃气轮机（H级、G级），其压比和燃气初温更高，单机功率更大，且现今燃气轮机越来越需要在电网支持模式下更灵活地运行，增加了其失效的风险，为此，对其运行可靠性的要求越来越高[6, 7]。

当前电厂燃气轮机用户的日常维修策略通常采用预防性维修保养，即严格按照燃气轮机制造商提供的技术文件和有关规范中要求的等效运行小时数（equivalent operating hour，EOH）来决定燃气轮机通流部件是否需要小修、中修、大修。对于机组的停机检修，无论是计划内的（普遍存在过修和失修情况）还是计划外的，总是意味着高昂的运行和维修成本。我国作为燃气轮机用户大国，为提高设备的可靠性和可用性，同时最大限度地延长使用寿命，降低运行维护成本，用户需要通过监测、诊断和预测手段根据机组实际性能健康状况来采取相应的维修策略，即采用视情维修（预测性维修）。通常，视情维修的可靠性与有效性取决于以下两个主要过程[8-10]。

（1）故障诊断：①故障检测，监测正在演变或即将发生的恶化情况；②故障隔离，定位病态部件；③故障识别，判断故障根源。

（2）寿命预测：①预测即将发生的故障；②评估机组剩余使用寿命。

为推动从预防性维修保养过渡到预测性维修保养的维修理念改革，本书针对上述电厂燃气轮机运行维护问题，开展重型燃气轮机状态监测与故障诊断方法研究，实现电厂燃气轮机故障预测诊断的"可视化、精准化与智能化"，以便及时制定恰当合理的维修策略，防止过修和失修，提供控制优化指导，提高机组的可靠性与可用性，最大限度地延长使用寿命，降低运行维护成本，以期打造适应智慧电厂应用的复杂强非线性热力系统故障预测诊断安全防护体系。

1.2 重型燃气轮机通流部件故障诊断的国内外研究现状分析

燃气轮机是一种输入-状态-输出三者强非线性耦合的热力系统，环境条件（如大气温度、大气压力、大气相对湿度）和操作控制条件的变化都会致使燃气轮机热力系统内部状态（如各通流部件的性能参数）发生显著变化，这给如何通过有效方法来诊断与预测这种强非线性热力系统的部件性能衰退、老化、损伤及故障情况带来了极大的挑战。

根据故障机理，燃气轮机常见故障情况如图1.1所示。燃气轮机的故障通常分为两大类：一类是与机械性质有关，而与空气动力学及热力学无耦合关系，如轴不对中、质量不平衡、轴承缺陷、油膜失稳等机械故障。对于这些机械故障，众多技术手段，如振动分析[11, 12]、油屑分析、噪声分析、热成像、金属温度分析、应力分析等方法，可用于对其诊断，这些技术已趋于成熟。Silva等[13]提出了一种基于连续小波变换的单点碰摩早期故障检测方法，该方法通过机壳上的振动加速度信号来实现转子与壳体碰摩的诊断。另一类是与空气动力学及热力学相关，如压气机积垢、透平腐蚀等通流部件故障情况。对于这类气路故障，气路故障分析方法是一种对正在演变或即将发生的通流部件性能恶化情况发布早期预警信息的技术手段。目前，气路故障分析方法根据诊断机理可以分为基于人工智能的气路故障诊断方法和基于热力模型决策的气路故障诊断方法。

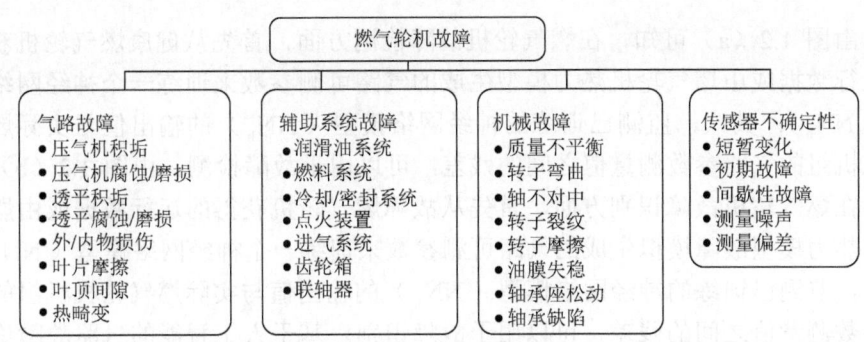

图 1.1 燃气轮机常见故障情况

1.2.1 基于人工智能的气路故障诊断方法

燃气轮机的性能健康状况通常可由各主要通流部件的健康参数来表示，如压气机和透平的流量特性指数（表征部件的通流能力）、压气机和透平的效率特性指数（表征部件的运行效率），以及燃烧室的燃烧效率指数。然而，这些至关重要的健康状态信息不能直接测得，因此不易监测诊断。基于数据驱动的人工智能诊断技术有神经网络[14-17]、贝叶斯网络、模糊逻辑[18-21]、支持向量机和粗糙集理论等方法。采用人工神经网络进行故障检测与故障识别的原理如图 1.2 所示。

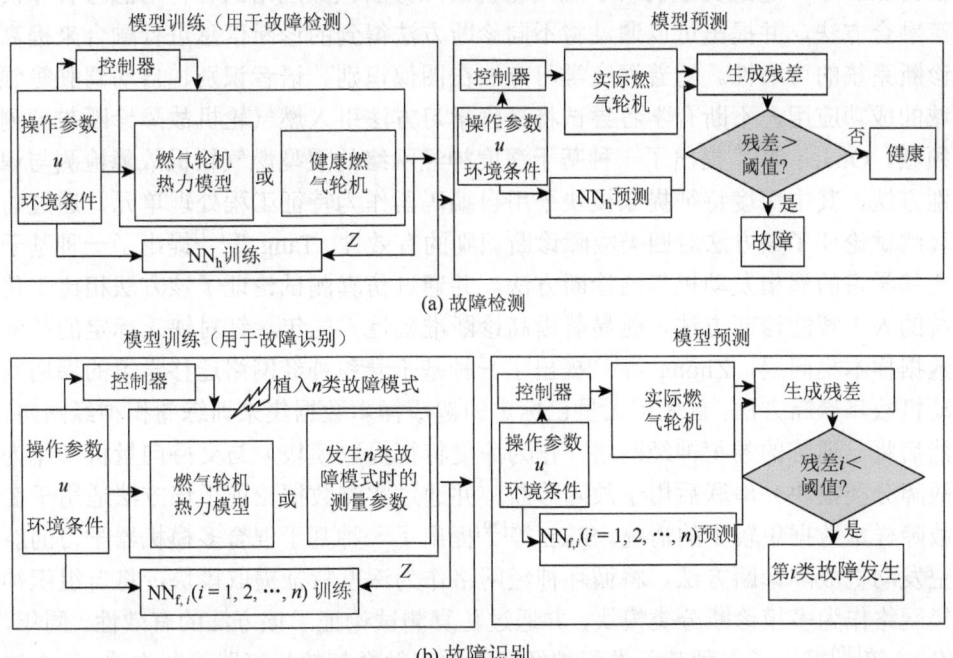

(a) 故障检测

(b) 故障识别

图 1.2 采用人工神经网络进行故障检测与故障识别的原理

由图 1.2（a）可知，在燃气轮机故障检测方面，首先从健康燃气轮机获得的运行数据或由燃气轮机热力模型生成的气路可测参数来训练一个神经网络模型（NN_h）；其次，监测已训练的神经网络模型（NN_h）的输出值与实际燃气轮机机组的气路参数测量值之间的残差，可以用于故障检测。由图 1.2（b）可知，在燃气轮机故障识别方面，首先从故障燃气轮机获得的运行数据或由燃气轮机热力模型故障模拟生成的气路可测参数来训练一个神经网络模型（NN_f）；其次，监测已训练的神经网络模型（NN_f）的输出值与实际燃气轮机机组的气路参数测量值之间的残差，可以用于故障识别。基于人工智能的气路故障诊断方法往往需要建立在已有燃气轮机机组故障数据样本集上，对于样本集中未涉及的故障类型，这种方法通常难以给出准确的诊断结果。Amare 等[22]提出了一种集成自联想神经网络、机器学习分类器和多层感知器的燃气轮机混合智能诊断方法，通过仿真测试论证了该混合智能诊断方法相对于单一智能诊断方法能提高诊断的可靠性。Losi 等[23]提出了一种基于贝叶斯分层模型的燃气轮机时序信号异常检测方法，并通过仿真测试阐述了该方法对传感器冲击故障与固定偏差故障检测的有效性。同年，Fentaye 等[24]对比分析了基于热力模型决策的气路故障诊断方法和基于人工智能的气路故障诊断方法的各自优缺点，并阐述了基于人工智能的气路故障诊断方法及其混合诊断方法具有更大的应用潜力。Zaccaria 等[25]通过文献调研了燃气轮机故障诊断领域应用的各种信息融合和决策融合方法，并提出可以通过将不同诊断方法得到的诊断信息进行融合来提高诊断系统的可靠性。随着深度学习方法在图像识别、语音识别、自动驾驶等领域的成功应用，不断有学者尝试将深度学习方法引入燃气轮机故障诊断与预测领域。Oliaee 等[26]提出了一种基于深度神经网络的重型燃气轮机故障检测与识别方法，其中深度特征提取模块采用自编码器作为特征工程处理单元，通过仿真测试论证了该方法对四类故障诊断识别的有效性。Tang 等[27]提出了一种基于迁移学习的涡扇发动机气路诊断方法，并通过仿真测试论证了该方法相比于传统的人工智能诊断方法，能显著提高诊断准确性。同年，针对缺乏标定的故障数据样本集问题，Zhong 等[28]提出了一种基于卷积神经网络迁移学习的涡扇发动机故障诊断方法，首先用大量已标定的健康样本数据集来训练卷积神经网络，然后将已训练的卷积神经网络（作为深度特征提取模块）与支持向量机（作为故障分类模块）串联后用于故障诊断，并通过实测数据论证了该方法适用于在故障样本数据集较少的情况。Shen 等[29]提出了一种基于混合多模机器学习的航空发动机故障诊断方法，将循环神经网络作为深度特征提取模块，将自组织神经网络作为多模诊断分类模块，并通过仿真测试论证了该方法的有效性。同年，Zhou 等[30]提出了一种基于卷积神经网络的双轴燃气轮机气路诊断方法，该方法首次尝试了将多维时序气路可测参数所构成的数据矩阵转换成二维图像，利用卷积神经网络对图像空间结构局部特征的感知能力来实现深度特征提取与分类识别，并通过仿真测试论证了该方法对部件故障与传感器故障分类识别的有效性。同年，Yan[31]提出了一种基于深度表示学习的燃气轮机燃烧室半监督异常检测方法，首先通过深度特征提取方法对传感器时序测量参数进行深度表示学习，再通过极限学习机来建立半监督异常检测模型，并通过实测数据论证了该方法对燃烧室异常或故障检测的有效性。深度学习方法给在智慧电厂应用场景下的燃气轮机故障诊断与预测提供了新的思路和技术，目前基于深度学习的燃气轮机故障诊断方法主要直接利用传感器采集的时序数据作为训练样本，试图让算法自己去寻找故障特征，在仿真层面取得了一定效果，但由于其"黑箱"的特点，最好与特征工程的方法相结合来研究，以增强深度学习模型的可解释性，提高故障特征识别机理方面的认识。在重型燃气轮机的实际运行过程中，由于缺乏各种标定的故障数据样本集，尤其对于新型或刚投运的机组，难以在短时间内建立能够覆盖所有故障类型的完备故障样本集，制约了该方法的应用，且该方法难以定量评估故障严重程度。由于当前尚未形成标准的燃气轮机故障诊断范式，通过历史运行经验和现场监测数据，来积累故障模式与故障征兆之间的关系规则库，是项艰难而费时费力的工作。

1.2.2 基于热力模型决策的气路故障诊断方法

在燃气轮机运行操作过程中，当某些部件发生性能衰退或损伤时，其内在性能参数（如压比、质量流量、等熵效率等）会发生改变，并导致外在的气路可测参数（如温度、压力、转速等）发生变化，如图 1.3 所示。

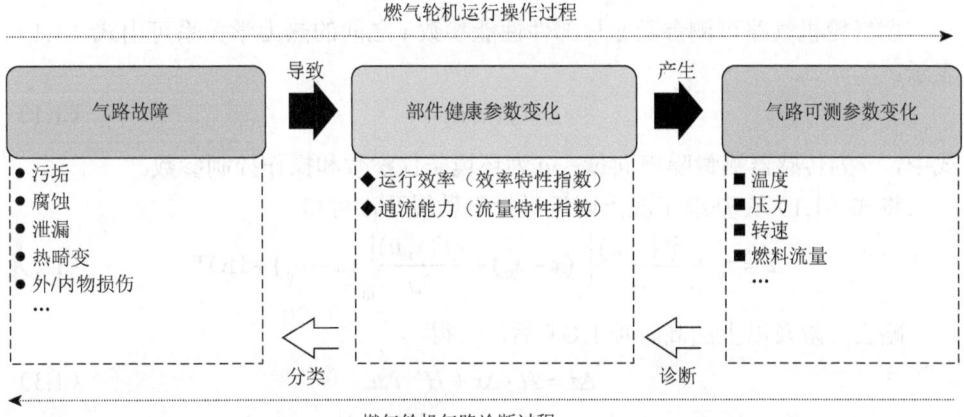

图 1.3　通流部件内在性能参数与外在气路可测参数之间的热力学耦合关系

针对上述人工智能诊断方法存在的问题，基于热力模型的气路故障诊断方法应运而生。其物理原理是利用机组可测气路参数（如环境条件参数、操作控制参数以及各部件进出口截面处的温度、压力等）通过热力学耦合关系式求解部件性能参数（如质量流量、压比/膨胀比、等熵效率等），进而求得部件健康参数（在同一部件特性线图上比较发生性能衰退/损伤情况下的部件运行点与健康情况下的运行点，以此观测特性线偏移的程度和方向，如图 1.4 所示，即得到部件健康参数），并以此来检测、识别性能衰退/损伤的部件并量化严重程度。

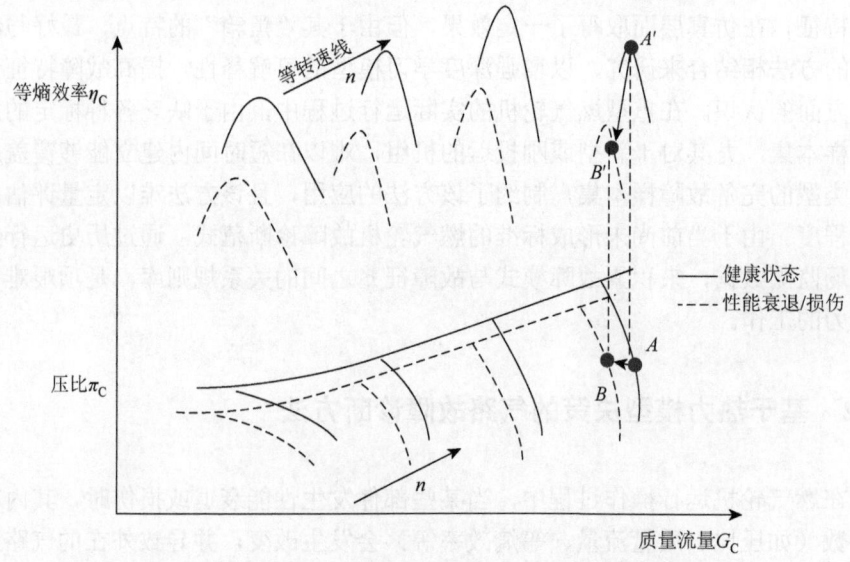

图 1.4 压气机发生性能衰退或损伤时的特性线偏移情况

燃气轮机气路可测参数 z 与部件性能参数 x 之间的热力学关系可由式（1.1）表示：

$$z = f(x, u) + v \tag{1.1}$$

式中，v 为传感器测量噪声向量；u 为环境条件参数和操作控制参数。

将式（1.1）在基准工况点附近进行泰勒展开，可得

$$z = z_0 + \left.\frac{\delta f(x,u)}{\delta x}\right|_0 (x - x_0) + \left.\frac{\delta f(x,u)}{\delta u}\right|_0 (u - u_0) + \text{HOT} \tag{1.2}$$

略去二阶及以上的高阶项 HOT 后，可得

$$\Delta z = H \cdot \Delta x + H' \cdot \Delta u \tag{1.3}$$

式中，$H = \left.\dfrac{\delta f(x,u)}{\delta x}\right|_0$ 为影响系数矩阵；$H' = \left.\dfrac{\delta f(x,u)}{\delta u}\right|_0$。

假设环境条件和操作条件维持在基准工况点（如设计工况）上，即 $\Delta u=0$，式（1.3）可进一步简化为

$$\Delta z = H \cdot \Delta x \tag{1.4}$$

$$\Delta x = H^{-1} \cdot \Delta z \tag{1.5}$$

式中，H^{-1} 为故障系数矩阵。

因此，基于热力模型决策的气路故障诊断需要由气路可测参数通过热力学耦合关系式求解得到部件性能参数，进而求得部件健康参数，用于评估机组性能健康状态的逆求解的数学过程，如图 1.5 所示。

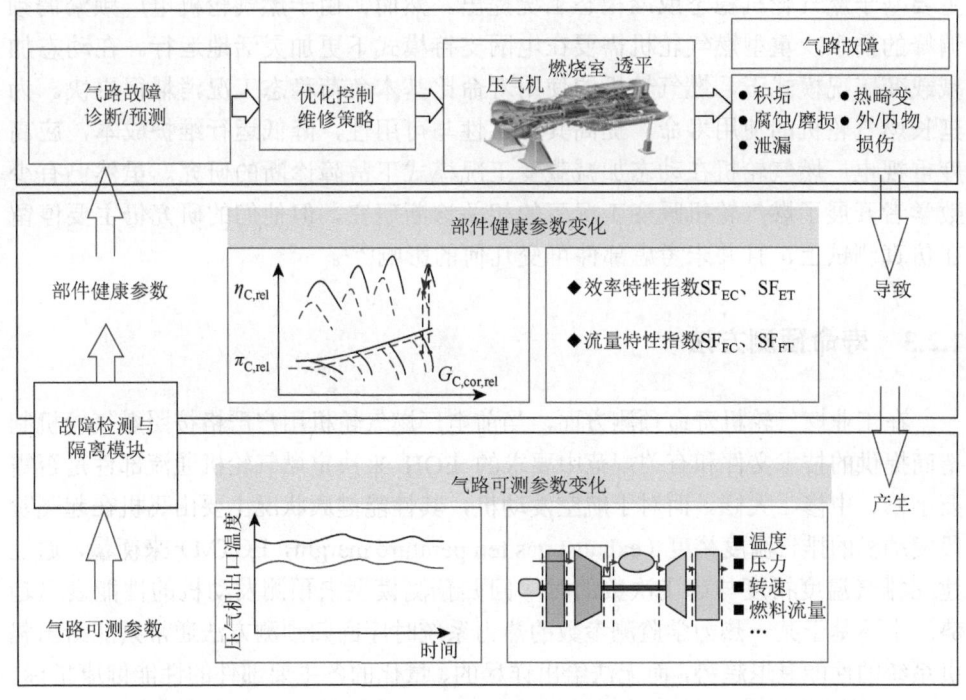

图 1.5　基于热力模型的燃气轮机气路诊断过程

基于热力模型的气路故障诊断方法的优点在于无须积累部件故障数据样本集，不需要对各类故障数据样本集进行标定，且可以定量评估部件故障严重程度，特别地，可以诊断部件性能缓变恶化的情况。该方法按使用的热力模型可以分为小偏差线性化诊断方法与非线性气路故障诊断方法[32,33]。由于燃气轮机小偏差线性化诊断方法的诊断准确性受环境边界条件和操作条件扰动及传感器测量噪声影响较大，因此，燃气轮机非线性气路故障诊断方法是当前研究的主流方法。非线性气路故障诊断方法主要基于牛顿-拉弗森算法[34]、卡尔曼滤波器算法[35,36]、粒子

滤波器算法[37]等局部优化算法或遗传算法[38, 39]，以及粒子群优化算法等全局优化算法驱动迭代求解，对解决热力系统线性化所导致的诊断可靠性低的内在难题以及诊断准确性受传感器测量噪声与偏差[40]、测量参数选择[41]、操作条件及环境条件[42]影响敏感的问题有了长足的改善。Najjar 等[43]通过热力建模仿真手段模拟了重型燃气轮机在基本负荷以及各个部分负荷下的性能衰退情况，并定量分析了在不同负荷、不同环境条件下其对整机及各个部件性能的影响。Zhou 等[44]提出了一种基于空间变换网络的小偏差线性化气路诊断方法，来改善边界条件扰动对故障诊断可靠性的影响，并通过仿真分析论证了该方法能一定程度地提高传统小偏差线性化气路诊断方法的诊断准确性。上述气路故障诊断方法主要基于燃气轮机稳态或准稳态工况提出。然而，由于燃气轮机电厂频繁调频调峰的需求，重型燃气轮机需要在电网支持模式下更加灵活地运行。在动态加减载变工况模式下，燃气轮机的使用寿命比基本负荷稳态工况消耗得更快。为延长燃气轮机的使用寿命，提高其可靠性与可用性，降低运行维护成本，应高度重视电厂燃气轮机在动态加减载变工况模式下故障诊断的研究。虽然已有少数学者开展了燃气轮机瞬变工况下的相关诊断研究，但他们的研究仍主要停留在仿真测试上，且并未考虑部件可变几何的影响[45]。

1.2.3 寿命预测方法

在工业燃气轮机寿命预测方面，当前电厂燃气轮机用户严格按照燃气轮机制造商提供的技术文件和有关规范中要求的 EOH 来决定燃气轮机通流部件是否需要小修、中修、大修。而对于航空发动机，其性能健康状况主要由飞机在起飞阶段发动机的排气温度裕度（exhaust gas temperature margin，EGTM）来衡量，通过建立排气温度裕度与起飞次数的时序回归预测模型来预测发动机的性能衰退趋势。上述基于某一热力学监测参数的热力系统时序回归预测方法通常只能给出整机系统的性能衰退趋势，而无法给出详尽的、量化的各主要部件的性能健康指标。Ahsan 等[46]通过不同工况运行数据分割—归一化—平滑—选择的数据预处理过程来检测初始发生性能衰退的转折点以及正常性能衰退阶段过渡至加速性能衰退阶段的转折点，并结合粒子滤波器，建立了一种涡扇发动机剩余使用寿命预测模型。同年，Alozie 等[47]提出了一种基于热力模型决策的涡扇发动机寿命预测方法，该方法首先通过热力模型实时诊断输出各个部件健康参数，再基于诊断得到的部件健康参数进行时序回归建模得到性能退化模型，从而用于预测剩余使用寿命。de Giorgi 等[48]提出了一种基于两个串联神经网络的涡喷发动机性能衰退预测方法，首先将气路可测参数作为输入利用第一个神经网络建立了涡喷发动机性能预测模型，然后将该性能预测模型的输出作为输入利用第二个神经网络建立了涡喷发动机性能退化模型，并通过仿真测试论述了该方法对压气机积垢和透平腐蚀预测的有效性。

经过多年的发展，气路故障诊断方法已经取得了许多基于机组稳态/准稳态工况的算法理论成果，并且已有少数学者通过仿真测试开始了在动态加减载变工况模式下燃气轮机气路故障诊断的相关研究，但还没有形成一个完整的科学体系。重型燃气轮机现有气路故障诊断方法是基于纯数据驱动或欠物理信息驱动提出的，导致诊断得到的通流部件特性与机组真实的通流部件特性匹配度较差。且电厂频繁调频调峰的需求迫使燃气轮机需要更加灵活地运行。但是，电厂燃气轮机的运行维护仍严格按照制造商提供的技术文件和相关规范要求的时间间隔进行，存在过修和失修现象，检修成本极高。另外，部件可变几何的应用也使得原有气路故障诊断方法的适用边界越来越窄。

1.2.4 燃烧调整与优化方法

重型燃气轮机因启停灵活、热效率高、对环境影响小，在发电领域获得了广泛的应用。随着国家节能减排和环保要求的进一步收紧，以及2015年《中华人民共和国大气污染防治法》的第二次修订，天然气等清洁燃料在一次能源占比中逐渐上升，重型燃气轮机在我国电站中的应用比例越来越大。重型燃气轮机燃烧室热声振荡故障是影响氮氧化物排放及高温热部件寿命损伤的主要原因之一。燃烧调整是燃气轮机从点火至基本负荷范围内，通过调节各燃料调节阀开启时间或开度、调节燃料与空气混合比例、调整燃烧模式切换点等手段，达到全程燃烧最佳工况的调试过程。燃烧热声振荡监测和燃烧优化调整作为国外燃气轮机制造商的核心技术，是其垄断燃气轮机发电业务的主要手段，燃烧调整与优化在内的关键技术仍被外方牢牢把控。这不仅限制了我国燃气轮机产业的发展格局，更制约了我国在燃气轮机高精尖领域和市场的进一步突破。

近年来，我国天然气发电产业持续快速发展，天然气发电机组装机容量逐年递增，为优化能源结构、缓解电力供需矛盾、促进节能减排、确保电网安全稳定等发挥了极其重要的作用。虽然国内天然气发电市场在逐年稳步扩大，但我国对天然气发电的核心技术尤其是重型燃气轮机运行维护相关技术仍未完全掌握，如燃烧调整技术。重型燃气轮机燃烧调整属于燃气轮机的售后服务和运行维护范畴，该技术是一种复杂的，需要考虑多重要素影响、多目标协同优化，兼顾各个通流部件工作特性的燃烧技术。无论是新建机组调试阶段，还是在役机组运行边界条件（如燃料组分、大气温度等）或机组各个通流部件本身状态发生变化（如积垢、泄漏、腐蚀、热畸变、内物损伤等）时，都会引起燃烧室工作状态点偏离出厂前整机实验或上次调试好的状态，导致NO_x排放升高，燃烧室燃烧热声振荡频发。

因此，为使重型燃气轮机燃烧室燃烧状态始终处于稳定、低排放区域，必须对燃烧室工作状态点重新进行燃烧调整[49]。燃气轮机燃烧室的燃烧调整需通过接入机组的燃烧监测诊断系统实时监测燃烧室燃烧脉动压力、透平排温、污染物排放等状态参数，同时将监测结果反馈至控制系统；并结合已有的燃烧稳定性和污染物排放控制方法以及压气机工作特性、燃烧控制逻辑、燃烧模式切换准则、燃烧调整历史记录等，从机组启动至基本负荷整个运行区间，选择多个负荷点，并在每个负荷点下，调整进入燃烧室的空气和天然气燃料质量流量及分配比例，并综合考虑压气机和透平部件工作特性、燃烧脉动压力、透平排温、污染物排放以及燃料组分和大气条件变化对燃烧状态的影响特性，统筹优化燃烧脉动压力、燃烧温度、污染物排放等燃烧状态参数，探寻各个负荷点下的稳定、高效、低排放运行的工作边界，并反复进行升负荷和降负荷燃烧调整；待各负荷点的燃烧调整完成后，还需通过快速升负荷和降负荷实验验证燃烧调整控制参数设置的合理性，确保燃气轮机在整个负荷区间安全、可靠运行。然而，国内新建和在役电厂燃气轮机每次燃烧调整大多由国外制造商提供技术服务[50]，其费用昂贵，目前国内燃气轮机发电企业并无话语权和议价能力。

世界重型燃气轮机制造业经过多年的研制、发展和相互竞争，目前在重型燃气轮机领域已形成了高度垄断的局面，美国通用电气公司（General Electric Company，GE）、德国西门子股份公司（SIEMENS）以及日本三菱集团（Mitsubishi Group）已成为拥有独立设计、实验、制造技术的重型燃气轮机主要制造商。上述各家制造商在燃气轮机燃烧系统设计、制造以及商业运行前，已基于燃气轮机全尺寸、全温、全压燃烧实验台，开展了大量燃烧实验和数值计算，获取了燃烧室流场参数（温度、压力、组分等）分布特性，掌握了燃烧稳定性、污染物排放与燃烧脉动压力和燃烧温度之间定性、定量的关系，并结合燃烧室、压气机、透平等核心部件的性能曲线制定了相应的燃烧控制逻辑；再加上其全球海量的机组运行数据、故障数据支撑，掌握了重型燃气轮机的燃烧调整技术，且均已开发出各自的燃烧调整系统及燃烧调整技术，并应用于实际机组。

GE PG9351FA 型燃气轮机的燃烧调整主要是 GE 工程师根据嗡鸣传感器实时监测的燃烧脉动压力情况，来调整不同燃烧模式下 D5、PM1、PM4 各燃料通道的燃料分配比例，使燃烧室燃烧脉动压力控制在较低的范围内，同时确保 NO_x、CO 排放满足环保要求。该监测系统不具备联锁保护功能，需要依靠现场运行人员根据燃烧脉动压力实时监测情况发现问题，并及时采取措施，避免燃烧室发生严重故障[51-56]。GE 随后开发的 OpFlex AutoTune 自动燃烧调整系统采用模型化控制技术，能够实时自动、连续地对燃烧系统的燃料进行分配调整[57-59]，并已应用于装有 DLN2.6+燃烧器的 PG9351FA 型燃气轮机。

西门子 SGT5-4000F 型燃气轮机燃烧调整的主要参数为值班气燃料质量流量

和修正的透平排温。西门子早期的燃烧状态监测系统 ARGUS 通过对燃烧室加速度和嗡鸣信号进行快速傅里叶变换（fast Fourier transform，FFT）实现对燃烧状态的可视化监测。由于此时 ARGUS 不参与控制，燃烧调整控制为开环控制[60]。西门子随后开发的燃烧稳定裕度控制器可实现燃气轮机在线自动燃烧调整，其燃烧调整控制属于闭环控制。该系统主要从燃烧稳定性的角度，对值班气质量流量或修正的透平排温进行调整，而对机组排放、运行经济性和调峰性能考虑不足。

三菱 M701F 型燃气轮机的燃烧调整主要通过调整燃烧室旁路阀开度和值班燃料比例，减小燃烧室压力脉动，降低 NO_x 排放量，实现燃烧稳定的目标。在燃烧调整时，借助安装于机组上的燃烧压力频率监测器（combustion pressure frequency monitor，CPFM）监测燃烧室脉动压力，该系统为燃气轮机提供了联锁保护功能，可通过快速降负荷或及时跳机来防止燃烧室部件的损坏[61-63]。三菱随后开发的燃气轮机高级燃烧压力频率监测器（advanced-combustion pressure frequency monitor，A-CPFM）可自动采集燃气轮机运行数据，通过稳定性分析自动进行预防性调整。该调整主要分为两类：一类为监测到燃烧脉动压力超过报警值的自动调整；另一类为燃烧压力突增时的自动调整。上述两类自动燃烧调整通过控制系统来实现。三菱开发的 CPFM 是与 A-CPFM 相互独立的系统，CPFM 主要完成自动降负荷及跳机的功用，而 A-CPFM 主要完成预报警及自动调整的功用[64, 65]。

此外，经过多年技术积累和工程应用，国外多家第三方服务机构也具备 E 级和 F 级重型燃气轮机的燃烧调整技术能力。PSM 公司具有针对 G EE/F 级燃气轮机成熟的燃烧调整技术，并开发了具有自主知识产权的燃烧室。Chromalloy 公司具备 E 级燃气轮机燃烧调整、状态监测和诊断，以及 F 级燃气轮机（包括 PG7241FA、PG9351FA、M701F、SGT5-4000F 等）状态监测和诊断等技术能力。然而，当前国内新建或在役燃气轮机依然由国外燃气轮机制造商来进行燃烧调整，由于其对燃烧调整技术高度保密，燃烧调整的核心程序，如燃烧室的设计和实验数据都封装在控制模块中，运行人员可以操作修改的参数有限。在燃气轮机需要燃烧调整时，不得不找国外燃气轮机制造商来进行调整。

国内学者及研究机构对于重型燃气轮机燃烧调整技术的研究，主要从燃烧稳定性、低 NO_x 排放、实际机组探索性应用这三个方面开展，目前尚处于基础研究阶段。在燃烧稳定性方面，张晓宇[66]在燃气轮机模型燃烧室实验台上开展了合成气燃料的火焰稳定性研究，研究了旋流预混火焰的动力学响应特性，并利用线性扰动分析方法预测不稳定燃烧的模态；Zhang 等[67]通过实验方法研究了合成气的热声振荡机理，获得了稳定边界随氢含量变化的影响规律，为抑制热声耦合振荡和发展相应的控制策略提供了依据；在低 NO_x 排放方面，黄明明[68]针对燃气轮机燃烧室运行条件，研究了柔和燃烧的热力学条件、化学动力学特性、流动条件,并在模型燃烧室内实现了柔和燃烧;丁阳等[69]采用数值仿真方法研究了 DLN 1.0 燃烧室燃烧调整过程中的燃烧特性,结果表明:中心燃烧区与外侧燃烧区局部 NO_x 生成量的变化趋势相反,一级燃烧区燃料流量增加,燃烧室出口 NO_x 排放质量浓度先降至最低点然后缓慢增加。在实际机组探索性应用方面,华电电力科学研究院有限公司在江苏华电吴江热电有限公司配合下,开展了 9E 型燃气轮机的燃烧调整研究,通过对江苏华电吴江热电有限公司#1 燃气轮机的初步燃烧调整,完成了燃气轮机升降负荷实验[70]。然而,国内燃气轮机运行人员对 F 级及以上燃气轮机燃烧调整的研究尚无应用实例,仅通过观摩国外燃烧调整工程师对 F 级燃气轮机的燃烧调整,对燃烧调整的实施步骤进行了梳理,对于一些关键参数(如控制系统中哪些变量决定燃料流量的分配、温度控制曲线的设置方法等)有了初步了解,也总结了各型 F 级燃气轮机燃烧调整过程中燃烧脉动压力幅值的限值。例如,武葆睿[71]通过分析 ARGUS 设置边界,获得了西门子 SGT5-4000F 型燃气轮机燃烧稳定性的阈值;徐杖[49]总结了 PG9351FA 型燃气轮机燃烧调整过程中不同燃烧模式下不同频段的燃烧脉动压力幅值。但是国内燃气轮机运行人员对更深层次燃烧调整机制,如某频段的燃烧脉动压力值增加,应当与之对应地调整哪一路燃料流量,其调整值的调整步长与调整限值分别是多少,燃气轮机在燃烧调整中出现异常状况如何处理等仍处在探索阶段。薛明华等[72]研制了适用于 GE 9F 型燃气轮机的多通道燃烧脉动压力监测系统,该系统能实现对运行中的燃气轮机进行多通道燃烧室单元内燃烧脉动压力数据采集,并能实时分析燃烧脉动压力时域和频域谱,得到燃烧脉动压力各频段(低频、中频、高频等)分布及所对应的幅值,为燃烧调整提供数据支持,然而该系统所测的燃烧脉动压力为引压管引出的燃烧室内动态压力,未能反映真实的燃烧室内压力脉动特征;洪亚光等[73]结合电厂多次对 9E 型燃气轮机 DLN 1.0 燃烧器燃烧调整的实际经验,总结了燃烧调整的步骤,并指出 DLN 1.0 燃烧器燃烧调整的关键点在于,需综合燃烧稳定性与污染物排放双重限定选择合适参数;预混燃烧低负荷区间,燃烧稳定性为首要考虑因素,通过适当增加 NO_x 排放量确保模式切换成功与低负荷下的稳定运行。西安热工研究院有限公司采用燃气轮机运行实验数据分析、三维计算流体力学数值模拟与燃烧实验台实验研究相结合的方法,对某型 F 级燃气轮机燃烧调整技术进行了基础性研究,获得了大气温度、进气速度、空燃比等参数对燃气轮机燃烧稳定性和 NO_x 排放的影响规律[74-77]。

　　国内学者及研究机构基于简单燃烧实验件、模型实验室、全尺寸中压燃烧实验台对燃气轮机燃烧调整技术进行了基础性研究,但多从燃烧稳定性和低 NO_x 排放方面分别研究,二者综合研究较少。另外,国内燃气轮机运行人员基于在役机组进行燃烧调整技术探索性应用研究,掌握了燃烧调整的主要参数和步骤,但对于燃气轮机燃烧调整更深层次的机制并未掌握。

1.3 亟待解决的问题

由国内外燃气轮机通流部件状态监测与故障诊断研究现状分析可知，工业燃气轮机状态监测与故障诊断技术还存在如下亟待解决的问题。

（1）燃气轮机故障特性的产生机理及数学建模问题。灵活的运行模式、部件变几何、级间抽气冷却、复杂的控制系统和传感器故障给诊断过程带来了新的不确定因素。热工量、机械量在被传感器采集过程中，"调制"了燃气轮机健康状态信息，为去除上述各种干扰因素，如何从采集的数据中深层次地"解调"出这些表征燃气轮机健康状态信息的故障特征，构建燃气轮机故障特性的数学模型有待深入研究。

（2）有效的燃气轮机故障特征提取的模式与手段问题。特征提取的精度越高，对应算法的复杂度也越高，计算实时性也越差。如何平衡特征提取精度和特征提取效率之间的关系，有待进一步深入研究。对于不易进行特征提取的通流部件气路可测参数，为捕捉各通流部件的故障演化过程，如何设计既能有效利用数据前后时间关系，避免数据在时间上的割裂，又能有效利用不同数据之间非线性耦合关系的特征提取方法尤为重要。此外，所提取的通流部件多级健康特征如何进一步转换为可用于智能诊断与寿命预测的精准画像，实现故障诊断与寿命预测两者过程机制的有效耦合也是值得讨论的问题。

（3）燃气轮机通流部件多级故障属性特征数据库的建立问题。综合已有参考文献，对燃气轮机从原因到影响的故障演变过程，从征兆到原因的故障诊断过程，以及从评价到维护的故障决策过程仍处于讨论阶段，没有从理论上给出确切的定义。工业燃气轮机的标签故障数据样本几乎没有，而通过历史运行维护经验和现场监测数据来积累故障模式与故障征兆之间的关系规则库是项艰难而费时费力的工作。因此，如何基于数据和知识联合驱动来筛选出高质量的健康数据样本和各种故障数据样本是值得讨论的问题。

（4）有效的燃气轮机深度学习模型的设计问题。人工巡检存在人力成本高、易受人的主观判断影响、难以实现全面覆盖等缺点，目前逐渐被其他方法所替代。传统人工智能诊断方法在智慧电厂应用场景中对处理海量运行数据存在根本的局限性，深度学习方法给燃气轮机故障预测诊断提供了新的解决思路。在实际燃气轮机电厂项目中，建立适用于智慧电厂应用场景的通用深度学习网络模型不仅有利于优化诊断系统，而且可以降低模型选择的成本和时间，因此，在基于深度学习的智慧电厂应用框架下，如何设计基于燃气轮机通流部件健康参数的智能诊断与寿命预测的深度学习模型是亟待解决的重要问题之一。此外，不同类型的故障发生的频率并不一致，由于健康数据样本和各种故障数据样本不平衡，深度学习模型的学习偏向样本数量多的类别。在实际诊断过程中,深度学习模型更需要关注的是少数、故障的样本的学习。因此,如何通过故障模拟以及数据增强等技术手段来生成大量有价值标签故障数据样本也有待进一步深入研究。

<h2 style="text-align:center">参 考 文 献</h2>

[1] Bonilla-Alvarado H, Bryden K M, Shadle L, et al. Development of real-time system identification to detect abnormal operations in a gas turbine cycle[J]. Journal of Energy Resources Technology, 2020, 142 (7): 070903.

[2] Tsoutsanis E, Meskin N, Benammar M, et al. A dynamic prognosis scheme for flexible operation of gas turbines[J]. Applied Energy, 2016, 164: 686-701.

[3] Tsoutsanis E, Meskin N. Derivative-driven window-based regression method for gas turbine performance prognostics[J]. Energy, 2017, 128: 302-311.

[4] Zhang G Q, Zheng J Z, Xie A J, et al. Thermodynamic analysis of combined cycle under design/off-design conditions for its efficient design and operation[J]. Energy Conversion and Management, 2016, 126 (1): 76-88.

[5] 蒋东翔, 刘超, 杨文广, 等. 关于重型燃气轮机预测诊断与健康管理的研究综述[J]. 热能动力工程, 2015, 30 (2): 173-179, 314.

[6] 王仲, 顾煜炯, 韩旭东, 等. 燃气轮机健康维护知识获取与表达推理的框架[J]. 中国机械工程, 2021, 32 (2): 235-241.

[7] Kang D W, Kim T S. Model-based performance diagnostics of heavy-duty gas turbines using compressor map adaptation[J]. Applied Energy, 2018, 212: 1345-1359.

[8] Hanachi H, Mechefske C, Liu J, et al. Performance-based gas turbine health monitoring, diagnostics, and prognostics: A survey[J]. IEEE Transactions on Reliability, 2018, 67 (3): 1340-1363.

[9] Tahan M, Tsoutsanis E, Muhammad M, et al. Performance-based health monitoring, diagnostics and prognostics for condition-based maintenance of gas turbines: A review[J]. Applied Energy, 2017, 198: 122-144.

[10] Chehade A, Song C Y, Liu K B, et al. A data-level fusion approach for degradation modeling and prognostic analysis under multiple failure modes[J]. Journal of Quality Technology, 2018, 50 (2): 150-165.

[11] Rani S, Agrawal A K, Rastogi V. Vibration analysis for detecting failure mode and crack location in first stage gas turbine blade[J]. Journal of Mechanical Science and Technology, 2019, 33 (1): 1-10.

[12] Rabcan J, Levashenko V, Zaitseva E, et al. Non-destructive diagnostic of aircraft engine blades by fuzzy decision tree[J]. Engineering Structures, 2019, 197: 109396.

[13] Silva A, Zarzo A, Machuca González J M M, et al. Early fault detection of single-point rub in gas turbines with accelerometers on the casing based on continuous wavelet transform[J]. Journal of Sound and Vibration, 2020, 487: 115628.

[14] Koskoletos A O, Aretakis N, Alexiou A, et al. Evaluation of aircraft engine gas path diagnostic methods through ProDiMES[J]. Journal of Engineering for Gas Turbines and Power, 2018, 140 (12): 121016.

[15] Capata R. An artificial neural network-based diagnostic methodology for gas turbine path analysis—part I: Introduction[J]. Energy, Ecology and Environment, 2016, 1 (6): 343-350.

[16] Liu Z M, Karimi I A. Gas turbine performance prediction via machine learning[J]. Energy, 2020, 192: 116627.

[17] Bai M L, Liu J F, Chai J H, et al. Anomaly detection of gas turbines based on normal pattern extraction[J]. Applied Thermal Engineering, 2020, 166: 114664.

[18] Ma L M, Xiao L F, Meng Z X, et al. Robust adaptive fault reconfiguration for micro-gas turbine based on

optimized T-S fuzzy model and nonsingular TSMO[J]. International Journal of Fuzzy Systems, 2020, 22 (7): 2204-2222.

[19] Yazdani S, Montazeri-Gh M. A novel gas turbine fault detection and identification strategy based on hybrid dimensionality reduction and uncertain rule-based fuzzy logic[J]. Computers in Industry, 2020, 115: 103131.

[20] Tang L, Volponi A J. Intelligent reasoning for gas turbine fault isolation and ambiguity resolution[J]. Journal of Engineering for Gas Turbines and Power, 2019, 141 (4): 041023.

[21] Montazeri-Gh M, Yazdani S. Application of interval type-2 fuzzy logic systems to gas turbine fault diagnosis[J]. Applied Soft Computing, 2020, 96: 106703.

[22] Amare D F, Aklilu T B, Gilani S I. Gas path fault diagnostics using a hybrid intelligent method for industrial gas turbine engines[J]. Journal of the Brazilian Society of Mechanical Sciences and Engineering, 2018, 40 (12): 1-17.

[23] Losi E, Venturini M, Manservigi L, et al. Anomaly detection in gas turbine time series by means of Bayesian hierarchical models[J]. Journal of Engineering for Gas Turbines and Power, 2019, 141 (11): 111019.

[24] Fentaye A D, Baheta A T, Gilani S I, et al. A review on gas turbine gas-path diagnostics: State-of-the-art methods, challenges and opportunities[J]. Aerospace, 2019, 6 (7): 1-54.

[25] Zaccaria V, Rahman M, Aslanidou I, et al. A review of information fusion methods for gas turbine diagnostics[J]. Sustainability, 2019, 11 (22): 6202.

[26] Oliaee S M E, Teshnehlab M, Shoorehdeli M A. Faults detection and identification for gas turbine using DNN and LLM[J]. Smart Structures and Systems, 2019, 23 (4): 393-403.

[27] Tang S X, Tang H L, Chen M. Transfer-learning based gas path analysis method for gas turbines[J]. Applied Thermal Engineering, 2019, 155: 1-13.

[28] Zhong S S, Fu S, Lin L. A novel gas turbine fault diagnosis method based on transfer learning with CNN[J]. Measurement, 2019, 137: 435-453.

[29] Shen Y Y, Khorasani K. Hybrid multi-mode machine learning-based fault diagnosis strategies with application to aircraft gas turbine engines[J]. Neural Networks, 2020, 130: 126-142.

[30] Zhou D J, Yao Q B, Wu H, et al. Fault diagnosis of gas turbine based on partly interpretable convolutional neural networks[J]. Energy, 2020, 200: 117467.

[31] Yan W Z. Detecting gas turbine combustor anomalies using semi-supervised anomaly detection with deep representation learning[J]. Cognitive Computation, 2020, (12): 398-411.

[32] Tsoutsanis E, Meskin N, Benammar M, et al. Transient gas turbine performance diagnostics through nonlinear adaptation of compressor and turbine maps[J]. Journal of Engineering for Gas Turbines and Power, 2015, 137(9): 091201.

[33] Sánchez de León L, Rodrigo J, Vega J M, et al. Gradient-like minimization methods for aeroengines diagnosis and control[J]. Journal of Aerospace Engineering, 2021, 235 (4): 451-474.

[34] Lee J H, Kim T S. Novel performance diagnostic logic for industrial gas turbines in consideration of over-firing[J]. Journal of Mechanical Science and Technology, 2018, 32 (12): 5947-5959.

[35] Zhou X, Lu F, Huang J Q. Fault diagnosis based on measurement reconstruction of HPT exit pressure for turbofan engine[J]. Chinese Journal of Aeronautics, 2019, 32 (5): 1156-1170.

[36] Yang Q C, Li S Y, Cao Y P. Multiple model-based detection and estimation scheme for gas turbine sensor and gas path fault simultaneous diagnosis[J]. Journal of Mechanical Science and Technology, 2019, 33 (4): 1959-1972.

[37] Zeng L, Dong S J, Long W. The rotating components performance diagnosis of gas turbine based on the hybrid filter[J]. Processes, 2019, 7 (11): 1-14.

[38] Tsoutsanis E, Li Y G, Pilidis P, et al. Non-linear model calibration for off-design performance prediction of gas turbines with experimental data[J]. The Aeronautical Journal, 2017, 121（1245）: 1758-1777.

[39] Safiyullah F, Sulaiman S A, Naz M Y, et al. Prediction on performance degradation and maintenance of centrifugal gas compressors using genetic programming[J]. Energy, 2018, 158: 485-494.

[40] Chen Y Z, Zhao X D, Xiang H C, et al. A sequential model-based approach for gas turbine performance diagnostics[J]. Energy, 2021, 220: 119657.

[41] Chen M, Hu L Q, Tang H L. An approach for optimal measurements selection on gas turbine engine fault diagnosis[J]. Journal of Engineering for Gas Turbines and Power, 2015, 137（7）: 071203.

[42] Amirkhani S, Chaibakhsh A, Ghaffari A. Nonlinear robust fault diagnosis of power plant gas turbine using Monte Carlo-based adaptive threshold approach[J]. ISA Transactions, 2020, 100: 171-184.

[43] Najjar Y S H, Alalul O F A, Abu-Shamleh A. Degradation analysis of a heavy-duty gas turbine engine under full and part load conditions[J]. International Journal of Energy Research, 2020, 44（6）: 4529-4542.

[44] Zhou D J, Huang D W, Hao J R, et al. Fault diagnosis of gas turbines with thermodynamic analysis restraining the interference of boundary conditions based on STN[J]. International Journal of Mechanical Sciences, 2020, 191: 106053.

[45] Tsoutsanis E, Hamadache M, Dixon R. Real-time diagnostic method of gas turbines operating under transient conditions in hybrid power plants[J]. Journal of Engineering for Gas Turbines and Power, 2020, 142（10）: 101002.

[46] Ahsan S, Lemma T A, Muhammad M. Prognosis of gas turbine remaining useful life using particle filter approach[J]. Materialwissenschaft und Werkstofftechnik, 2019, 50（3）: 336-345.

[47] Alozie O, Li Y G, Wu X, et al. An adaptive model-based framework for prognostics of gas path faults in aircraft gas turbine engines[J]. International Journal of Prognostics and Health Management, 2019, 10（2）: 1-12.

[48] de Giorgi M G, Ficarella A, de Carlo L. Jet engine degradation prognostic using artificial neural networks[J]. Aircraft Engineering and Aerospace Technology, 2019, 92（3）: 296-303.

[49] 徐杖. 9FA 机组的燃烧调整[DB/OL]. （2019-05-06）[2020-06-06]. https://wenku.baidu.com/view/1bf95d1089eb172dec63b7ae.html.

[50] 徐婷婷, 丁阳, 张梦可, 等. 燃气轮机燃烧调整国内外研究技术综述[J]. 华电技术, 2018, 40（12）: 8-12, 15, 77.

[51] Jia K Y, Li S H. Gas turbine combustion optimization using neural network model and wavelet analysis[J]. Journal of Engineering for Gas Turbines and Power, 2022, 144（8）: 081003.

[52] 宋顺利, 章褆. 9FA 燃机 DLN2.0＋燃烧系统故障分析及处理[J]. 中国电力, 2016, 49（6）: 39-42.

[53] Park S, Choi G M, Tanahashi M. Demonstration of a gas turbine combustion-tuning method and sensitivity analysis of the combustion-tuning parameters with regard to NO_x emissions[J]. Fuel, 2019, 239: 1134-1142.

[54] Li S H, Zhu H X, Zhu M, et al. Combustion tuning for a gas turbine power plant using data-driven and machine learning approach[J]. Journal of Engineering for Gas Turbines and Power, 2021, 143（3）: 031021.

[55] Lee M C, Ahn K I, Yoon Y. Development of gas turbine combustion tuning technology using six sigma tools[C]. Proceedings of ASME Turbo Expo 2012: Turbine Technical Conference and Exposition, Copenhagen, 2013: 1-10.

[56] 黄素华, 荆迪, 庄劼, 等. 重型燃气轮机 DLN2.0＋系统燃烧调整实践[J]. 中国电力, 2018, 51（4）: 96-100.

[57] 李忠义, 崔耀欣, 虎煜. 燃气轮机燃烧调整和自动燃烧调整技术探讨[J]. 热力透平, 2015, 44（3）: 183-187.

[58] Popovic P, Myers G, Citeno J, et al. Fuel flexibility with low emissions in heavy duty industrial gas turbines[C]. Proceedings of ASME Turbo Expo 2010: Power for Land, Sea, and Air, Glasgow, 2010: 163-172.

[59] Lee M C, Chung J H, Park W S, et al. The combustion tuning methodology of an industrial gas turbine using a

sensitivity analysis[J]. Applied Thermal Engineering，2013，50（1）：714-721.

[60] 王鑫，瞿虹剑. V94.3A 型燃气轮机燃烧稳定裕度控制系统的实现和应用[J]. 电力与能源，2015，36（3）：364-368.

[61] Makeximu，Li D，Zhu M，et al. Desired dynamic equation based PID control for combustion vibration[J]. Journal of Low Frequency Noise，Vibration and Active Control，2015，34（2）：107-117.

[62] Demougeot N，Steinbrenner A，Wang W，et al. Digital solutions for power plant operators in a dynamic market place：An advanced automated gas turbine combustion tuning for low emissions and operational flexibility[C]. Proceedings of ASME Turbo Expo 2019：Turbomachinery Technical Conference and Exposition，Phoenix，2019：1-12.

[63] Hwang S，Jo S，Kim H J. Two case studies on acoustic characteristics in combustion chamber using Helmholtz-type acoustic cavity：FASTRAC and KSR-Ⅲ combustors[J]. Aerospace Science and Technology，2020，106：106239.

[64] Oh J，Kim M，Yoon Y. The tuning methodology of a GE 7FA＋e DLN-2.6 gas turbine combustor[J]. Applied Thermal Engineering，2012，36（1）：14-20.

[65] Emerson B，Perullo C，Lieuwen T，et al. Combustion dynamics monitoring considerations for systems with autotuning[C]. Proceedings of ASME Turbo Expo 2018：Turbomachinery Technical Conference and Exposition，Norway，2018：1-13.

[66] 张晓宇. 合成气燃料点火及火焰稳定性的研究[D]. 北京：清华大学，2014.

[67] Zhang H，Zhang X Y，Zhu M. Experimental investigation of thermoacoustic instabilities for a model combustor with varying fuel components[J]. Journal of Engineering for Gas Turbines and Power，2012，134（3）：031504.

[68] 黄明明. 燃气轮机燃烧室柔和燃烧机理与性能研究[D]. 北京：中国科学院工程热物理所，2014.

[69] 丁阳，郝建刚，谢大幸. 9E 型燃气轮机 DLN1.0 燃烧系统数值分析[J]. 华电技术，2020，42（5）：31-36.

[70] 北极星火力发电网. 打破国外技术垄断！华电集团首次 9E 级燃机自主燃烧调整圆满成功[OB/OL]. [2023-09-18]. https://news.bjx.com.cn/html/20180918/928838.shtml.

[71] 武葆睿. V94.3A 型燃气轮机典型故障分析及处理[D]. 上海：上海交通大学，2014.

[72] 薛明华，黄素华，戴坤鹏. 9F 型燃气轮机多通道燃烧动态压力监测系统研究[J]. 能源研究与信息，2014，30（4）：214-217.

[73] 洪亚光，姚伟民，殷春宏. 9E 燃气轮机 DLN1.0 自主燃烧调整关键策略[J]. 发电设备，2020，34（4）：274-278.

[74] 肖俊峰，王峰，高松，等. 重型燃气轮机燃烧调整技术研究现状及进展[J]. 热力发电，2021，50（3）：1-8.

[75] 王玮，肖俊峰，高松，等. 空燃比对燃气轮机燃烧室燃烧不稳定性影响的数值研究[J]. 燃烧科学与技术，2019，25（5）：439-444.

[76] 肖俊峰，王玮，胡孟起，等. 空气含湿量对燃气轮机燃烧性能影响[J]. 热力发电，2019，48（4）：84-89.

[77] 肖俊峰，王玮，王峰，等. 燃气轮机燃烧室预混燃烧稳定性数值研究[J]. 热力发电，2018，47（8）：61-65.

第 2 章　重型燃气轮机寿命预测方法研究

以故障维修、预防性计划检修为主的检修体制曾经是电厂机组设备检修的主要方式。故障维修是当设备或系统发生故障后再进行维修的方法，属事后维修，难以保证设备的安全性和可靠性。预防性计划检修多以机组的 EOH 确定小修、中修、大修间隔，容易带来维修不足或过度维修的问题。维修不足可能使得设备的故障率提高、可靠性降低，过度维修又意味着运行经济性的降低。本章介绍重型燃气轮机耐用件寿命计算的方法理论，并阐述世界三大燃气轮机制造商（GE、西门子、三菱）各自燃气轮机 EOH 的计算方法。针对当前电厂燃气轮机运行维护严格按照制造商要求的时间间隔进行定期检修的问题，本章提出融合各主要部件健康参数的多维度时序预测方法，以达到准确预测某一部件性能衰退到某一检修阈值前的剩余使用寿命以及预测未来时序内的部件及整机系统性能衰退情况的目的。

2.1　重型燃气轮机耐用件的寿命计算

压气机、燃烧室和透平是重型燃气轮机机组的三大重要通流部件，也是检修工作的重点对象，其寿命消耗以低周疲劳和高温蠕变损伤为主。低周疲劳取决于循环（启停）次数及瞬态变化过程中的应力峰值大小，蠕变损伤主要取决于高温工况下累积运行的时间和部件内部应力水平的高低。疲劳和蠕变损伤累积达到"1"，便意味着机组部件无裂纹寿命的终止。除此之外，灵活运行和优化运行一直是燃气轮机行业研究和发展的重要方向。灵活运行一般要求机组具有快速启动、频繁启动的能力，并能够支持负荷快速变化，以适应当前产能结构深度调峰、快速调峰的性能要求。上述这些动作将会引起工质参数在机组内部空间和时间维度上发生剧烈变化，导致部件内部形成较大的径向温度梯度，进而产生较大的热应力，由此造成的低周疲劳寿命损耗是机组灵活运行面临的首要问题。优化运行不仅要求提高机组的循环效率，还以降低启动、停机及负荷变动过程中部件结构的疲劳寿命损耗为目标。可见，部件结构的疲劳寿命损耗指标是燃气轮机灵活运行以及优化运行的主要依据之一。

工程上，把长度为 0.3～0.5mm、深度为 0.1～0.15mm 的裂纹称为工程裂纹，也称初始裂纹或宏观裂纹。在某种或某几种损伤机理的作用下，从首次投入运行到零部件出现第一条工程裂纹的工作时间（或循环次数）称为裂纹萌生寿命，也称致裂寿命、裂纹形成寿命或裂纹起始寿命。在某种或某几种损伤机理的作用下，裂纹从工程裂纹尺寸扩展到可能发生断裂的临界裂纹尺寸所经历的时间（或循环次数）称为裂纹扩展寿命。

2.1.1 低周疲劳寿命的计算方法

燃气轮机转子等重要零部件的特点是尺寸大、造价高、使用寿命长，是燃气轮机的耐用件。在燃气轮机的启动、停机和负荷变动过程中，转子等耐用件沿半径方向温度分布不均匀，会产生较大的热应力，造成较大的低周疲劳裂纹萌生寿命损耗。此外，结构设计或运行操作不当，也会缩短燃气轮机耐用件的低周疲劳裂纹萌生寿命。燃气轮机耐用件的低周疲劳寿命可分为低周疲劳裂纹萌生寿命、低周疲劳裂纹扩展寿命和低周疲劳致断寿命。

当结构的循环应力低于材料弹性极限（或屈服极限），应力与应变呈线性关系，破坏循环次数大于 10^5 的疲劳，称为高周疲劳，由于设计参数为应力，高周疲劳也称应力疲劳。当结构的循环应力（按弹性计算的应力）高于材料弹性极限（或屈服极限）时，应力与应变呈非线性关系，破坏循环次数小于 10^5 的疲劳，称为低周疲劳，由于设计参数为应变，低周疲劳也称应变疲劳。由热应力引起的疲劳称为热疲劳。在循环载荷的作用下，材料性能逐渐劣化。在规定的循环应力或循环应变作用下，材料出现第一条工程裂纹时所经受的循环次数称为疲劳裂纹萌生寿命。在低周疲劳损伤机理的作用下，从首次投入运行到零部件出现第一条工程裂纹为止，该零部件所经历的低周疲劳循环次数称为低周疲劳裂纹萌生寿命。燃气轮机机组一次停机和一次启动构成一个完整的低周疲劳循环。燃气轮机从额定负荷运行状态开始，经过降负荷、发电机解列、降转速、停机、盘车、检修或备用、再盘车、启动、点火、升转速、定转速、发电机并网、升负荷，回到额定负荷运行，燃气轮机零部件经历了一次低周疲劳循环。燃气轮机零部件只经历多次反复停机与启动低周疲劳循环产生工程裂纹的循环次数，称为启停低周疲劳裂纹萌生寿命。若零部件应力高于材料的屈服极限，则一次降负荷和一次升负荷即构成一次低周疲劳循环。燃气轮机从高负荷运行状态开始，经过降负荷过程、部分负荷运行、升负荷过程，再回到高负荷运行状态，燃气轮机零部件经历了一次低周疲劳循环。燃气轮机零部件只经历降负荷和升负荷的低周疲劳循环产生工程裂纹的循环次数，称为负荷变动低周疲劳裂纹萌生寿命。若零部件应力低于材料的屈服极限，则一次降负荷和一次升负荷即构成一次高周疲劳循环。

若燃气轮机零部件在恒定交变应变幅 $\varepsilon_{a,i}$ 作用下的低周疲劳裂纹萌生寿命为 N_i，则可认为经历一次应变幅为 $\varepsilon_{a,i}$ 的低周疲劳循环后，零部件低周疲劳裂纹萌

生寿命损耗为 $d_{a,i}=N_i^{-1}$。零部件在交变应变幅 $\varepsilon_{a,i}$ 下经历 n_i 次低周疲劳循环后，其低周疲劳裂纹萌生寿命损耗为 $d_{a,i}=n_i/N_i$。零部件在不同应变幅 $\varepsilon_{a,1}$，$\varepsilon_{a,2}$，$\cdots$，$\varepsilon_{a,m}$ 作用下分别经历 n_1，n_2，$\cdots$，n_m 次低周疲劳循环后，其低周疲劳裂纹萌生寿命累积损耗为

$$D_a = \sum_{i=1}^{m}(n_i/N_i) \qquad (2.1)$$

以瞬态应变 ε_i 作为低周疲劳循环的峰值应变幅，可以计算出对称循环的低周疲劳裂纹萌生寿命 N_i，当前时刻的瞬态低周疲劳裂纹萌生寿命损耗 d_i 为

$$d_i = \frac{1}{2N_i} \times 100\% \qquad (2.2)$$

2.1.2 蠕变寿命的计算方法

金属材料在一定温度和应力的作用下，随时间发生缓慢塑性变形的现象称为蠕变。在工作温度下运行将会引起材料性能劣化并发生蠕变的零部件称为高温零部件。以蠕变变形量作为时间函数的曲线称为蠕变曲线。金属材料在一定温度和应力的作用下，伴随着蠕变变形产生的材料衰坏过程称为蠕变损伤。在蠕变损伤机理的作用下，从燃气轮机首次并网运行到零部件出现第一条工程裂纹为止，该零部件所经历的累计运行小时数称为蠕变裂纹萌生寿命。

若燃气轮机零部件在恒定温度 θ_i 下工作的蠕变裂纹萌生寿命为 $\tau_{r,i}$，则可认为零部件在温度 θ_i 下工作 1h，其蠕变裂纹萌生寿命损耗为 $d_{r,i}=\tau_{r,i}^{-1}$。零部件在温度 θ_i 下工作 t_i 后，其蠕变裂纹萌生寿命损耗为 $d_{r,i}=t_i/\tau_{r,i}$。零部件在不同温度 θ_1，θ_2，$\cdots$，θ_n 下分别工作 t_1，t_2，$\cdots$，t_n，其蠕变裂纹萌生寿命累积损耗为

$$D_r = \sum_{i=1}^{n}(t_i/\tau_{r,i}) \qquad (2.3)$$

2.1.3 蠕变与低周疲劳交互作用下寿命的计算方法

在蠕变与低周疲劳两种损伤机理的交互作用下，达到产生工程裂纹的临界寿命损耗时，零部件所经历的运行时间称为蠕变与低周疲劳交互作用下的裂纹萌生寿命。燃气轮机非高温耐用件的裂纹萌生寿命累积损耗为低周疲劳裂纹萌生寿命累积损耗，燃气轮机高温零部件的裂纹萌生寿命累积损耗则为蠕变裂纹萌生寿命累积损耗与低周疲劳裂纹萌生寿命累积损耗之和。

首先，计算燃气轮机耐用件设计的蠕变裂纹萌生寿命累积损耗，即

$$D_{\mathrm{r}} = \sum_{i=1}^{n}(t_i/\tau_{\mathrm{r},i}) = \frac{t_1}{\tau_{\mathrm{r},1}} + \frac{t_2}{\tau_{\mathrm{r},2}} + \frac{t_3}{\tau_{\mathrm{r},3}} + \cdots + \frac{t_n}{\tau_{\mathrm{r},n}} \tag{2.4}$$

式中，t_i 为燃气轮机高温耐用件在温度 θ_i 下的累计运行时间；$\tau_{\mathrm{r},i}$ 为燃气轮机高温耐用件在温度 θ_i 下工作的蠕变裂纹萌生寿命。

其次，计算燃气轮机耐用件设计的低周疲劳裂纹萌生寿命累积损耗，即

$$D_{\mathrm{a}} = \frac{n_{\mathrm{c}}}{N_{\mathrm{c}}} + \frac{n_{\mathrm{w}}}{N_{\mathrm{w}}} + \frac{n_{\mathrm{h}}}{N_{\mathrm{h}}} + \frac{n_{\mathrm{e}}}{N_{\mathrm{e}}} + \frac{n_{11}}{N_{11}} + \frac{n_{12}}{N_{12}} + \frac{n_{13}}{N_{13}} \tag{2.5}$$

式中，n_{c} 为电厂燃气轮机用户要求的冷态启动次数；n_{w} 为电厂燃气轮机用户要求的温态启动次数；n_{h} 为电厂燃气轮机用户要求的热态启动次数；n_{e} 为电厂燃气轮机用户要求的极热态启动次数；n_{11} 为电厂燃气轮机用户要求的大负荷变动次数；n_{12} 为电厂燃气轮机用户要求的中负荷变动次数；n_{13} 为电厂燃气轮机用户要求的小负荷变动次数；N_{c} 为冷态启停低周疲劳裂纹萌生寿命；N_{w} 为温态启停低周疲劳裂纹萌生寿命；N_{h} 为热态启停低周疲劳裂纹萌生寿命；N_{e} 为极热态启停低周疲劳裂纹萌生寿命；N_{11} 为大负荷变动低周疲劳裂纹萌生寿命；N_{12} 为中负荷变动低周疲劳裂纹萌生寿命；N_{13} 为小负荷变动低周疲劳裂纹萌生寿命。

最后，计算燃气轮机耐用件设计的裂纹萌生寿命累积损耗。燃气轮机耐用件设计的裂纹萌生寿命累积损耗为设计的蠕变裂纹萌生寿命累积损耗与设计的低周疲劳裂纹萌生寿命累积损耗之和，即

$$D = \sum_{i=1}^{n}(t_i/\tau_{\mathrm{r},i}) + D_{\mathrm{a}} \tag{2.6}$$

2.2 重型燃气轮机等效运行小时数计算

从 2003 年开始，我国新开工建设了一大批 F 级的重型燃气-蒸汽联合循环电厂，主要作为调峰机组。热力机械疲劳是影响调峰机组寿命的主要因素，蠕变、氧化和腐蚀是影响连续运行机组寿命的主要因素。F 级重型燃气轮机的燃气初温已达 1300~1400℃，燃气轮机高温部件（热通道部件）的工作条件越来越恶劣。为了保证燃气轮机运行可靠性，就必须定期地检查、检修或更换这些热通道部件。燃气轮机的高温部件是指暴露在从燃烧系统排出的高温气体中的部件，包括燃烧室、火焰筒、过渡段、喷嘴、联焰管和透平动、静叶等。

燃气轮机的高温部件必须要有一个预先制订好的合理的检查维修计划，可以减少电站非计划故障停机，提高机组启动可靠性。高温部件的检查维修计划根据机组计算的 EOH 来制订。在国家标准《燃气轮机 采购 第 9 部分：可靠性、可用性、可维护性和安全性》（GB/T 14099.9—2006）中，对 EOH 的计算公式做出了规定。但世界三大燃气轮机制造商（GE、西门子、三菱）在各自的运行经验基

础上，都规定了各自的 EOH 计算公式，制订了相应的高温部件检修计划。

燃气轮机制造商都有一个预先制订好的维修计划，以便获得最佳的燃气轮机机组设备可用率和最经济的维修成本，计算燃气轮机的 EOH 就是为了判断燃气轮机在何时应该进行小修、中修和大修。小修侧重检查，主要覆盖燃烧室部分，并对压气机、透平等可视部分进行检查。中修侧重热通道部分的检查、修理，需要对燃烧室缸、透平段进行开缸，检查、修理高温叶片，并清洗燃烧器；压气机部分需要目视检查，并根据需要可增加内窥镜检查等。大修侧重整个通道的检查、修理，对燃气轮机上半缸揭缸，检查、修理燃烧器和高温叶片等；检查、清洗压气机。定期检修的弊端是大概率过度维修，无法避免提前失效。本节对三菱、西门子、GE 三大燃气轮机制造商的燃气轮机 EOH 的计算公式进行分析，以便充分了解它们的维修计划。

2.2.1 国家标准等效运行小时数计算

国家标准《燃气轮机 采购 第 9 部分：可靠性、可用性、可维护性和安全性》（GB/T 14099.9—2006）对 EOH 的计算公式做出了规定，公式中考虑了各种运行过程对机组寿命影响的加权系数，表达式为

$$\text{EOH} = a_1 n_1 + a_2 n_2 + \sum_{i=1}^{n} c_i + f\omega(b_1 t_1 + b_2 t_2) \tag{2.7}$$

式中，a_1 为每次启动的加权系数；n_1 为点火启动次数；a_2 为快速带负荷的加权系数；n_2 为快速带负荷次数；c_i 为快速温度变化引起的 EOH，如负荷突变或甩负荷的 EOH；n 为快速温度变化的次数；t_1 为达到基本负荷额定功率运行的小时数；b_1 为以基本负荷运行的加权系数；t_2 为在基本负荷额定功率和尖峰负荷额定功率之间运行的小时数；b_2 为以尖峰负荷额定功率运行的加权系数；f 为燃用污染的、超出规范或非指定的燃料时的加权系数；ω 为水或蒸汽回注时的加权系数。

2.2.2 三菱燃气轮机等效运行小时数计算

三菱 F 级燃气轮机的热通道部件检查维修间隔周期如表 2.1 所示。

表 2.1　三菱 F 级燃气轮机热通道部件检查维修周期

检修项目	间隔周期
燃烧系统	8000EOH 或 300 次启动，以先达到的值为准
热通道部件	16000EOH 或 600 次启动，以先达到的值为准
燃气轮机整体	48000EOH 或 1800 次启动，以先达到的值为准

三菱燃气轮机的 EOH 计算公式由实际运行小时数和修正的等效启动次数组成。

等效启动次数的修正是为了考虑各种运行方式对机组寿命损伤的影响，主要有以下几项：①正常停机的实际次数；②甩负荷次数；③跳闸次数；④快速负荷变动次数。

三菱将热通道部件分为两类：火焰筒、喷嘴、过渡段、联焰管和透平第 1 级动、静叶为 1 类热通道部件；透平第 2、3、4 级动，静叶为 2 类热通道部件。它们的 EOH 计算公式为

$$\text{EOH}(1) 或 \text{EOH}(2) = (\text{AOH} + A \times E) \times F \tag{2.8}$$

式中，EOH(1) 为 1 类热通道部件 EOH；EOH(2) 为 2 类热通道部件 EOH。AOH 为实际的运行小时数，其中正常停机的等效次数仅针对 2 类热通道部件。A 为正常停机、甩负荷、跳闸和快速负荷变动的等效次数的修正因数，其中正常停机的等效次数的修正因数仅针对 2 类热通道部件。这是一个将启动次数转换为 EOH 的因数，在点火加速过程中，会出现最大压应变，在停机时，会出现最大拉应变，因此对于单独的热部件，用时间常数来定义该因数。在一个正常的启动和停机周期，1 类热通道部件的寿命将消耗 20h，2 类热通道部件的寿命将消耗 10h。一个正常的启动和停机周期是指从零转速到全速空载，从全速空载到零转速。F 为燃料因数，燃烧天然气燃料时为 1.0，燃烧液体燃料和双燃料时为 1.25。E 为正常停机、甩负荷、跳闸和快速负荷变动的等效次数，计算公式为

$$E = N + \sum_{i=1}^{B} \text{LR}_i + \sum_{i=1}^{C} T_i + \sum_{i=1}^{D} \text{LC}_i \tag{2.9}$$

式中，N 为正常停机的实际次数，仅针对 2 类热通道部件；B 为甩负荷次数；LR_i 为甩负荷次数修正因数，这是一个将甩负荷次数转换为等效正常启动次数的因数，在甩 100%负荷时，热通道部件的寿命削减是正常停机的 6 倍；C 为跳闸次数；T_i 为跳闸次数修正因数，这是一个将跳闸次数转换为等效正常启动次数的因数，若燃气轮机在 100%负荷下跳闸，热通道部件寿命的削减是正常停机的 10 倍；D 为快速负荷变动次数；LC_i 为快速负荷变动次数修正因数。

随电网频率的变动，燃气轮机负荷允许在±5%之间变动，这种负荷变动不会影响热通道部件的寿命。当出现非常快速和大的负荷变动时，对热通道部件寿命损伤的影响根据三菱提供的曲线来估算。

由式（2.8）和式（2.9）看出，虽然三菱燃气轮机 EOH 的计算公式与国家标准《燃气轮机 采购 第 9 部分：可靠性、可用性、可维护性和安全性》（GB/T 14099.9—2006）规定的 EOH 计算公式不一样，但它也考虑了各种运行状况对机组寿命损伤的影响，将各种非正常运行状况修正为等效正常启动次数来计算 EOH。

2.2.3　西门子燃气轮机等效运行小时数计算

西门子 V94.3A 燃气轮机的热通道部件检查维修周期如表 2.2 所示。

表 2.2　西门子 V94.3A 燃气轮机热通道部件检查维修周期

检修项目	间隔周期
燃烧系统	4000EOH（连续运行机组为 8000EOH）
热通道部件	25000EOH
燃气轮机整体	50000EOH

西门子燃气轮机 EOH 的计算公式为

$$EOH = a_1 n_1 + \sum_{i=1}^{n} c_i + f\omega(b_1 t_1) \qquad (2.10)$$

式中，n_1 为点火启动次数；a_1 为 10（启动系数）；c_i 为温度快速变化引起的 EOH；n 为温度快速变化的次数；t_1 为达到基本负荷额定功率运行小时数；b_1 为 1（基本负荷运行的加权系数）；f 为燃用污染的、超出规范或非指定的燃料时的加权系数；ω 为水或蒸汽回注时的加权系数。

温度快速变化引起的 EOH 反映了机组负荷快速变化、机组甩负荷和打闸对机组寿命损伤的影响。机组负荷快速变化、机组甩负荷和打闸会使透平排温快速变化，西门子给出了两张计算 t_i 的图表。西门子规定，温度快速变化是指透平排温在 10s 内的变化超过 18℃。燃气轮机的进口导叶（inlet guide vane，IGV）在闭合或部分闭合时，燃气的质量流量减少，燃气轮机的冷却速度没有在 IGV 完全开启时快，燃气轮机受到的热冲击也比较小，所以西门子在计算 t_i 时，要考虑 IGV 的开度。

西门子燃气轮机 EOH 的计算公式与国家标准《燃气轮机　采购　第 9 部分：可靠性、可用性、可维护性和安全性》（GB/T 14099.9—2006）规定的 EOH 计算公式基本一致，只是做了一些简化。

2.2.4　GE 燃气轮机等效运行小时数计算

在机组燃烧天然气、带基本负荷连续运行、没有注水或蒸汽的基准条件下，GE 设定了最长的检查维修周期的推荐值，如表 2.3 所示。

表 2.3　GE 9FA 型燃气轮机热通道部件检查维修周期

检修项目	间隔周期
燃烧系统	8000EOH 或 450 次启动，以先达到的值为准
热通道部件	24000EOH 或 900 次启动，以先达到的值为准
燃气轮机整体	48000EOH 或 2400 次启动，以先达到的值为准

若机组的实际运行模式与此基准不同，GE 采用维修系数来修正维修周期的推荐值，不采用 EOH 计算方法。GE 的维修系数有 2 个，分别为维修时间因素和启动因素。对连续运行机组，按维修时间因素来计算检修间隔；对启停调峰机组，按启动因素来计算检修间隔。机组实际需要的维修间隔时间为

$$\text{机组实际需要的维修间隔时间} = \frac{\text{推荐的检修周期}}{\text{维修时间因素或启动因素}} \quad (2.11)$$

维修时间因素考虑了燃料种类的修正、燃烧温度的修正和水/蒸汽喷注的修正，用加权平均法按式（2.12）计算：

$$\text{维修时间因素} = \frac{\text{加权计算时间数}}{\text{实际运行时间数}} = \frac{(K + M \times I) \times (G + 1.5D + A_f H + 6P)}{G + D + H + P} \quad (2.12)$$

式中，G 为燃用天然气一年内带基本负荷运行小时数；D 为燃用轻油一年内带基本负荷运行小时数；H 为燃用重油一年内带基本负荷运行小时数；A_f 为重油修正系数；P 为一年内带尖峰负荷运行小时数；$K + M \times I$ 为考虑燃烧室喷水/蒸汽的修正系数。

启动因素考虑了机组跳闸甩负荷的修正、紧急启动的修正和正常启动后快速加载负荷的修正，用加权平均法按式（2.13）计算：

$$\text{启动因素} = \frac{\text{加权计算启动次数}}{\text{实际启动次数}} = \frac{0.5\text{NA} + \text{NB} + 1.3\text{NP} + 20E + 2F + \sum_{i=1}^{n}(a_{t,i} - 1)T_i}{\text{NA} + \text{NB} + \text{NP} + E + F + T} \quad (2.13)$$

式中，NA 为一年内带部分负荷（小于 60%负荷）的启停次数；NB 为一年内带基本负荷的启停次数；NP 为一年内带尖峰负荷的启停次数；E 为一年内紧急启动次数；F 为一年内快速带负荷的启动次数；T 为一年内打闸次数；$a_{t,i}$ 为第 i 种打闸类型的打闸修正系数；T_i 为第 i 种打闸类型一年内打闸次数；n 为打闸类型次数（如满负荷或部分负荷等）。

虽然在国家标准中规定了燃气轮机 EOH 的计算公式，但三大燃气轮机制造商并没有完全按照标准公式来计算。考虑各项影响机组寿命损伤的因素，三菱和西门子有各自的 EOH 计算公式，GE 则是先规定了理想状态下热通道部件检查间隔期，再用维修系数来修正。三大燃气轮机制造商的 EOH 计算各不相同，因此，不能单纯从 EOH 的数据上来判断燃气轮机质量水平的好或坏。

对于长期连续运行的燃气轮机来说，它的 EOH 比启动次数先达到检修周期；而对于调峰模式下的燃气轮机，一般来说它的启动次数比 EOH 先达到检修周期。

2.3 基于部件健康参数的重型燃气轮机寿命预测方法

在重型燃气轮机设备运行与检修管理工作中，核心问题是如何做好机组的检修策划工作，当前主要工作是依据燃气轮机 EOH 或等效启停次数计算和预判下一轮检修安排，确定检修等级、周期与备件准备工作。状态检修是一种新的检修模式，即通过先进的状态监测手段、设备特性评价方法去监测和评估设备的实际工作状况，基于对设备安全可靠性的定量评估结果，指导后续运行计划及检修安排工作。状态检修技术可帮助电厂延长定期检修间隔，减少检修时间，提高设备可靠性。燃气轮机故障预测诊断方法研究本质是对模糊健康特征参数进行优化辨识与时序回归的数学手段问题。而机理建模、优化辨识及时序回归的一些基础理论和方法仍需要不断地改善，这就决定了燃气轮机寿命预测理论还有许多的研究工作有待开展。当前燃气轮机寿命预测主要针对整机系统的性能衰退趋势预测，而缺乏详尽的、量化的各主要部件的性能健康指标，给制定恰当合理的优化控制和维修策略带来不便。因此，本节提出一种融合各主要部件气路诊断信息的多维度时序回归预测方法[1]，基于实时诊断得到各主要部件健康参数，可以预测某一部件性能衰退到某一检修阈值前的剩余使用寿命以及预测未来时序内的部件性能衰退情况，以便及时制定恰当有效的维修策略，如图 2.1 所示。

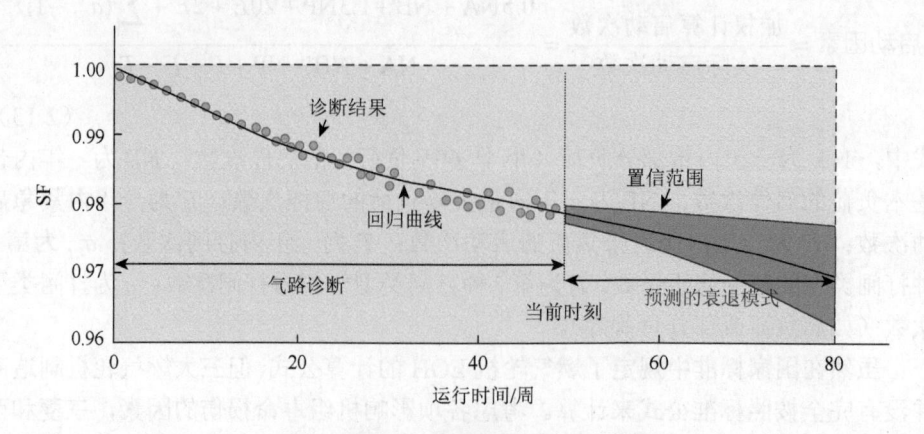

图 2.1 基于部件健康参数的时序预测

在运行初期，部件健康参数衰退情况通常与时间呈线性关系，此时可用如下线性时序回归模型来预测未来状况：

$$\text{SF}(t) = a_1 t + a_2 \tag{2.14}$$

式中，t 为运行时间；SF 为部件健康参数。

第 2 章 重型燃气轮机寿命预测方法研究

随着机组运行，可用如下更高阶的多项式时序回归模型来预测部件未来性能状况：

$$\mathrm{SF}(t) = a_1 t^i + \cdots + a_i t + a_{i+1} \tag{2.15}$$

为确保部件健康参数时序回归模型中多项式阶次的合理性，可以采用一些数据分析方法（如概率密度函数或峰度与偏度准则等）来研究部件健康参数的数据分布情况，由此检验实际衰退模式是否符合上述假设情况。若数据分布情况呈现较大宽度展开的概率密度函数或偏斜符号改变（图 2.2），则需要通过增加或减少回归模型的阶次来调整，如图 2.3 所示。

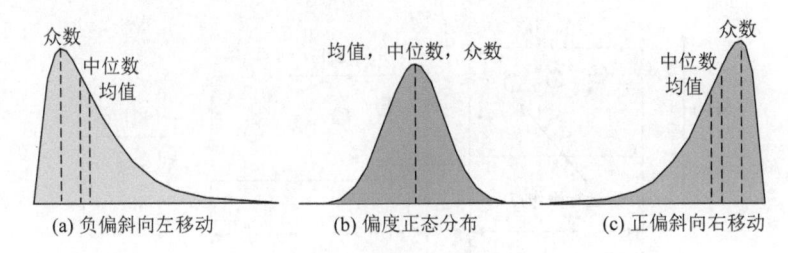

图 2.2 峰度与偏度准则

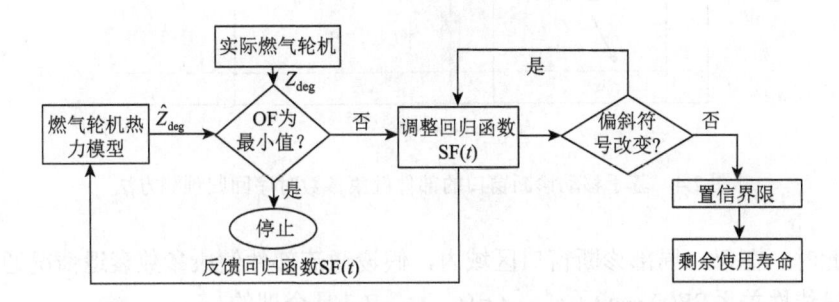

(a) 负偏斜向左移动　(b) 偏度正态分布　(c) 正偏斜向右移动

图 2.3 基于峰度与偏度准则的部件健康参数时序回归预测方法

Z_{deg} 为实际燃气轮机的气路可测参数向量；$\hat{Z}_{\mathrm{deg}}$ 为燃气轮机热力模型计算的气路可测参数向量

如图 2.3 所示，基于峰度与偏度准则的部件健康参数时序回归预测方法的优化目标是根据峰度与偏度准则来调整部件健康参数时序回归模型中多项式的阶次与拟合系数的数值。一旦建立准确的部件健康参数衰退模式的时序回归预测模型，就可以预测某一部件性能衰退到某一检修阈值前的剩余使用寿命以及预测未来时序内的各部件性能衰退情况（故障演化过程）。

此外，实时诊断输出目标机组各主要部件的健康参数后，还可以引入移动诊断窗口的概念，将各部件的性能衰退模式分割成许多较小的随时间增长的区域块，此时，在每一局部的诊断窗口区域内，假设各部件的性能衰退模式与运行时间呈

线性关系 $SF(t) = a_1 t + a_2$ 是合理的。同时，为确保假设的合理性，可以继续采用数据分析方法（如概率密度函数、峰度与偏度准则、加速度检测 $a = \dfrac{d^2 SF(t)}{dt^2}$ 等）来研究每一局部诊断窗口区域内的部件健康参数的数据分布情况，由此检验实际局部诊断窗口区域内的衰退模式是否符合上述假设情况。若数据分布情况呈现较大宽度展开的概率密度函数或偏斜符号改变，或加速度值改变，则需要调整诊断窗口的宽度，或通过增加或减少回归模型的阶次来调整。上述假设检验原理可以作为自适应调整移动诊断窗口宽度的准则，通过动态诊断窗口不断更新移动，从而实现较大时序范围内机组健康状况的准确预测，如图2.4所示。

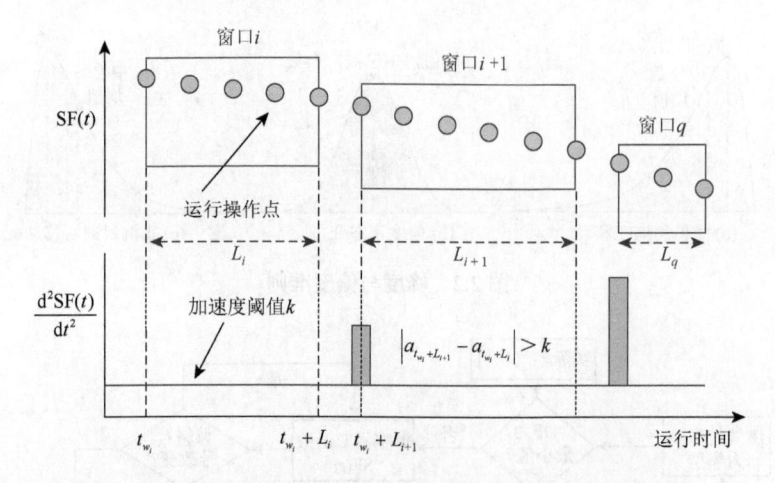

图2.4　基于移动诊断窗口的部件健康参数时序回归预测方法

此时，在每一局部诊断窗口区域内，假设通流部件健康参数衰退情况通常与时间呈线性关系 $SF(t) = a_1 t + a_2$，$t \in [t_{w_i}, t_{w_i} + L_i]$ 是合理的。

建立各主要部件健康参数的时序回归预测模型后，还可以根据各个通流部件健康参数对整机系统性能影响的权重情况，来建立整机系统的性能衰退预测模型，从而得到详尽的、量化的、准确的各主要部件及整机系统的性能健康预测指标，如式（2.16）所示：

$$SF(t) = \begin{bmatrix} SF_{FC}(1) & SF_{FC}(2) & \cdots & SF_{FC}(i) & \cdots \\ SF_{EC}(1) & SF_{EC}(2) & \cdots & SF_{EC}(i) & \cdots \\ SF_{EB}(1) & SF_{EB}(2) & \cdots & SF_{EB}(i) & \cdots \\ SF_{FT}(1) & SF_{FT}(2) & \cdots & SF_{FT}(i) & \cdots \\ SF_{ET}(1) & SF_{ET}(2) & \cdots & SF_{ET}(i) & \cdots \end{bmatrix} \quad (2.16)$$

基于性能健康预测指标，可以实现准确预测某一部件的性能衰退到某一检修阈值前的剩余使用寿命以及预测未来时序内的部件及整体系统性能衰退情况（故障演化过程）的目的，以便及时制定恰当有效的部件维修策略。

当发生突变故障（如内/外物损伤）或停机检修时，需要自动重新配置部件健康参数的多维度时序回归预测模型，如图 2.5 所示。

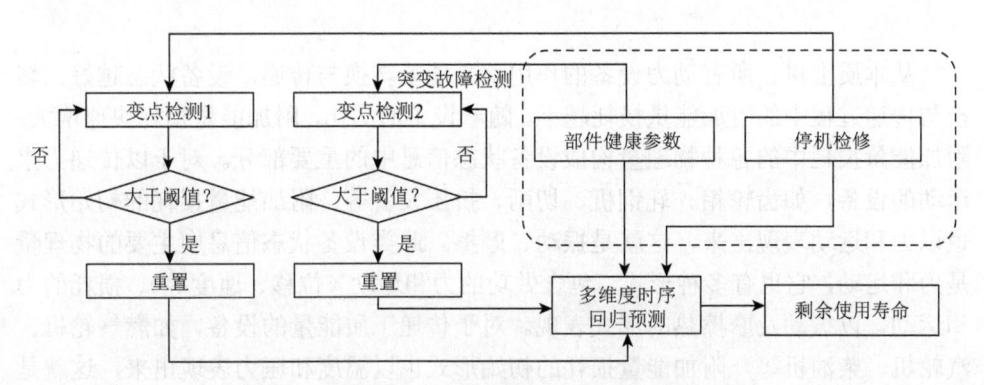

图 2.5 基于部件健康参数的多维度时序回归预测

参 考 文 献

[1] Zhou H Y，Ying Y L，Li J C. Long-short term memory and gas path analysis based gas turbine fault diagnosis and prognosis[J]. Advances in Mechanical Engineering，2021，13（8）：1-12.

第3章 基于修正曲线的燃气轮机状态监测方法研究

从本质上讲，所有动力设备的作用都是能量转换与传递，设备状态越好，转换与传递过程中的附加能量损耗越小。随着设备的劣化，附加能量损耗快速增大。附加能量损耗中的各种物理量构成设备状态信息中的重要部分。对于以传递力来运动的设备，如齿轮箱、轧钢机、切削、挤压设备等，附加能量损耗的初始形式也以力和运动表现出来，这就是振动、摩擦。此类设备状态信息中主要的物理量是力和运动，它也有多种形式，包含做功的力和运动（位移、速度等）、损耗的力和运动，以振动及摩擦热的形式表现。对于传递工质能量的设备，如燃气轮机、汽轮机、柴油机等，附加能量损耗的初始形式也以温度和压力表现出来，这就是压损、熵增。附加能量损耗的二次形式是发热，将损耗的能量散发出去。本章首先介绍典型西门子F级重型燃气轮机控制系统，再分别从压比和温比的角度分析理想简单循环燃气轮机热力性能，并提出基于热力模型的燃气轮机关键部件运行效能软测量方法。最后，针对长期以基本负荷运行的重型燃气轮机机组，本章提出基于修正曲线的燃气轮机整机性能诊断方法，利用机组性能修正曲线（通过实验测试或燃气轮机热力模型计算来绘制）将现场工况条件下的整机性能参数（如燃气轮机输出功率、效率、透平排烟质量流量和透平排温）修正至ISO工况条件（环境温度15℃，大气压力101.325kPa，相对湿度60%）下的整机性能参数，以此消除工况边界条件对机组性能的影响，从而在同一运行边界基准条件下实时在线监测整机性能衰减情况。

3.1 燃气轮机控制系统简介

3.1.1 燃气轮机模拟量控制系统

燃气轮机的闭环控制器FM458通过背板总线与开环控制器AP414镶嵌在一起，所有开环和闭环之间的数据通信既可以采用数据总线（data bus，DB）通信，也可以采用硬接线通信。在FM458控制器中主要涉及以下几个方面的控制功能：启动升速控制、转速/负荷控制、排气温度控制、负荷限制控制、压气机压比限制控制、压气机IGV温度控制、值班阀控制等。

启动升速控制器的主要功能是将燃气轮机转速由盘车转速提升至额定转速。转速/负荷控制器是双变量控制器,同时控制转速及负荷的目标偏差。并网之前,转速/负荷控制器只起转速控制的作用,燃气轮机并网之后,切换为负荷控制。原转速回路切换为一次调频作用回路,在一次调频投入时,两个回路同时工作,实现机组一次调频功能。燃气轮机点火启动后,启动升速控制器控制转速提升,排气温度和转速随之上升。转速达到额定转速,启动升速控制完成,速度控制功能启动,机组稳定在空载转速,准备并网。并网运行时,速度控制退出(此工况下由该回路实现一次调频功能),燃气轮机转为负荷控制模式。在基本负荷之前,排气温度达不到温控基准,排气温度控制功能退出,燃气轮机在该工况下由转速/负荷控制器控制。功率增加到一定程度,排气温度升到温控基准,IGV 开度达到 100%,排气温度控制器启动,此时转速/负荷控制器退出控制,受环境温度的影响,燃气轮机当前工况下负荷上限受排气温度控制器所限,不能继续提升负荷。负荷限制控制器及压气机压比限制控制器只有在特殊工况下才会启动。

负荷控制回路下决定值班气流量的因素有压气机入口温度、IGV 开度和经修正的透平排温。在值班阀的控制中,包含值班气流量和上述三个关联因素的独立函数关系式,三个独立函数关系式的函数值的叠加就形成值班气的质量流量设定值。此时,值班阀的控制为开环控制方式,阀门的特性曲线是根据阀门制造商数据设定的。

3.1.2 燃气轮机顺序控制系统

主要顺序控制包含燃气轮机启停的主顺控及相关各个辅助系统启停子组控制,为了实现模块化及对采购过程的灵活性,将主顺控分解为天然气模块启停顺控、盘车系统启停顺控、启动变频装置启停顺控、润滑油系统启停顺控、液压间隙优化装置主推和反推顺控这几个过程控制单元。

1. 天然气模块启停顺控

天然气系统有两个功能:一是控制进入燃气轮机燃烧室的天然气质量流量;二是在特定情况下切断燃气轮机的天然气供气。天然气系统必须能检测到上游的天然气压力,以确保供气质量流量满足燃气轮机需要。供给到天然气系统的天然气必须干燥、清洁,以防止腐蚀等,形成沉积。

天然气紧急遮断阀(emergency stop valve,ESV)位于可能有异物的管道下游,这些异物可能存在于过滤器管道的上游。若出现跳闸,这些异物可能会阻碍 ESV 关闭。天然气过滤器用来保护 ESV。

天然气三支热电偶用来测量天然气温度。当使用性能加热器加热天然气时,若性能加热器发生故障,很可能发生天然气温度超限的风险。因此,当天然气温度超限时,便会触发保护动作。

天然气压力测点分别位于 ESV 之前两个压力传感器和 ESV 之后一个压力传感器。为了确保在各种燃烧模式下燃气轮机可靠运行，天然气压力必须限定在允许的高低限之间。

预混分支燃气控制：ESV 和预混控制阀都有安全关闭功能。压力释放阀安装于 ESV 和预混控制阀之间。在燃气轮机运行时，压力释放阀是关闭的。预混控制阀能控制进入预混喷嘴的天然气质量流量。

值班分支燃气控制：切断值班分支天然气是通过 ESV、压力释放阀和值班控制阀来实现的。值班控制阀也具有安全关闭功能，还能控制进入值班喷嘴的天然气质量流量。

控制阀下游的压力监视：使用三个压力传感器来测量值班控制阀下游的天然气压力。另有三个压力传感器用于测量预混控制阀下游的天然气压力。

2. 液压间隙优化装置主推和反推顺控

燃气轮机透平液压间隙优化（hydraulic clearance optimization，HCO）系统主要由两台液压油泵、过滤器、囊式蓄能器和分别安装在燃气轮机推力轴承工作面与非工作面的液压推动装置等组成。HCO 系统所需液压油取自润滑油泵出口。HCO 系统可将燃气轮机转子在启动位置与优化位置间切换。在液压系统的作用下，转子向与气流相反的方向移动，减小了透平侧叶片与气缸之间的间隙，从而减少了燃气轮机透平叶顶漏气损失，相应地增加了压气机侧叶片与气缸之间的间隙，压气机侧效率损失低于透平侧效率的增加，可以提高燃气轮机效率和输出功率。

3. 润滑油系统启停顺控

润滑油系统为压气机轴承、透平轴承和发电机轴承提供润滑油。润滑油系统主要有以下两个功能：一是可以使轴系表面形成一层薄油膜使摩擦力减至最小，二是流动的润滑油可以带走轴系的热量。此外，也可以过滤掉油中的沉积物和轴中的一些固体杂质。

3.1.3　燃气轮机专用保护系统

燃气轮机专用保护系统包含前置模块阀门状态保护、天然气入口温度保护、点火过燃料保护、进气室压差高保护、液压油箱液位低保护、润滑油系统异常保护、压缩空气压力低保护、燃烧室加速度保护等。

1. 前置模块阀门状态保护

前置模块气动关断阀是天然气进入燃气轮机的第一道关闭元件。气动放散阀是一种燃气管道安全放散的装置。正常情况下前置模块气动关断阀一直保持开启状态，气动放散阀一直保持关闭状态。当后续系统出现异常情况，控制系统会将气动关断阀关闭，停止对后续天然气系统供气，同时阀后管道内天然气压力会有所升高，控制系统会将气动放散阀打开进行放散。

2. 天然气入口温度保护

未加热天然气入口温度一般维持在 15~25℃。当进口温度低时，预混或值班喷嘴压力更低，CH_4 以上的烃（C_2H_6、C_3H_8 等）及 H_2O 将易结露，影响燃烧并可能导致喷嘴结垢、堵塞，甚至喷嘴熄火，同时天然气管路内发生结露腐蚀。

3. 点火过燃料保护

在燃气轮机点火启动过程中，若过量天然气进入燃烧室，会使天然气和空气混合浓度过高，轻则导致燃烧不充分，多余天然气流入锅炉烟道引发安全隐患，重则有燃烧室爆燃的风险。过燃料保护监视点火过程中值班控制阀后的两组压力信号。为保证顺利点火，在 ESV 开启后，点火安全时间内的值班控制阀后天然气压力超过天然气安全压力，将会导致点火燃料过量情况发生。因此，该工况将触发燃气轮机遮断停机，并且需要轻吹后重新进行点火程序。

4. 进气室压差高保护

通过测量进气系统精滤装置后与大气之间的压力差值实现对进气过滤系统的状态监视，当进气室滤网压差超过最大设定值时，触发燃气轮机遮断保护。严重情况下压差过大会导致滤网破损，进入压气机对机组造成损坏。

5. 液压油箱液位低保护

液压油箱为燃气轮机的压气机 IGV、天然气系统 ESV、值班控制阀、预混控制阀提供控制油。液压油箱液位低保护可在液压油箱液位低的情况下触发燃气轮机遮断保护，防止事故发生。

6. 润滑油系统异常保护

润滑油系统异常保护分为润滑油箱液位低保护、润滑油压力低保护、顶轴油压力测点故障保护。润滑油系统异常保护可保障燃气轮机运行过程中润滑油的稳定供应，保障润滑效果，减少轴瓦间摩擦，防止因断油烧瓦。

7. 压缩空气压力低保护

压缩空气系统为三套防喘放气阀气动执行机构提供动力气源，燃气轮机压缩空气系统的储气罐压力正常维持在 8.5~9.0bar（1bar = 100000Pa），高于厂级仪用压缩空气压力等级，由专用空气压缩机提供。为防止压缩空气压力低导致防喘放气阀动作异常压气机发生喘振的风险，设置压缩空气压力低保护。

8. 燃烧室加速度保护

西门子 F 级燃气轮机控制系统对燃烧室三个频段的振动加速度数值进行监视。西门子 F 级燃气轮机燃烧室三个频段振动加速度数值范围如表 3.1 所示，若数值超限或数值关系错误，则表示燃烧有恶化趋势。

表 3.1　西门子 F 级燃气轮机燃烧室三个频段振动加速度数值范围

频段	加速度数值范围	数值关系
低频段	设定值（如 1g）	最大
中频段	低频段设定值的 20%	最小
高频段	低频段设定值的 40%	居中

3.2　理想简单循环燃气轮机性能分析

通常，在可逆的理想情况下，燃气轮机是由四个热力过程组成的正向循环来实现把热能转化为机械功的动力机械。本节从压比和温比的角度来分析理想简单循环的燃气轮机热力性能，其中燃气轮机定压加热理想循环过程如图 3.1 所示。

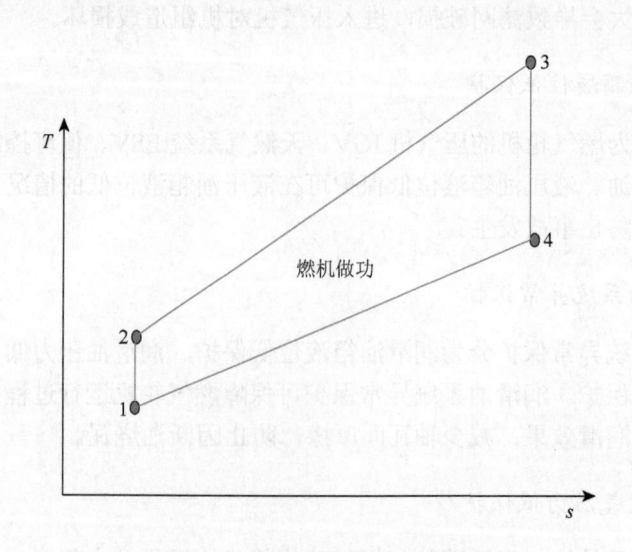

图 3.1　理想简单循环的 T-s 图

如图 3.1 所示，1-2 为压气机等熵压缩过程，2-3 为燃烧室等压加热过程，3-4 为透平等熵膨胀过程，4-1 为等压放热过程。

压气机等熵压缩过程：

$$w_\mathrm{C} = h_2^* - h_1^* = c_\mathrm{p}\left(T_2^* - T_1^*\right) = c_\mathrm{p} T_1^* (\pi^m - 1) \tag{3.1}$$

式中，$m = \dfrac{k-1}{k}$，k 为等熵指数；c_p 为工质的比定压热容；上角标*表示总参数；h 为比焓；T 为温度；w_C 为压气机等熵压缩消耗的比功率；π 为压比。

燃烧室等压加热过程：

$$q_1 = c_\mathrm{p}\left(T_3^* - T_2^*\right) \tag{3.2}$$

式中，q_1 为燃烧室等压加热的吸热量。

透平等熵膨胀过程：

$$w_\mathrm{T} = h_3^* - h_4^* = c_\mathrm{p}\left(T_3^* - T_4^*\right) = c_\mathrm{p} T_3^* \left(1 - \dfrac{1}{\pi^m}\right) \tag{3.3}$$

式中，w_T 为透平等熵膨胀输出的比功率。

等压放热过程：

$$q_2 = c_\mathrm{p}\left(T_4^* - T_1^*\right) \tag{3.4}$$

式中，q_2 为透平出口烟气等压放热的放热量。

理想简单循环的燃气轮机比功率 w_GT 为

$$w_\mathrm{GT} = w_\mathrm{T} - w_\mathrm{C} = c_\mathrm{p} T_1^* \left[\tau_{13}\left(1 - \dfrac{1}{\pi^m}\right) - (\pi^m - 1)\right] \tag{3.5}$$

式中，定义 $\tau_{13} = \dfrac{T_3^*}{T_1^*}$ 为循环温比。

理想简单循环的燃气轮机效率 η_GT 为

$$\eta_\mathrm{GT} = \dfrac{w_\mathrm{GT}}{q_1} = 1 - \dfrac{1}{\pi^m} = 1 - \dfrac{T_1^*}{T_2^*} \tag{3.6}$$

在等压加热理想循环中，当 τ_{13} 一定时，随着压比 π 增大，理想简单循环的燃气轮机比功率 w_GT 并不是越来越大，而是存在一个最佳 π，使 w_GT 最大，如图 3.2 所示。

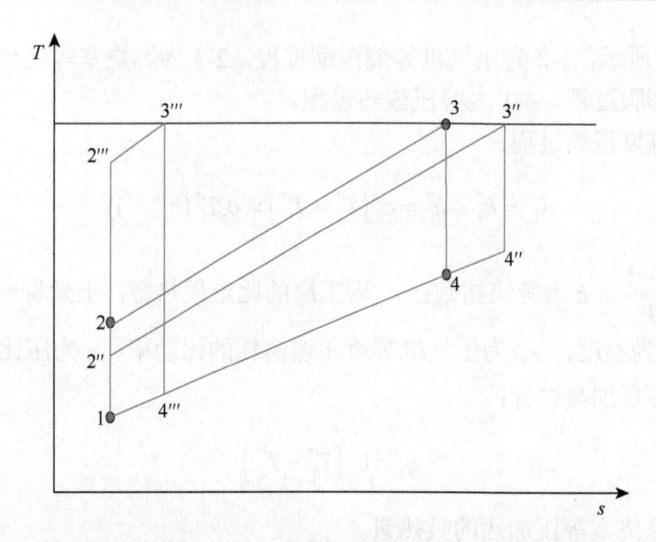

图 3.2 当 τ_{13} 一定、取不同压比 π 时，理想简单循环的燃气轮机比功率 w_{GT} 的变化规律

理想简单循环的燃气轮机比功率最大值为 $w_{GT,max} = c_p T_1^* \left(\sqrt{\tau_{13}} - 1\right)^2$，此时，最佳压比为 $\pi_{w_{GT,max}} = \tau_{13}^{\frac{k}{2(k-1)}} = \left(\sqrt{\tau_{13}}\right)^{\frac{1}{m}}$。

定义燃烧室温比 $\tau_{23} = \dfrac{T_3^*}{T_2^*}$，则

$$\frac{T_2^*}{T_1^*} = \left(\frac{P_2^*}{P_1^*}\right)^{\frac{k-1}{k}} = \frac{\tau_{13}}{\tau_{23}} \tag{3.7}$$

$$\frac{T_4^*}{T_1^*} = \frac{T_4^*}{T_3^*}\frac{T_3^*}{T_1^*} = \pi^{-\frac{k-1}{k}} \cdot \tau_{13} = \frac{T_1^*}{T_2^*} \cdot \tau_{13} = \tau_{23} \tag{3.8}$$

压气机等熵压缩过程为

$$w_C = h_2^* - h_1^* = c_p\left(T_2^* - T_1^*\right) = c_p T_1^* (\pi^m - 1) = c_p T_1^* \left(\frac{\tau_{13}}{\tau_{23}} - 1\right) \tag{3.9}$$

燃烧室等压加热过程为

$$q_1 = c_p\left(T_3^* - T_2^*\right) = c_p T_1^* \left(\tau_{13} - \pi^{\frac{k-1}{k}}\right) = c_p T_1^*\left(\tau_{13} - \frac{\tau_{13}}{\tau_{23}}\right) \tag{3.10}$$

由式（3.10）可知燃烧室温比限制了压比的选取。

透平等熵膨胀过程为

$$w_T = h_3^* - h_4^* = c_p\left(T_3^* - T_4^*\right) = c_p T_3^*\left(1 - \frac{1}{\pi^m}\right) = c_p T_1^*(\tau_{13} - \tau_{23}) \tag{3.11}$$

等压放热过程为
$$q_2 = c_p\left(T_4^* - T_1^*\right) = c_p T_1^*(\tau_{23} - 1) \tag{3.12}$$

理想简单循环的燃气轮机比功率为
$$w_{GT} = w_T - w_C = c_p T_1^*\left[\tau_{13}\left(1 - \frac{1}{\pi^m}\right) - (\pi^m - 1)\right] = c_p T_1^*(\tau_{13} - \tau_{23}) - c_p T_1^*\left(\frac{\tau_{13}}{\tau_{23}} - 1\right)$$
$$= c_p T_1^*\left(\tau_{13} - \tau_{23} - \frac{\tau_{13}}{\tau_{23}} + 1\right) \tag{3.13}$$

理想简单循环的燃气轮机效率为
$$\eta_{GT} = \frac{w_{GT}}{q_1} = 1 - \frac{1}{\pi^m} = 1 - \frac{\tau_{23}}{\tau_{13}} \tag{3.14}$$

由式（3.14）可知，理想简单循环的效率与燃烧室温比、循环温比有关。将 w_{GT} 对 τ_{23} 求导并令之为 0，即可求得最佳燃烧室温比：
$$\tau_{23,w_{GT,\max}} = \sqrt{\tau_{13}} \tag{3.15}$$

此时，理想简单循环的比功率最大值为
$$w_{GT,\max} = c_p T_1^*\left(\sqrt{\tau_{13}} - 1\right)^2 = c_p T_1^*(\pi^m - 1)(\tau_{23} - 1) \tag{3.16}$$

无量纲化的比功率计算式为
$$\frac{w_{GT,\max}}{c_p T_1^*} = (\pi^m - 1)(\tau_{23} - 1) = \left(\sqrt{\tau_{13}} - 1\right)^2 \tag{3.17}$$

上述表明，压比和温比对理想简单循环燃气轮机比功率和效率具有决定性影响。

3.3 燃气轮机运行经济性及耗差分析建模

燃气轮机压气机效率、燃烧效率、透平效率、燃烧室出口温度等综合性指标或参数的准确辨识是燃气轮机效能监测与劣化原因诊断技术的关键之一，但这些综合性指标或参数往往无法直接测量[1]。为实现燃气轮机故障的在线诊断及提前预警，其技术关键之一是如何利用可直接监测的运行参数，通过软测量方式得到燃气轮机压气机、燃烧室、透平等关键部件效率及燃烧室出口温度等不可直接测量的关键综合性效能指标或参数，以实现对上述关键部件的运行状态监测和分析。

在实际运行过程中，当燃气轮机某些部件发生效能衰退或损伤时，其部件效率等效能指标或参数会发生改变，进而导致可测参数（如温度、压力、转速等）发生变化[2]。因此，重型燃气轮机部件效能指标的软测量实质是利用可测得的热力参数（如大气温度、大气压力、大气相对湿度、燃气轮机进排气压损、燃料组分及热值等），通过热力学耦合方程求解得到各部件效率等综合性效能指标或参数。本节提出了基于热力模型的燃气轮机关键部件运行效能软测量方法，如图 3.3 所示。

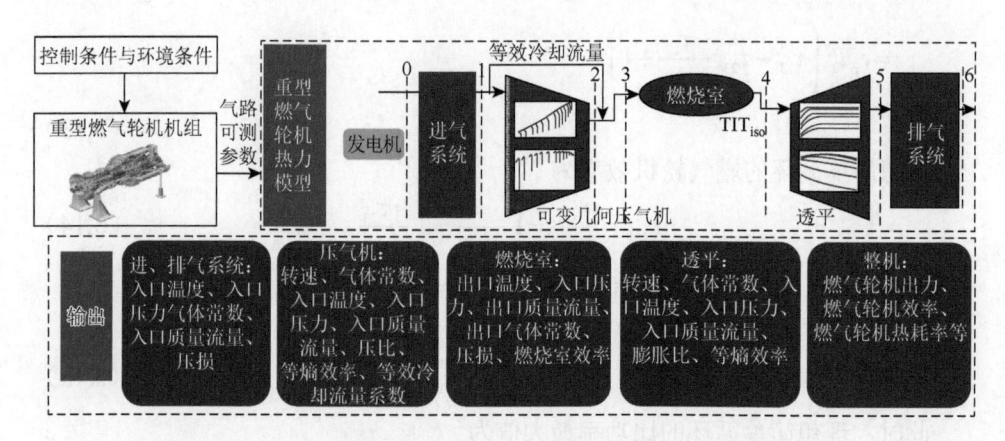

图 3.3 基于热力模型的燃气轮机关键部件运行效能软测量原理图

通过联立进气系统、排气系统、压气机、燃烧室、透平的效能计算方程，即获得燃气轮机关键部件运行效能软测量模型。在此基础上，基于电厂燃气轮机的运行数据，可对该燃气轮机的各个部件及整机效能进行辨识和分析，并分析其劣化程度。

3.4 基于修正曲线的燃气轮机整机性能诊断方法

3.4.1 修正曲线的绘制

绘制修正曲线前，先要确定燃气轮机整机性能修正基准点（通常为 ISO 工况），然后确定修正项目。根据现场数据和实验条件，或通过燃气轮机热力模型计算，考虑修正曲线的绘制。其中，修正项目包括大气温度、大气压力、压气机进气压损、透平排气压损、大气相对湿度、天然气燃料低位热值、燃气轮机转速、老化等。

1. 大气温度对机组性能影响

大气温度会按比例影响压气机进口空气的密度；随着大气温度的升高，空气质量流量、燃气轮机输出功率和压气机压比降低，导致燃气轮机效率降低；在恒定的透平入口温度下，透平排温升高，如图 3.4 所示。

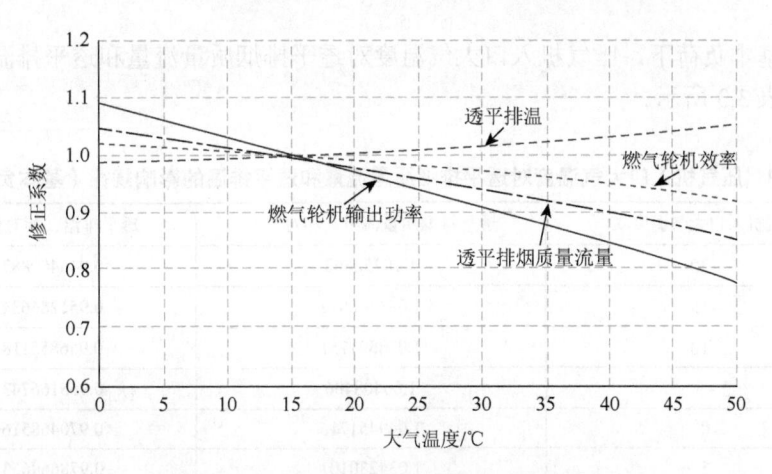

第 3 章 基于修正曲线的燃气轮机状态监测方法研究

图 3.4 大气温度对机组性能影响的修正曲线

在基本负荷下，压气机入口大气温度对燃气轮机输出功率和燃气轮机效率的影响规律如表 3.2 所示。

表 3.2 压气机入口大气温度对燃气轮机输出功率和燃气轮机效率的影响规律（基本负荷）

压气机入口大气温度/℃	燃气轮机输出功率（相对值）	燃气轮机效率（相对值）
−20	1.163881491	1.034694796
−15	1.139500033	1.031404764
−10	1.115011008	1.027487584
−5	1.091094511	1.023015211
0	1.067928158	1.018022508
5	1.044834958	1.012502376
5.8	1.041179206	1.011572766
10	1.022189699	1.006491415
15	1	1
20	0.967841983	0.991887
25	0.935176316	0.983483
30	0.901744804	0.973921
35	0.867181023	0.96262
40	0.831576275	0.948711
45	0.796262069	0.932483
46.85	0.783623	0.926108
48	0.765451	0.918574
50	0.734763	0.904955

在基本负荷下，压气机入口大气温度对透平排烟质量流量和透平排温的影响规律如表 3.3 所示。

表 3.3　压气机入口大气温度对透平排烟质量流量和透平排温的影响规律（基本负荷）

压气机入口大气温度/℃	透平排烟质量流量（相对值）	透平排温（相对值）
−20	1.10752662	0.946400882
−15	1.093208812	0.951286634
−10	1.078591751	0.956855118
−5	1.06408406	0.963166743
0	1.049451716	0.970468516
5	1.034230101	0.978669653
5.8	1.031704911	0.980110599
10	1.017907835	0.988378289
15	1	1
20	0.980212	1.005488
25	0.958743	1.012075
30	0.93548	1.019576
35	0.910572	1.028357
40	0.884768	1.038602
45	0.859748	1.049762
46.85	0.850966	1.05397
48	0.838858	1.056531
50	0.817836	1.0612883

在 80%基本负荷下，压气机入口大气温度对燃气轮机输出功率和燃气轮机效率的影响规律如表 3.4 所示。

表 3.4　压气机入口大气温度对燃气轮机输出功率和燃气轮机效率的影响规律（80%基本负荷）

压气机入口大气温度/℃	燃气轮机输出功率（相对值）	燃气轮机效率（相对值）
−20	0.929310429	0.991646869
−15	0.910463046	0.987262279
−10	0.891925761	0.982405202
−5	0.873539065	0.977044601
0	0.855117986	0.971141049
5	0.836447399	0.964662958

续表

压气机入口大气温度/℃	燃气轮机输出功率（相对值）	燃气轮机效率（相对值）
10	0.817996635	0.957675932
15	0.799998854	0.950192121
20	0.774068366	0.940759382
25	0.747895134	0.930500728
30	0.721385359	0.918905073
35	0.694036597	0.905407595
40	0.665357724	0.889760951
46.85	0.625994283	0.86572379
50	0.590643533	0.845505019

在80%基本负荷下，压气机入口大气温度对透平排烟质量流量和透平排温的影响规律如表3.5所示。

表3.5　压气机入口大气温度对透平排烟质量流量和透平排温的影响规律（80%基本负荷）

压气机入口大气温度/℃	透平排烟质量流量（相对值）	透平排温（相对值）
−20	0.944346371	0.946896307
−15	0.934654571	0.951572573
−10	0.924807612	0.957001267
−5	0.914574205	0.963250731
0	0.903672371	0.970446481
5	0.891892948	0.978622465
10	0.879002083	0.988324969
15	0.864707531	1.000083082
20	0.849862876	1.005488772
25	0.833818849	1.011833602
30	0.816742415	1.019367264
35	0.798558758	1.02820634
40	0.778656362	1.038438603
46.85	0.750152224	1.054033453
50	0.72592341	1.061129817

2. 大气压力对机组性能影响

大气压力会按比例影响进气密度，从而改变燃气轮机输出功率和透平排烟质

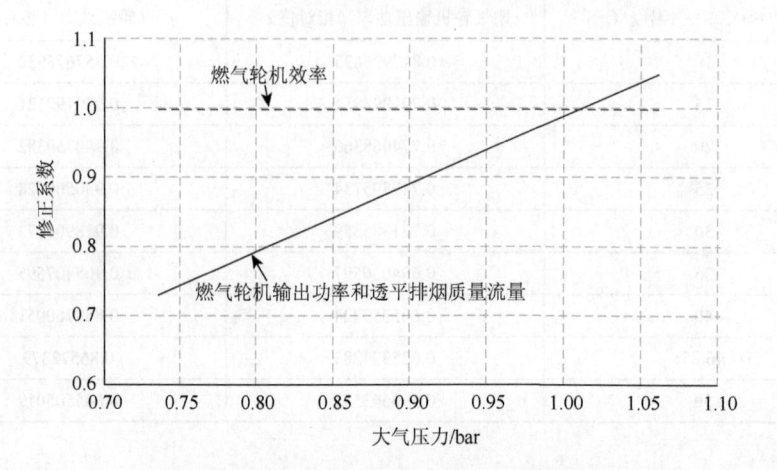

量流量。由于压气机压比不变,燃气轮机效率保持不变,如图 3.5 所示。

图 3.5 大气压力对机组性能影响的修正曲线

在基本负荷下,大气压力对燃气轮机输出功率和透平排烟质量流量的影响规律如表 3.6 所示。

表 3.6 大气压力对燃气轮机输出功率和透平排烟质量流量的影响规律(基本负荷)

大气压力/bar	燃气轮机输出功率和透平排烟质量流量(相对值)
0.8	0.788764298
0.85	0.838403636
0.9	0.888006586
0.95	0.937582643
1	0.987126168
1.013	1
1.016	1.002974812
1.05	1.036638382
1.1	1.086122388

3. 压气机进气压损对机组性能影响

当压气机入口处的进气压损增加时,压气机入口压力会随之降低,进而导致入口空气的密度降低。燃气轮机输出功率、透平排烟质量流量和燃气轮机效率也随之降低,透平排温随之升高,如图 3.6 所示。

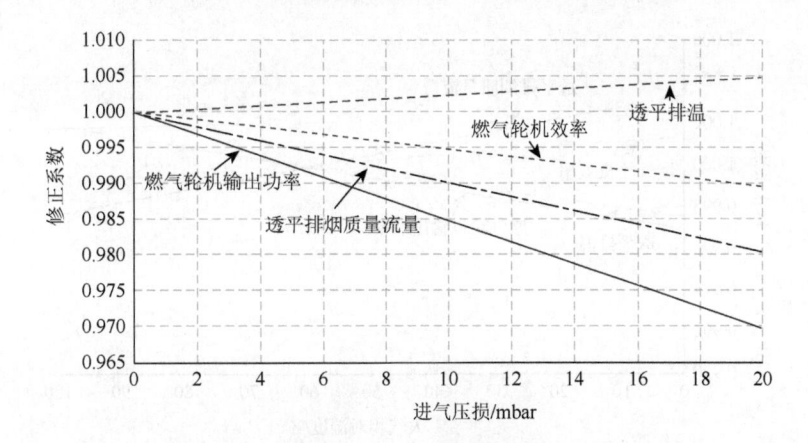

图 3.6 压气机进气压损对机组性能影响的修正曲线

4. 透平排气压损对机组性能影响

当透平出口处的排气压损增加时，燃气轮机输出功率和燃气轮机效率降低，而透平排温升高。透平排烟质量流量保持不变，如图 3.7 所示。

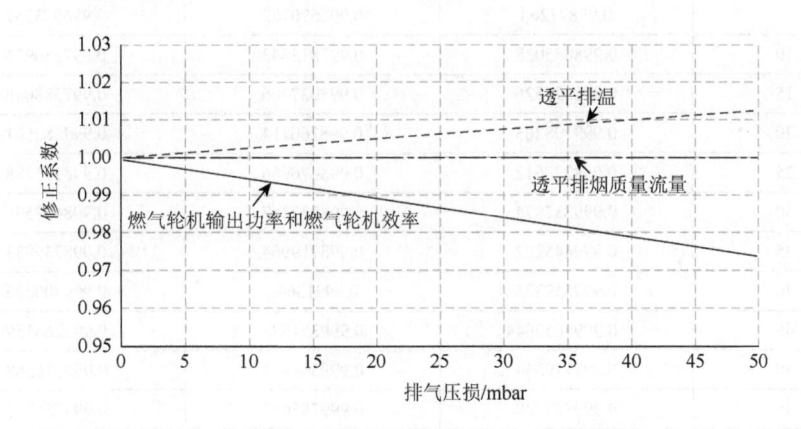

图 3.7 透平排气压损对机组性能影响的修正曲线

5. 大气相对湿度对机组性能影响

大气相对湿度对燃气轮机性能的影响非常小，但它对氮氧化物排放有很大影响，尤其是在较低相对湿度条件下，如图 3.8 所示。

在基本负荷下，不同大气温度条件下大气相对湿度对燃气轮机输出功率的影响规律如表 3.7～表 3.9 所示，对燃气轮机效率的影响规律如表 3.10～表 3.12 所示。

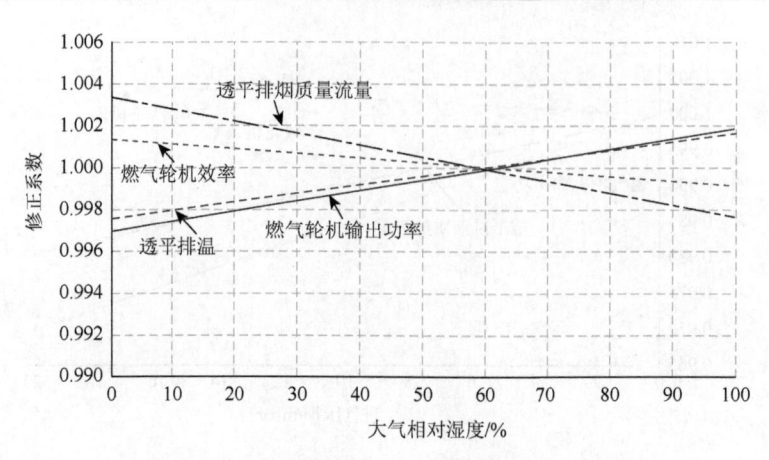

图 3.8 大气相对湿度对机组性能影响的修正曲线

表 3.7 不同大气温度条件下大气相对湿度对燃气轮机输出功率的影响规律

大气相对湿度/%	燃气轮机输出功率（相对值，大气温度为 0℃）	燃气轮机输出功率（相对值，大气温度为 15℃）	燃气轮机输出功率（相对值，大气温度为 30℃）
0	0.998659387	0.997363604	0.996656586
5	0.99877268	0.997590782	0.996973737
10	0.998885028	0.997813643	0.997286931
15	0.998999526	0.998037066	0.997588048
20	0.999108263	0.998260114	0.997882501
25	0.999220612	0.998476966	0.998175288
30	0.999332874	0.998702267	0.998457558
35	0.999445222	0.998919964	0.998739933
40	0.999559375	0.99913644	0.999000026
45	0.999665964	0.999351978	0.999266159
50	0.999779344	0.999568455	0.999516568
55	0.999887738	0.999785683	0.999755733
60	1	1	1
65	1.000112348	1.00020906	1.000231876
70	1.000223063	1.000425162	1.000446573
75	1.000335755	1.000633471	1.000666892
80	1.000443805	1.00085389	1.00087607
85	1.00055409	1.001058069	1.001073691
90	1.000666181	1.001262905	1.001266626
95	1.000773543	1.001469807	1.001449358
100	1.000886493	1.001680369	1.00162553

表 3.8　大气温度为 47℃时大气相对湿度对燃气轮机输出功率的影响规律

大气相对湿度/%	燃气轮机输出功率（相对值）
0	0.9999792
10	1.0001428
20	1.0002096
30	1.0002088
40	1.0001643
50	1.000089
60	1
70	0.986793099
80	0.972970317

表 3.9　大气温度为 50℃时大气相对湿度对燃气轮机输出功率的影响规律

大气相对湿度/%	燃气轮机输出功率（相对值）
0	1.0386254
10	1.0387803
20	1.0388959
30	1.0389729
35	1.0390107
40	1.0327869
50	1.0163934
60	1
70	0.98360656
80	0.96885246

表 3.10　不同大气温度条件下大气相对湿度对燃气轮机效率的影响规律

大气相对湿度/%	燃气轮机效率（相对值,大气温度为0℃）	燃气轮机效率（相对值,大气温度为15℃）	燃气轮机效率（相对值,大气温度为30℃）
0	1.00039748	1.0014207	1.004407451
5	1.000364808	1.001305257	1.004053608
10	1.000332136	1.001186921	1.003699973
15	1.000300882	1.00107061	1.003339416
20	1.00026648	1.000952824	1.002977075
25	1.000233156	1.000831218	1.002616993
30	1.000200484	1.000717627	1.002251889

续表

大气相对湿度/%	燃气轮机效率 （相对值，大气温度为0℃）	燃气轮机效率 （相对值，大气温度为15℃）	燃气轮机效率 （相对值，大气温度为30℃）
35	1.000168351	1.00059767	1.001888627
40	1.000137296	1.000477019	1.001510302
45	1.000099434	1.000357063	1.001141246
50	1.000068492	1.000237511	1.000762802
55	1.000031708	1.00011877	1.000378118
60	1	1	1
65	0.999967754	0.999876282	0.999616891
70	0.999933352	0.999757859	0.999221332
75	0.999902296	0.999633794	0.998834033
80	0.999866164	0.999521881	0.998442337
85	0.999831451	0.99939472	0.998041192
90	0.999799516	0.999270771	0.997642573
95	0.999763299	0.999147835	0.99723816
100	0.999731251	0.999028081	0.996830598

表3.11 大气温度为47℃时大气相对湿度对燃气轮机效率的影响规律

大气相对湿度/%	燃气轮机效率 （相对值）
0	1.017209011
10	1.014392991
20	1.011576971
30	1.008760951
40	1.005944931
50	1.00281602
60	1
70	0.993429287
80	0.986546825

表3.12 大气温度为50℃时大气相对湿度对燃气轮机效率的影响规律

大气相对湿度/%	燃气轮机效率（相对值）
0	1.0317003
10	1.028498
20	1.0252731

续表

大气相对湿度/%	燃气轮机效率（相对值）
30	1.0214537
35	1.0198527
40	1.0163304
50	1.008005
60	1
70	0.9913545
80	0.9833493

在基本负荷下，不同大气温度条件下大气相对湿度对透平排烟质量流量的影响规律如表 3.13～表 3.15 所示。

表 3.13　不同大气温度条件下大气相对湿度对透平排烟质量流量的影响规律

大气相对湿度/%	透平排烟质量流量（相对值，大气温度为0℃）	透平排烟质量流量（相对值，大气温度为15℃）	透平排烟质量流量（相对值，大气温度为30℃）
0	1.00098462	1.003753229	1.012508095
5	1.000902921	1.003444737	1.011486234
10	1.000821223	1.003134647	1.010460169
15	1.000738981	1.002824673	1.009431603
20	1.000657174	1.002513899	1.008397795
25	1.00057504	1.002201986	1.007360818
30	1.000493234	1.001889957	1.006320244
35	1.0004111	1.001576447	1.005275405
40	1.000328968	1.001262708	1.004228126
45	1.000246834	1.000948286	1.003176398
50	1.000164592	1.000633065	1.002120829
55	1.00008246	1.000316702	1.001061603
60	1	1	1
65	0.999917976	0.999682384	0.998934069
70	0.999835734	0.999364654	0.997864358
75	0.99975284	0.99904567	0.996791113
80	0.999670599	0.998726798	0.995715124
85	0.999588248	0.998406902	0.994635904
90	0.99950568	0.998085523	0.9935526
95	0.999423112	0.997764941	0.992465031
100	0.999340654	0.997443106	0.991375754

表 3.14　大气温度为 47℃时大气相对湿度对透平排烟质量流量的影响规律

大气相对湿度/%	透平排烟质量流量（相对值）
0	1.032629221
10	1.026964412
20	1.021364894
30	1.015853497
40	1.01045189
50	1.005182029
60	1
70	0.987044926
80	0.974045936

表 3.15　大气温度为 50℃时大气相对湿度对透平排烟质量流量的影响规律

大气相对湿度/%	透平排烟质量流量（相对值）
0	1.0613388
10	1.0535539
20	1.0471338
30	1.0408737
35	1.03781215
40	1.0310037
50	1.0154447
60	1
70	0.98496653
80	0.970984

在基本负荷下，不同大气温度条件下大气相对湿度对透平排温的影响规律如表 3.16～表 3.18 所示。

表 3.16　不同大气温度条件下大气相对湿度对透平排温的影响规律

大气相对湿度/%	透平排温（相对值，大气温度为 0℃）	透平排温（相对值，大气温度为 15℃）	透平排温（相对值，大气温度为 30℃）
0	0.999136992	0.997351932	0.992681217
5	0.999209381	0.997571022	0.993285145
10	0.999280864	0.997791229	0.993888637
15	0.999352802	0.998010319	0.99449388
20	0.999424059	0.998230527	0.99510263

续表

大气相对湿度/%	透平排温（相对值，大气温度为0℃）	透平排温（相对值，大气温度为15℃）	透平排温（相对值，大气温度为30℃）
25	0.999497125	0.998453414	0.995708749
30	0.999568836	0.998671387	0.996317498
35	0.999640093	0.998893157	0.996927122
40	0.999710672	0.999114705	0.997541129
45	0.99978487	0.999335581	0.998152725
50	0.999855223	0.999557128	0.998766731
55	0.999928969	0.999779569	0.999384022
60	1	1	1
65	1.000071935	1.000222217	1.000617072
70	1.000144551	1.000444434	1.001238744
75	1.00021513	1.000667544	1.001859323
80	1.00028797	1.000886634	1.002479243
85	1.000360811	1.001112201	1.003105297
90	1.000432295	1.001335535	1.003728064
95	1.000505136	1.001558198	1.004355214
100	1.000576619	1.001780192	1.004983457

表 3.17 大气温度为 47℃时大气相对湿度对透平排温的影响规律

大气相对湿度/%	透平排温（相对值）
0	0.981079679
10	0.98437771
20	0.987502175
30	0.99062663
40	0.99375109
50	0.99687554
60	1
70	1.00312446
80	1.00607534
90	1.00902621
100	1.01215067

表 3.18　大气温度为 50℃时大气相对湿度对透平排温的影响规律

大气相对湿度/%	透平排温（相对值）
0	0.97845199
10	0.982072057
20	0.98586451
30	0.98931219
35	0.99120841
40	0.992932254
50	0.996379935
60	1
70	1.00344768
80	1.00689536
90	1.010343045
100	1.013790727

6. 天然气燃料低位热值对机组性能影响

天然气燃料低位热值对机组性能影响的修正曲线如图 3.9 所示。天然气燃料低位热值降低时，单位质量燃料释放的有效热量减少，需燃烧更多燃料以维持相同的透平前温，排烟质量流量增大，燃气轮机输出功率增大，燃气轮机效率增大。

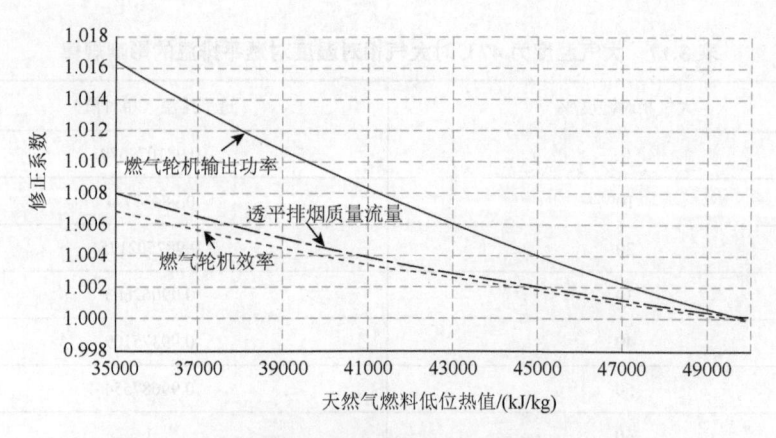

图 3.9　天然气燃料低位热值对机组性能影响的修正曲线

7. 燃气轮机转速对机组性能影响

当转速增加时，压气机入口空气质量流量增加，从而增加燃气轮机输出功率、燃气轮机效率和透平排烟质量流量，透平排温降低。燃料转速对机组性能影响的修正曲线如图 3.10 所示。

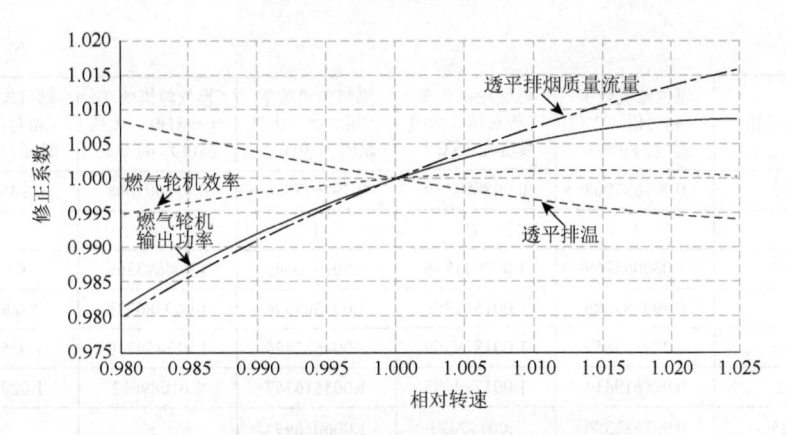

第 3 章 基于修正曲线的燃气轮机状态监测方法研究

图 3.10 燃料转速对机组性能影响的修正曲线

当透平入口温度恒定时，转速对燃气轮机输出功率和燃气轮机效率的影响规律如表 3.19 和表 3.20 所示。

表 3.19 不同大气温度条件下转速对燃气轮机输出功率的影响规律

转速（相对值）	燃气轮机输出功率（相对值，大气温度为0℃）	燃气轮机输出功率（相对值，大气温度为15℃）	燃气轮机输出功率（相对值，大气温度为30℃）	燃气轮机输出功率（相对值，大气温度为47℃）	燃气轮机输出功率（相对值，大气温度为50℃）
0.98	0.988954725	0.975160388	0.959002854	0.833974557	0.83606557
0.985	0.992823386	0.982598134	0.970417171	0.873139108	0.8737705
0.99	0.995889279	0.98917448	0.981163659	0.91307159	0.9139344
0.995	0.99825538	0.994958611	0.99105386	0.95530787	0.9573771
1	1	1	1	1	1
1.005	1.001212621	1.004228804	1.008002391	1.01167487	1.0459016
1.01	1.001937941	1.007580906	1.015093208	1.02339659	1.06297295
1.015	1.002205875	1.01009639	1.021274531	1.034932675	1.0751557
1.02	1.002082524	1.01186641	1.026585303	1.046086693	1.08723279
1.025	1.001575969	1.012962405	1.031112672	—	—

表 3.20 不同大气温度条件下转速对燃气轮机效率的影响规律

转速（相对值）	燃气轮机效率（相对值，大气温度为0℃）	燃气轮机效率（相对值，大气温度为15℃）	燃气轮机效率（相对值，大气温度为30℃）	燃气轮机效率（相对值，大气温度为47℃）	燃气轮机效率（相对值，大气温度为50℃）
0.98	0.997018974	0.993644622	0.987309645	0.941176471	0.939481263
0.985	0.998221594	0.99566794	0.991327212	0.956195244	0.9548511
0.99	0.999098574	0.997370303	0.994754932	0.970901126	0.9699007

续表

转速（相对值）	燃气轮机效率（相对值，大气温度为0℃）	燃气轮机效率（相对值，大气温度为15℃）	燃气轮机效率（相对值，大气温度为30℃）	燃气轮机效率（相对值，大气温度为47℃）	燃气轮机效率（相对值，大气温度为50℃）
0.995	0.999687008	0.998804139	0.997627836	0.985607008	0.98527057
1	1	1	1	1	1
1.005	1.000065769	1.000931876	1.001940445	1.004693366	1.0144092
1.01	0.999869086	1.001547398	1.003503546	1.009386733	1.0208133
1.015	0.999383659	1.001819369	1.004687429	1.013454318	1.02529619
1.02	0.998619414	1.001774985	1.005516757	1.01689612	1.02945885
1.025	0.997587386	1.00142423	1.006056954		

当透平入口温度恒定时，转速对透平排烟质量流量和透平排温的影响规律如表3.21和表3.22所示。

表 3.21 不同大气温度条件下转速对透平排烟质量流量的影响规律

转速（相对值）	透平排烟质量流量（相对值，大气温度为0℃）	透平排烟质量流量（相对值，大气温度为15℃）	透平排烟质量流量（相对值，大气温度为30℃）	透平排烟质量流量（相对值，大气温度为47℃）	透平排烟质量流量（相对值，大气温度为50℃）
0.98	0.986646416	0.973996316	0.962451943	0.89895042	0.901505631
0.985	0.990701901	0.981443927	0.972098415	0.922225638	0.92428431
0.99	0.994222871	0.988252085	0.98174263	0.946642659	0.948548058
0.995	0.997294606	0.994433224	0.991103587	0.972377147	0.974662431
1	1	1	1	1	1
1.005	1.002417822	1.00491364	1.008336474	1.00834396	1.02762229
1.01	1.004625094	1.009188282	1.016074364	1.017346625	1.0389088
1.015	1.006696565	1.012908552	1.0232041	1.026810417	1.04788777
1.02	1.008705024	1.016156104	1.029731717	1.036515744	1.057392217
1.025	1.01065058	1.019009061	1.035666113	—	

表 3.22 不同大气温度条件下转速对透平排温的影响规律

转速（相对值）	透平排温（相对值，大气温度为0℃）	透平排温（相对值，大气温度为15℃）	透平排温（相对值，大气温度为30℃）	透平排温（相对值，大气温度为47℃）	透平排温（相对值，大气温度为50℃）
0.98	1.006381274	1.009798988	1.013710096	1.012497836	1.012584038
0.985	1.004477909	1.006987216	1.009959688	1.009373378	1.00913636
0.99	1.002802115	1.004428037	1.006398323	1.00624892	1.00603344
0.995	1.001318603	1.002102463	1.003072001	1.00312446	1.002930529

续表

转速（相对值）	透平排温（相对值,大气温度为0℃）	透平排温（相对值,大气温度为15℃）	透平排温（相对值,大气温度为30℃）	透平排温（相对值,大气温度为47℃）	透平排温（相对值,大气温度为50℃）
1	1	1	1	1	1
1.005	0.998820067	0.99812757	0.99718013	0.996701967	0.99689709
1.01	0.997768623	0.996488747	0.994604284	0.993403928	0.99379417
1.015	0.996842954	0.995080629	0.992285388	0.989932309	0.990518876
1.02	0.996024964	0.993874626	0.990219278	0.986634271	0.98724358
1.025	0.995302437	0.992850196	0.988385804	—	—

8. 老化对机组性能影响

老化对燃气轮机输出功率和燃气轮机效率的影响规律如表 3.23 所示。随着 EOH 增加，在相同的透平前温下，燃气轮机输出功率和效率逐渐衰减，并且输出功率的衰减程度大于效率。

表 3.23 老化对燃气轮机输出功率和燃气轮机效率的影响规律

EOH	燃气轮机输出功率（相对值）	燃气轮机效率（相对值）
0	1	1
250	0.997153	0.997892
500	0.995229	0.996649
1000	0.992998	0.99519
1500	0.990997	0.993947
2000	0.989304	0.99292
3000	0.985996	0.990975
5000	0.980225	0.987354
6000	0.977608	0.985733
7000	0.975223	0.984273
8000	0.973069	0.98303
9000	0.971145	0.981895
10000	0.969298	0.980761
11000	0.967682	0.979626

3.4.2 基于修正曲线的整机性能诊断

当重型燃气轮机运行在 IGV 全开的基本负荷时，可以通过机组性能修正曲线

（通过实验测试或燃气轮机热力模型计算来绘制）将现场工况条件下的整机性能参数（燃气轮机输出功率、燃气轮机效率、透平排烟质量流量、透平排温、天然气质量流量）修正至 ISO 工况条件下的整机性能参数（以消除环境边界对机组性能的影响），如图 3.11 所示，从而实现在 ISO 工况条件下实时在线监测整机性能衰减情况。

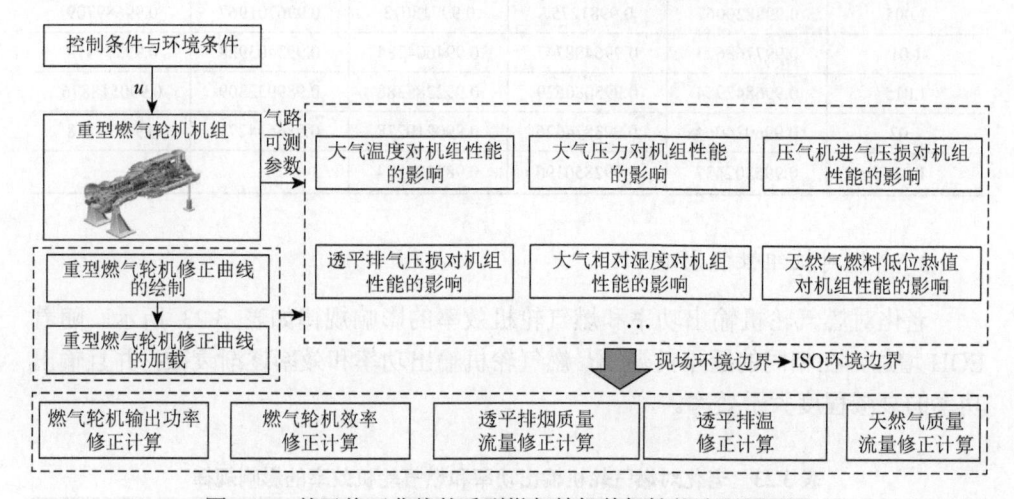

图 3.11 基于修正曲线的重型燃气轮机整机性能诊断原理图

1. 燃气轮机输出功率修正计算

燃气轮机输出功率的修正计算如下：

$$\text{PGT}_{\text{corr}} = \frac{\text{PGT}_{\text{meas}}}{a_1 a_3 a_4 a_6 a_7 a_{10} a_{11}} \tag{3.18}$$

式中，PGT_{meas} 为实测的燃气轮机输出功率；PGT_{corr} 为通过修正曲线修正后的燃气轮机输出功率；a_1、a_3、a_4、a_6、a_7、a_{10}、a_{11} 分别为从修正曲线上获得的修正系数，具体物理意义如表 3.24 所示。

表 3.24 燃气轮机输出功率的修正系数

修正系数	物理意义
a_1	大气压力的影响修正系数
a_3	透平排气压损的影响修正系数
a_4	天然气燃料低位热值和碳氢质量比（C/H）的影响修正系数
a_6	燃气轮机转速的影响修正系数
a_7	大气温度和大气相对湿度的影响修正系数
a_{10}	机组老化的影响修正系数
a_{11}	功率因数对发电机效率的影响修正系数

此外，也可以先将上述修正曲线公式拟合为多项式形式，再选择其中主要修正项目对燃气轮机输出功率进行修正，如式（3.19）所示：

$$\text{PGT}_{\text{corr}} = \frac{\text{PGT}_{\text{meas}}}{\begin{pmatrix} 2.7048 \times 10^{-7} \times t_1^3 + 1.4032 \times 10^{-7} \times t_1^2 \times \text{RH} \\ -1.0725 \times 10^{-6} \times t_1^2 - 1.0729 \times 10^{-8} \times t_1 \times \text{RH}^2 \\ +3.7352 \times 10^{-6} \times t_1 \times \text{RH} - 0.007 \times t_1 \\ -1.5464 \times 10^{-10} \times \text{RH}^3 + 1.1605 \times 10^{-7} \times \text{RH}^2 \\ +2.683 \times 10^{-5} \times \text{RH} + 1.0971 \end{pmatrix} \times \left(1.4461 \times \dfrac{P_1}{101325} - 0.4456\right)}$$

（3.19）

式中，t_1 为压气机入口温度；RH 为大气相对湿度；P_1 为压气机入口压力。

另外，对于粗略估计的修正计算，则可以用式（3.20）对燃气轮机输出功率进行修正：

$$\text{PGT}_{\text{corr}} = \text{PGT}_{\text{meas}} \times \frac{101325}{P_1} \times \sqrt{\frac{T_1}{288}} \quad (3.20)$$

式中，$T_1 = t_1 + 273.15\text{℃}$。

2. 燃气轮机效率修正计算

燃气轮机效率的修正计算如下：

$$\eta_{\text{corr}} = \frac{\eta}{b_3 b_4 b_6 b_7 b_{10} b_{11}} \quad (3.21)$$

式中，$\eta = \dfrac{\text{PGT}_{\text{meas}}}{\text{QGT}}$，$\text{QGT} = G_{\text{fuel}} \times \text{LHV}_{\text{fuel}}$，$G_{\text{fuel}}$ 为现场工况条件下的天然气质量流量测量值，LHV_{fuel} 为天然气燃料低位热值；b_3、b_4、b_6、b_7、b_{10}、b_{11} 分别为从修正曲线上获得的修正系数，具体物理意义如表 3.25 所示。

表 3.25　燃气轮机效率的修正系数

修正系数	物理意义
b_3	透平排气压损的影响修正系数
b_4	天然气燃料低位热值和碳氢质量比（C/H）的影响修正系数
b_6	燃气轮机转速的影响修正系数
b_7	大气温度和大气相对湿度的影响修正系数
b_{10}	机组老化的影响修正系数
b_{11}	功率因数对发电机效率的影响修正系数

3. 透平排烟质量流量修正计算

透平排烟质量流量的修正计算如下：

$$G_{\text{corr}} = \frac{G}{c_1 c_4 c_6 c_7} \tag{3.22}$$

式中，G 为现场工况条件下的透平排烟质量流量计算值；G_{corr} 为通过修正曲线修正后的透平排烟质量流量；c_1、c_4、c_6、c_7 分别为从修正曲线上获得的修正系数，具体物理意义如表 3.26 所示。

表 3.26 透平排烟质量流量的修正系数

修正系数	物理意义
c_1	大气压力的影响修正系数
c_4	天然气燃料低位热值和碳氢质量比（C/H）的影响修正系数
c_6	燃气轮机转速的影响修正系数
c_7	大气温度和大气相对湿度的影响修正系数

4. 透平排温修正计算

透平排温的修正计算如下：

$$T_{\text{corr}} = \frac{T_{\text{meas}}}{d_3 d_4 d_6 d_7} \tag{3.23}$$

式中，T_{meas} 为实测的透平排温；T_{corr} 为通过修正曲线修正后的透平排温；d_3、d_4、d_6、d_7 分别为从修正曲线上获得的修正系数，具体物理意义如表 3.27 所示。

表 3.27 透平排温的修正系数

修正系数	物理意义
d_3	透平排气压损的影响修正系数
d_4	天然气燃料低位热值和碳氢质量比（C/H）的影响修正系数
d_6	燃气轮机转速的影响修正系数
d_7	大气温度和大气相对湿度的影响修正系数

5. 天然气质量流量修正计算

可以先将上述修正曲线拟合为多项式形式，再选择其中主要修正项目对天然气质量流量进行修正，如式（3.24）所示：

$$G_{\text{fuel\_corr}} = \frac{G_{\text{fuel}}}{\begin{array}{l}(2.186\times10^{-7}\times t_1^3 + 2.3183\times10^{-7}\times t_1^2\times \text{RH}\\ +3.9875\times10^{-6}\times t_1^2 - 7.4896\times10^{-9}\times t_1\times \text{RH}^2\\ +3.9004\times10^{-6}\times t_1\times \text{RH} - 0.0058\times t_1\\ -4.7166\times10^{-10}\times \text{RH}^3 + 1.8571\times10^{-7}\times \text{RH}^2\\ +2.6014\times10^{-5}\times \text{RH} + 1.076)\times\left(1.0016\times\dfrac{P_1}{101325} - 0.0016\right)\end{array}}$$

(3.24)

式中，$G_{\text{fuel\_corr}}$ 为通过修正曲线修正后的天然气质量流量；t_1 为压气机入口温度；RH 为大气相对湿度；P_1 为压气机入口压力。

另外，对于粗略估计的修正计算，则可以用式（3.25）对天然气质量流量进行修正：

$$G_{\text{fuel\_corr}} = G_{\text{fuel}} \times \frac{101325}{P_1} \times \sqrt{\frac{T_1}{288}} \quad (3.25)$$

3.4.3 应用与分析

本节采集某联合循环燃气轮机电厂的实测运行数据进行测试，对所提出方法的性能进行评估。该电厂发电机组为三菱 M701F4 型燃气-蒸汽联合循环机组，全厂配置两套机组；每套机组的配置由一台燃气轮机、一台余热锅炉、一台蒸汽轮机和一台发电机组成。该型燃气轮机的设计参数包括：环境温度为 16.6℃，大气压力为 101.61kPa，大气相对湿度为 80%，透平排烟质量流量为 2604.8t/h，透平排温为 586℃，透平进口温度为 1427℃，压气机压比为 18，转速为 3000r/min，透平排气压力为 105.63kPa，燃气轮机输出功率为 312MW，燃气轮机效率为 39.7%，天然气燃料低位热值为 47980kJ/kg，详见参考文献[3]。我们采集了从 2021/5/4 5:02 至 2021/10/21 0:02 时段的#2 燃气轮机实际正常运行数据，采样间隔为 1min，并将燃气轮机运行在 IGV 开度位置大于 95%且燃气轮机输出功率大于 250kW 时的实际正常运行数据作为待诊断数据。通过机组性能修正曲线将现场环境条件下的整机性能参数修正至 ISO 工况条件下的整机性能参数，如图 3.12 和图 3.13 所示，从而监测整机性能衰减情况。

(a) 修正前的燃气轮机输出功率情况　　(b) 修正后的燃气轮机输出功率情况

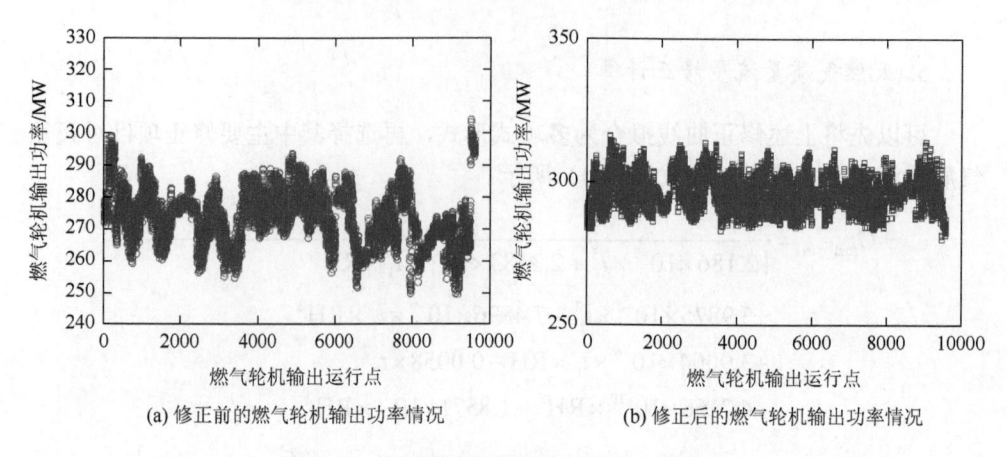

图 3.12　修正前后的燃气轮机输出功率情况

由图 3.12 可知，修正前的燃气轮机输出功率由于受环境边界条件影响而出现较大波动，无法直接通过未修正的燃气轮机输出功率来判断机组整机性能衰减情况，而修正后的燃气轮机输出功率则基本稳定在 300MW 附近，消除了环境边界对机组性能的影响，并且可以通过修正后的燃气轮机输出功率来判断机组整机性能并未出现衰减情况。

(a) 修正前的天然气质量流量情况　　(b) 修正后的天然气质量流量情况

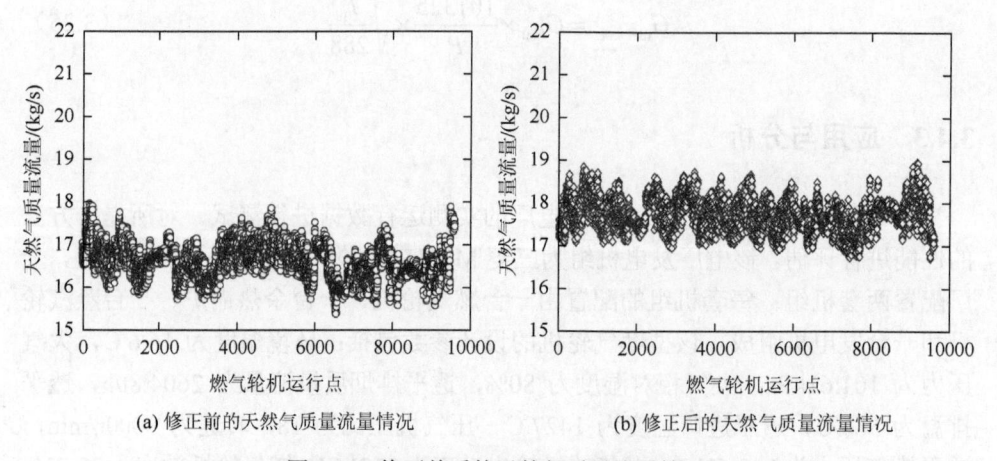

图 3.13　修正前后的天然气质量流量情况

由图 3.13 可知，修正前的天然气质量流量由于受环境边界条件影响而出现较大波动，无法直接通过未修正的天然气质量流量来判断机组整机性能衰减情况，而修正后的天然气质量流量则基本稳定在 18kg/s 附近，消除了环境边界对机组性能的影响，并且可以通过修正后的天然气质量流量来判断机组整机性能并未出现衰减情况，也论证了上述结论。

此外，通过将燃气轮机输出功率对大气压力进行修正计算后，得到修正后的燃气轮机输出功率与压气机入口温度的热力学关系，如图 3.14 所示。

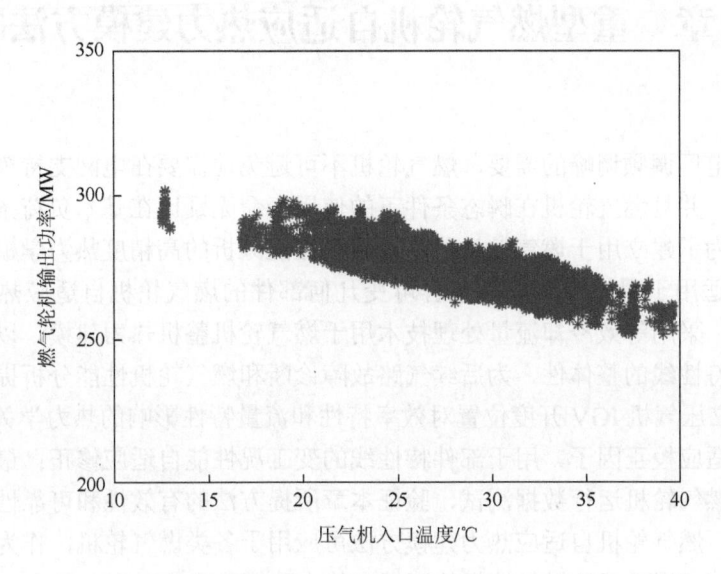

图 3.14 修正后的燃气轮机输出功率与压气机入口温度的热力学关系

由图 3.14 可知，由于实测的燃气轮机输出功率存在测量噪声，修正后的燃气轮机输出功率与压气机入口温度的热力学关系基本呈线性带状关系，且随着大气温度的增大，修正后的燃气轮机输出功率逐渐降低，符合大气温度对机组性能的影响规律，这也从侧面论证了机组性能并未出现明显的性能衰减。

基于修正曲线的燃气轮机整机性能诊断方法具有算法复杂度低、实时性好的优点，能给出整机系统性能变化趋势，目前国内燃气轮机制造商（如上海电气、东方电气和哈尔滨电气）和国外制造商（如安萨尔多、西门子、GE 和三菱）主要采用这种方法对燃气轮机机组进行性能监测诊断。

参 考 文 献

[1] 胡孟起，肖俊峰，吴昌兵，等. 重型燃气轮机关键部件运行效能软测量方法研究[J]. 热力发电，2022，51（7）：80-86.

[2] Li J C，Ying Y L. A method to improve the robustness of gas turbine gas-path fault diagnosis against sensor faults[J]. IEEE Transactions on Reliability，2018，67（1）：3-12.

[3] Ying Y L，Li J C. An improved performance diagnostic method for industrial gas turbines with consideration of intake and exhaust system[J]. Applied Thermal Engineering，2023，222：1-19.

第 4 章 重型燃气轮机自适应热力建模方法研究

由于电厂调频调峰的需要，燃气轮机不可避免地需要在电网支持模式下更灵活地运行，并且燃气轮机在瞬态条件下的使用寿命无疑比在基本负荷条件下消耗得更快。为了建立用于燃气轮机气路诊断和性能分析的高精度热力学模型，本章提出一种适用于瞬态变工况且包含可变几何部件的燃气轮机自适应热力建模方法。首先，采用等效冷却流量处理技术用于燃气轮机整机热力建模，以保持各个通流部件特性线的整体性，为后续气路故障诊断和燃气轮机性能分析提供便利；其次，建立压气机 IGV 开度位置对效率特性和流量特性影响的热力学关系，并设计五个自适应校正因子，用于部件特性线的变工况性能自适应修正；最后，通过实际电厂燃气轮机运行数据测试，验证本章所提方法的有效性和可靠性。本章所提出的电厂燃气轮机自适应热力建模方法可应用于各类燃气轮机，作为一套标准化建模方法，用于工业燃气轮机的高精度热力建模。

4.1 基于外特性的重型燃气轮机热力建模方法

基于 3.4.1 节所述，电厂燃气轮机机组性能（如燃气轮机输出功率、燃气轮机效率、透平排温和透平排烟质量流量）主要受进气压损、排气压损、大气压力、大气相对湿度、天然气燃料低位热值、负荷率、大气温度的影响。为计算燃气轮机输出功率，可以将燃气轮机输出功率相对变化率与进气压损绝对变化值、大气压力绝对变化值、大气相对湿度、天然气燃料低位热值的关系用查表法（即线性插值）体现，燃气轮机输出功率相对变化率与排气压损绝对变化值关系用平均值法体现，燃气轮机输出功率相对变化率与负荷率、大气温度的关系用二维查表法体现，如式（4.1）所示：

$$N_e = N_{e0}(1+f_1(t_0, l_{oad}))(1+f_2(\Delta P_{in}))(1+k_1 \Delta P_{out})(1+f_3(\text{LHV}))(1+f_4(\text{RH}))$$
$$\cdot(1+f_5(\Delta P_0))$$

(4.1)

式中，N_{e0} 为 ISO 工况下的燃气轮机输出功率设计值；t_0 为大气温度；l_{oad} 为燃气轮机负荷率；$f_1(t_0, l_{oad})$ 为燃气轮机输出功率相对变化率与大气温度、负荷率的关系函数；ΔP_{in} 为进气压损；ΔP_{out} 为排气压损；$f_2(\Delta P_{in})$ 为燃气轮机输出功率相对变化率与进气压损绝对变化值的关系函数；k_1 为燃气轮机输出功率相对变化率与排气压损绝对变化值线性关系函数的系数；LHV 为天然气燃料低位热值；f_3(LHV) 为燃气轮机输出功率相对变化率与天然气燃料低位热值的关系函数；RH 为大气相对湿度；f_4(RH) 为燃气轮机输出功率相对变化率与大气相对湿度的关系函数；P_0 为大气压力；$f_5(\Delta P_0)$ 为燃气轮机输出功率相对变化率与大气压力绝对变化值的关系函数。

同理，为计算燃气轮机效率，可以将燃气轮机效率相对变化率与进气压损绝对变化值、排气压损绝对变化值关系用平均值法体现，燃气轮机效率相对变化率与大气压力绝对变化值、大气相对湿度、天然气燃料低位热值关系用查表法体现，燃气轮机效率与大气温度、负荷率的关系用二维查表法体现，如式（4.2）所示：

$$\eta_e = f_6(t_0, l_{oad})(1 + k_2 \Delta P_{in})(1 + k_3 \Delta P_{out})(1 + f_7(\text{LHV}))(1 + f_8(\text{RH}))(1 + f_9(\Delta P_0)) \quad (4.2)$$

式中，$f_6(t_0, l_{oad})$ 为燃气轮机效率与大气温度、负荷率的关系函数；k_2 为燃气轮机效率相对变化率与进气压损绝对变化值线性关系函数的系数；k_3 为燃气轮机效率相对变化率与排气压损绝对变化值线性关系函数的系数；LHV 为天然气燃料低位热值；f_7(LHV) 为燃气轮机效率相对变化率与天然气燃料低位热值的关系函数；f_8(RH) 为燃气轮机效率相对变化率与大气相对湿度的关系函数；$f_9(\Delta P_0)$ 为燃气轮机效率相对变化率与大气压力绝对变化值的关系函数。

为计算透平排温，将透平排温变化值与进气压损绝对变化值、排气压损绝对变化值关系用平均值法体现，透平排温变化值与大气压力绝对变化值、大气相对湿度、天然气燃料低位热值关系用查表法体现，透平排温与负荷率、大气温度的关系用二维查表法体现，如式（4.3）所示：

$$t_{out} = f_{10}(t_0, l_{oad}) + k_4 \Delta P_{in} + k_5 \Delta P_{out} + f_{11}(\text{LHV}) + f_{12}(\text{RH}) + f_{13}(\Delta P_0) \quad (4.3)$$

式中，$f_{10}(t_0, l_{oad})$ 为透平排温与大气温度、负荷率的关系函数；k_4 为透平排温变化值与进气压损绝对变化值线性关系函数的系数；k_5 为透平排温变化值与排气压损绝对变化值线性关系函数的系数；LHV 为天然气燃料低位热值；f_{11}(LHV) 为透平排温变化值与天然气燃料低位热值的关系函数；f_{12}(RH) 为透平排温变化值与大气相对湿度的关系函数；$f_{13}(\Delta P_0)$ 为透平排温变化值与大气压力绝对变化值的关系函数。

为计算透平排烟质量流量，将透平排烟质量流量相对变化率与进气压损绝对变化值、排气压损绝对变化值关系用平均值法体现，透平排烟质量流量相对变化率与大气压力绝对变化值、大气相对湿度、天然气燃料低位热值关系用查表法体现，透平排烟质量流量相对值与大气温度、负荷率的关系用二维查表法体现，如式（4.4）所示：

$$G_{out} = G_{out0}\, f_{14}(t_0, l_{oad})(1 + k_6 \Delta P_{in})(1 + k_7 \Delta P_{out})(1 + f_{15}(LHV))(1 + f_{16}(RH))(1 + f_{17}(\Delta P_0))$$
(4.4)

式中，G_{out0} 为 ISO 工况下的透平排烟质量流量设计值；$f_{14}(t_0, l_{oad})$ 为透平排烟质量流量相对值与大气温度、负荷率的关系函数；k_6 为透平排烟质量流量相对变化率与进气压损绝对变化值线性关系函数的系数；k_7 为透平排烟质量流量相对变化率与排气压损绝对变化值线性关系函数的系数；LHV 为天然气燃料低位热值；$f_{15}(LHV)$ 为透平排烟质量流量相对变化率与天然气燃料低位热值的关系函数；$f_{16}(RH)$ 为透平排烟质量流量相对变化率与大气相对湿度的关系函数；$f_{17}(\Delta P_0)$ 为透平排烟质量流量相对变化率与大气压力绝对变化值的关系函数。

以 GE 6FA 燃气轮机外特性热力建模为例，其压气机级数为 18 级，透平级数为 3 级，额定转速为 5235r/min，燃烧室采用的是管环型预混多喷嘴燃烧器，由 6 个燃烧器组成，适用于双燃料。ISO 工况下的燃气轮机设计值如表 4.1 所示。

表 4.1 ISO 工况下的燃气轮机设计值

ISO 工况		计算输出值	
大气压力	1.013bar	燃气轮机输出功率	78292kW
大气温度	15℃	燃气轮机效率	35.68%
大气相对湿度	60%	低位热值	50047kJ/kg
进气压损	0bar	透平排温	594.4℃
排气压损	0bar	透平排烟质量流量	213.95kg/s
排气压力	大气压力 + 排气压损	空气质量流量	209.56kg/s
燃料温度	15℃	天然气燃料质量流量	4.385kg/s
燃料压力	25bar	排气压力	1.013bar
负荷率	100%		

GE 6FA 燃气轮机输出功率、效率等参数与进气压损的关系如表 4.2 所示。

表 4.2 燃气轮机输出功率、效率等参数与进气压损的关系

进气压损/bar	燃气轮机输出功率/kW	燃气轮机效率/%	透平排温/℃	透平排烟质量流量/(kg/s)	空气质量流量/(kg/s)	天然气燃料质量流量/(kg/s)
0.004	77831	35.59	595.3	213.11	208.74	4.369
0.006	77599	35.55	595.7	212.68	208.32	4.361
0.008	77368	35.51	596.1	212.26	207.91	4.352
0.01	77136	35.47	596.5	211.84	207.49	4.345
0.012	76905	35.43	597.0	211.42	207.08	4.337

GE 6FA 燃气轮机输出功率、效率等参数与排气压损的关系如表 4.3 所示。

表 4.3 燃气轮机输出功率、效率等参数与排气压损的关系

排气压损/bar	燃气轮机输出功率/kW	燃气轮机效率/%	透平排温/℃	透平排烟质量流量/(kg/s)	空气质量流量/(kg/s)	天然气燃料质量流量/(kg/s)
0.015	77746	35.39	597.6	213.95	209.56	4.390
0.02	77564	35.29	598.6	213.95	209.56	4.391
0.025	77383	35.20	599.6	213.95	209.56	4.393
0.03	77202	35.10	600.6	213.96	209.56	4.394
0.035	77022	35.01	601.6	213.96	209.56	4.396

GE 6FA 燃气轮机输出功率、效率等参数与大气压力的关系如表 4.4 所示。

表 4.4 燃气轮机输出功率、效率等参数与大气压力的关系

大气压力/bar	燃气轮机输出功率/kW	燃气轮机效率/%	透平排温/℃	透平排烟质量流量/(kg/s)	空气质量流量/(kg/s)	天然气燃料质量流量/(kg/s)
1.0032	77910	35.70	596.3	211.84	207.48	4.360
1.0082	78102	35.69	595.4	212.89	208.51	4.372
1.0132	78292	35.68	594.4	213.95	209.56	4.385
1.0182	78361	35.65	593	214.98	210.59	4.392
1.0232	78427	35.63	591.5	216.03	211.63	4.399

GE 6FA 燃气轮机输出功率、效率等参数与大气相对湿度的关系如表 4.5 所示。

表 4.5 燃气轮机输出功率、效率等参数与大气相对湿度的关系

大气相对湿度/%	燃气轮机输出功率/kW	燃气轮机效率/%	透平排温/℃	透平排烟质量流量/(kg/s)	空气质量流量/(kg/s)	天然气燃料质量流量/(kg/s)	排气压力/bar
30	78239	35.70	594.0	214.34	209.96	4.379	1.013
45	78266	35.69	594.2	214.15	209.76	4.382	1.013
60	78292	35.68	594.4	213.95	209.56	4.385	1.013
75	78306	35.66	594.6	213.75	209.36	4.387	1.013
90	78316	35.65	594.7	213.55	209.16	4.389	1.013

GE 6FA 燃气轮机输出功率、效率等参数与燃料组分的关系如表 4.6 所示。

表 4.6 燃气轮机输出功率、效率等参数与燃料组分的关系

燃料组分(体积分数)	燃气轮机输出功率/kW	燃气轮机效率/%	透平排温/℃	透平排烟质量流量/(kg/s)	空气质量流量/(kg/s)	天然气燃料质量流量/(kg/s)	天然气燃料低位热值/(kJ/kg)(25℃)
CH₄(100%) N₂(0%)	78292	35.68	594.4	213.95	209.56	4.385	50047
CH₄(98%) N₂(2%)	78389	35.70	594.1	214.11	209.56	4.544	48324
CH₄(96%) N₂(4%)	78489	35.72	593.8	214.27	209.56	4.710	46652
CH₄(94%) N₂(6%)	78593	35.75	593.5	214.45	209.56	4.883	45028
CH₄(92%) N₂(8%)	78703	35.77	593.2	214.63	209.56	5.063	43449

在 100%负荷率下，燃气轮机输出功率、效率等参数与大气温度的关系如表 4.7 所示。

表 4.7 燃气轮机输出功率、效率等参数与大气温度的关系（100%负荷率）

大气温度/℃	燃气轮机输出功率/kW	燃气轮机效率/%	透平排温/℃	透平排烟质量流量/(kg/s)	空气质量流量/(kg/s)	天然气燃料质量流量/(kg/s)
-10	85706	36.33	565.6	232.15	227.43	4.714
0	83165	36.19	576.6	225.21	220.62	4.591
15	78292	35.68	594.4	213.95	209.56	4.385
25	72982	34.94	603.5	204.78	200.60	4.174
35	66980	33.94	614.6	193.95	190.01	3.943

在 75%负荷率下，燃气轮机输出功率、效率等参数与大气温度的关系如表 4.8 所示。

表 4.8 燃气轮机输出功率、效率等参数与大气温度的关系（75%负荷率）

大气温度/℃	燃气轮机输出功率/kW	燃气轮机效率/%	透平排温/℃	透平排烟质量流量/(kg/s)	空气质量流量/(kg/s)	天然气燃料质量流量/(kg/s)
-10	64287	32.93	594.7	191.880	187.980	3.900
0	62380	32.79	603.6	187.020	183.210	3.802
15	58725	32.25	616.6	179.590	175.950	3.638
25	54743	31.44	625.5	172.850	169.370	3.479
35	50242	30.37	635.4	165	161.700	3.305

在 50%负荷率下，燃气轮机输出功率、效率等参数与大气温度的关系如表 4.9 所示。

表 4.9 燃气轮机输出功率、效率等参数与大气温度的关系（50%负荷率）

大气温度/℃	燃气轮机输出功率/kW	燃气轮机效率/%	透平排温/℃	透平排烟质量流量/(kg/s)	空气质量流量/(kg/s)	天然气燃料质量流量/(kg/s)
−10	42860	27.92	623.1	154.280	151.220	3.067
0	41588	27.75	630.3	151.080	148.080	2.994
15	39152	27.20	638.9	146.670	143.800	2.876
25	36498	26.36	646.1	142.320	139.550	2.766
35	33494	25.31	649.1	138.200	135.560	2.644

在 10%负荷率下，燃气轮机输出功率、效率等参数与大气温度的关系如表 4.10 所示。

表 4.10 燃气轮机输出功率、效率等参数与大气温度的关系（10%负荷率）

大气温度/℃	燃气轮机输出功率/kW	燃气轮机效率/%	透平排温/℃	透平排烟质量流量/(kg/s)	空气质量流量/(kg/s)	天然气燃料质量流量/(kg/s)
−10	8579	10.42	532.4	121.910	120.270	1.645
0	8324	10.31	542.6	119.140	117.520	1.613
15	7836	9.97	568.6	112.960	111.390	1.570
25	7305	9.47	573.4	111.760	110.220	1.541
35	6703	8.86	579.4	110.020	108.510	1.512

最终，建立基于外特性的燃气轮机热力模型如下：

$$[燃气轮机输出功率,燃气轮机效率,透平排温,透平排烟质量流量,\\空气质量流量,天然气燃料质量流量]\\=f(进气压损,排气压损,大气压力,\\大气相对湿度,燃料组分,大气温度,燃气轮机负荷率) \quad (4.5)$$

此时，由进气压损、排气压损、大气压力、大气相对湿度、燃料组分、大气温度、燃气轮机负荷率这些输入参数，就可以基于外特性的燃气轮机热力模型，计算得到燃气轮机输出功率、燃气轮机效率、透平排温、透平排烟质量流量、空气质量流量和天然气燃料质量流量。

基于外特性的燃气轮机热力模型没有考虑燃气轮机机组各个通流部件详细的非线性特性，因此只能计算有限的整机变工况性能参数。而对于以燃气轮机气路诊断和性能分析为目的的高精度热力建模，需要进一步开展基于物理机理的燃气轮机自适应热力建模方法研究。

4.2 基于物理机理的重型燃气轮机自适应热力建模方法

燃气轮机是目前燃气-蒸汽联合循环发电厂能源清洁利用和高效转换的关键动力设备。气路部件是燃气轮机中故障率最高的部件，其故障具有高度隐蔽性和破坏性。建立准确的燃气轮机热力模型是成功进行燃气轮机性能分析和气路诊断的关键前提。在当前的燃气轮机热力建模技术下，热力模型的准确性主要依赖其部件（压气机和透平）的特性线精度，尤其是压气机部件特性线的准确程度。对于用户，通常因制造商保密，甚至无法获得相关型号燃气轮机的部件特性线，只能通过已有的其他类型燃气轮机的部件特性线进行比例缩放后来使用，致使热力计算误差有时会难以接受。热力模型的计算误差有可能与实际发动机性能衰退或损伤而导致的实测气路参数偏差处在同一数量级上，此时热力模型自身的不准确性可能会对气路诊断与预测的结果产生严重影响。为了使热力模型的部件特性线与实际机组的部件特性线相匹配，目前已有的自适应建模方法有很多[1]，最典型的是利用机组实测气路参数通过部件特性线外部线性或准非线性自适应调整的方法来修正热力模型的部件特性线，但对于热力模型中部件流量特性线图和效率特性线图上的每一条等转速线自身并不能实现除整体偏移和旋转之外的内在非线性形状修正，因此这些自适应方法的建模准确性高度依赖于所用部件特性线与实际机组真实部件特性线形状的相似程度。为尽可能捕捉热力模型自适应过程中部件特性线的强非线性特征，Tsoutsanis 等[2]提出了一种部件特性线形状内在非线性自适应方法来修正热力模型的部件特性线，该方法先通过旋转的椭圆形拟合函数来表征压气机特性线以准确刻画其流量特性和效率特性的非线性形状，再利用目标机组的可测气路参数来修正回归函数的各个系数，使之与实际机组部件特性线在较大变工况范围内相匹配，从而提高热力模型的计算准确性，但该方法的适用性目前还受到拟合函数系数初值的选取问题以及自适应过程寻优算法的选取问题这两方面的困扰，且该方法有待进一步拓展至适用于可变几何压气机的燃气轮机热力建模情况。因制造商保密，燃气轮机用户甚至无法获得任何压气机特性线，此时，逐级叠加计算法[3]成为一种用于生成压气机特性线的可靠而有效的手段，其计算过程主要基于一维平均半径处的连续性流动方程和一组通用的级特性曲线。由于对用户来说，实际机组压气机各叶片级的几何参数通常也是未知的，因此，逐级叠加计算法通常只能采用一套从大量已有叶片级实验数据中拟合得到的通用的级特性曲线来表征实际压气机各级的级特性，而忽略了各个不同级类型（如亚声速级、跨声速级和超声速级）本身具有的不同级特性，因此该方法在热力建模时会存在一定程度的不可避免的误差。总之，重型燃气轮机的高精度热力建模技术仍处于发展阶段。燃气轮机需要在电网支持模式下更加灵活地运行，以满足发电厂频繁调频调峰的需要,而在瞬态变工况条件下,燃气轮机的使用寿命将消耗得更快。建立准确的燃气轮机热力模型对于实现机组性能分析和气路故障诊断是至关重要的前提条件。综合考虑运行工况、环境边界、可变几何、抽气冷却等各种实际干扰因素,提出适用于瞬态变工况且包含可变几何部件的燃气轮机自适应热力建模方法。本节主要研究内容如下。

(1) 提出基于 ISO 2314 准则(燃气-蒸汽联合循环机组性能试验的国际标准)的等效冷却流处理技术用于燃气轮机整机热力建模,以保持部件特性线的完整性,并保证计算的实时性。

(2) 可变几何压气机的广泛应用在实际诊断过程中引入了新的不确定因素,针对原有气路故障诊断方法的适用边界越来越窄的问题,建立 IGV 位置对流量特性和效率特性影响的热力学关系式,来拓宽气路故障诊断方法的适用边界。

(3) 设计五个自适应校正因子用于部件特性线的变工况性能自适应修正,开发基于设计工况与变工况自适应的燃气轮机热力建模系统,并通过实际电厂燃气轮机运行数据测试,验证本章所提方法的有效性。

4.2.1 设计工况自适应修正

随着重型燃气轮机技术的发展,透平前温度不断提高,透平冷却空气质量流量占压气机入口空气质量流量的比例不断增加,其中,典型 F 级重型燃气轮机总冷却空气质量流量占比达 18%~20%,典型 G/H 级重型燃气轮机总冷却空气质量流量占比为 19%~21%。透平冷却系统是现代重型燃气轮机的核心之一,如何考虑冷气掺混影响,是燃气轮机热力学建模需要解决的首要问题之一[4]。针对压气机级间抽气和透平级间冷却增加机组热力建模复杂度的问题,提出基于 ISO 2314 准则的等效冷却流处理技术进行整机热力建模(图 4.1),所提出的方法不仅可以简化模型复杂度,保证计算实时性,而且可以保持部件特性线的完整性,以利于后续机组性能分析和气路故障诊断。为了使燃气轮机热力模型中的部件特性与机组实际部件特性相匹配,等效冷却流量处理技术应遵循以下原则:①热力模型中的截面 1 和 2 处的工质组分、温度、压力和空气质量流量与实际机组压气机进出口情况相同。②热力模型中的压气机功耗与实际机组压气机功耗相同。③热力模型的截面 4 处的透平入口燃气组分与热力模型的截面 5 处的透平出口燃气组分相同。④热力模型中的透平功率输出与实际机组透平功率输出相同。由于等效冷却流量在透平入口之前已经汇入,因此透平入口的质量流量与出口的质量流量相等,且透平真实入口温度 TIT 要高于等效透平入口温度 TIT_{iso}。⑤热力模型中截面 5 处的工质组分、温度、压力和燃气质量流量与实际机组透平出口情况相同。

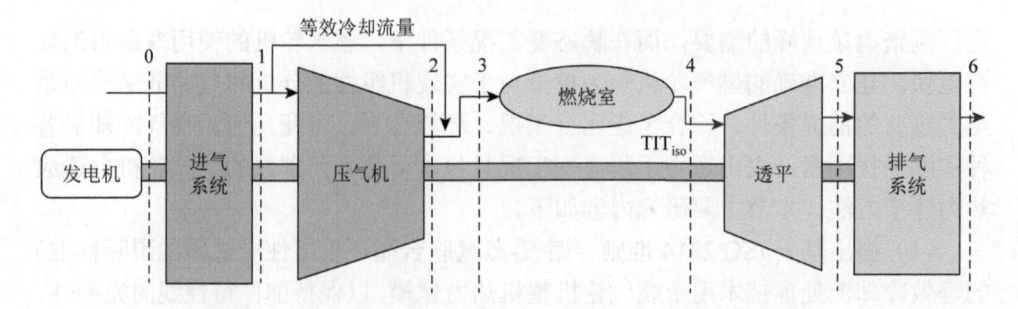

图 4.1 用于燃气轮机热力建模的等效冷却流量处理方法

通过等效冷却流量的处理技术，压气机可以被视为一个集总参数模型，压气机的数学模型可以由式（4.6）和式（4.7）表示：

$$G_{C,cor,rel} = f_1(n_{C,cor,rel}, \pi_{C,rel}, IGV) \tag{4.6}$$

$$\eta_{C,rel} = f_2(n_{C,cor,rel}, \pi_{C,rel}, IGV) \tag{4.7}$$

式中，$f_1(\cdot)$ 为压气机流量特性函数；$f_2(\cdot)$ 为压气机效率特性函数；$G_{C,cor,rel}$ 为压气机相对折合质量流量；$n_{C,cor,rel}$ 为压气机相对折合转速；$\pi_{C,rel}$ 为压气机相对压比；$\eta_{C,rel}$ 为压气机相对等熵效率；IGV 为压气机 IGV 开度位置。

对于现代设计优良的轴流式压气机，在各种运行工况下，通过压气机入口 IGV 的角度调节，该级动叶的入口冲角近似相等，因此，该级流量系数 ϕ 与 IGV 出口绝对气流角 α_1 理论上满足：

$$\text{由} \frac{1}{\phi} = \tan\alpha_1 + \tan\beta_1, \text{得} \ d\left(\frac{1}{\phi}\right) = d(\tan\alpha_1) \tag{4.8}$$

式中，β_1 为动叶入口相对气流角。

由式（4.8）可知，IGV 开度位置变化主要影响进入压气机的轴向气流速度，即进入压气机的空气体积流量，则压气机的流量特性函数 $f_1(\cdot)$ 可以进一步简化为

$$G_{C,cor,rel} = f_1(n_{C,cor,rel}, \pi_{C,rel}, IGV) \approx G_{C,cor,rel,IGV=100\%}(n_{C,cor,rel}, \pi_{C,rel}) \times f_3(IGV \cdot \rho_1)$$

$$= G_{C,cor,rel,IGV=100\%} \times \varphi_{IGV} \tag{4.9}$$

式中，定义 $\varphi_{IGV} = f_3(IGV \cdot \rho_1)$ 为 IGV 开度调节下的质量流量修正系数；$G_{C,cor,rel,IGV=100\%}(n_{C,cor,rel}, \pi_{C,rel})$ 为 IGV 全开时压气机的流量特性函数。

压气机的流量特性线和效率特性线如图 4.2 所示。

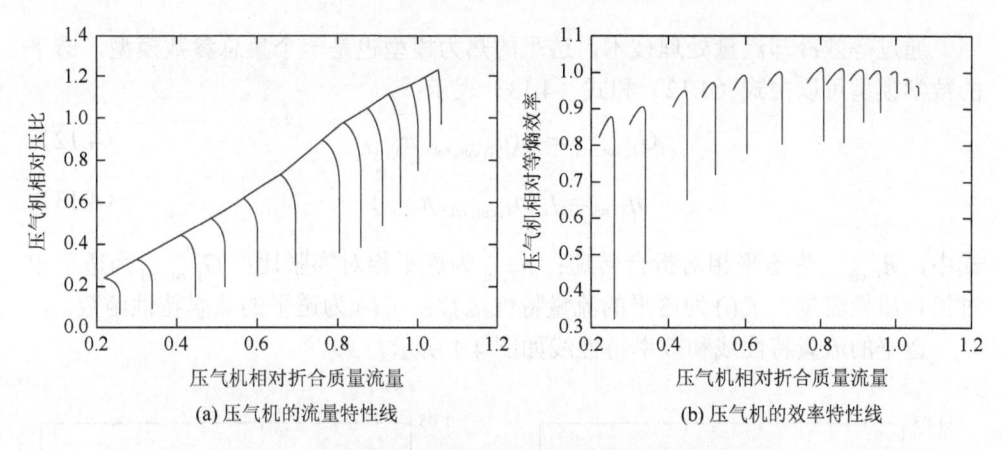

第 4 章 重型燃气轮机自适应热力建模方法研究

图 4.2 IGV 全开时的压气机流量特性线和效率特性线

此外，通常压气机的级的等熵效率 η 和动叶出口相对气流角 β_2 近似仅是气流进入动叶冲角的函数，此时级的流量系数 ϕ 与压力系数 ψ 满足以下关系式：

$$\frac{\psi}{\phi} = (\tan\beta_1 - \tan\beta_2) \cdot \eta = 常数 \quad (4.10)$$

式中，$\eta = \psi/\zeta$ 为级的等熵效率，ζ 为级的温升系数。

由式（4.10）可知，IGV 开度位置变化对压气机的等熵效率影响相对较小，则压气机的效率特性函数 $f_2(\cdot)$ 可以进一步简化为

$$\eta_{C,rel} = f_2(n_{C,cor,rel}, \pi_{C,rel}, IGV) \approx f_4(n_{C,cor,rel}, \pi_{C,rel}) \quad (4.11)$$

式（4.8）和式（4.10）可以根据压气机级的速度三角形推导出，如图 4.3 所示。

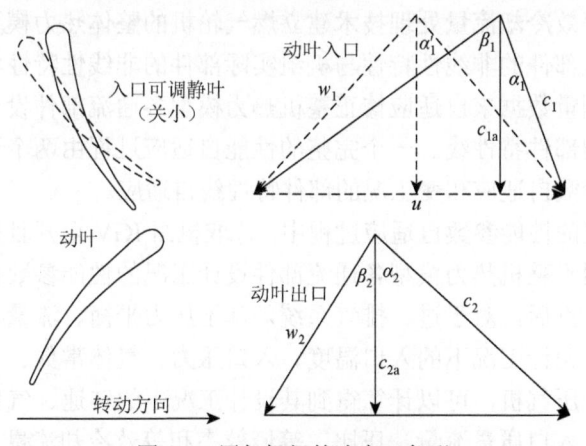

图 4.3 压气机级的速度三角形

c_1 为动叶入口气流绝对速度；w_1 为动叶入口气流相对速度；u 为轮周速度；β_1 为动叶入口相对气流角；α_1 为动叶入口绝对气流角；c_2 为动叶出口气流绝对速度；w_2 为动叶出口气流相对速度；β_2 为动叶出口相对气流角；α_2 为动叶压口绝对气流角

通过等效冷却流量处理技术，透平的热力模型也是一个集总参数模型，透平的数学模型可以由式（4.12）和式（4.13）表示：

$$G_{T,cor,rel} = f_5(n_{T,cor,rel}, \pi_{T,rel}) \quad (4.12)$$

$$\eta_{T,rel} = f_6(n_{T,cor,rel}, \pi_{T,rel}) \quad (4.13)$$

式中，$n_{T,cor,rel}$ 为透平相对折合转速；$\pi_{T,rel}$ 为透平相对膨胀比；$G_{T,cor,rel}$ 为透平相对折合质量流量；$f_5(\cdot)$ 为透平的流量特性函数；$f_6(\cdot)$ 为透平的效率特性函数。

透平的流量特性线和效率特性线如图 4.4 所示。

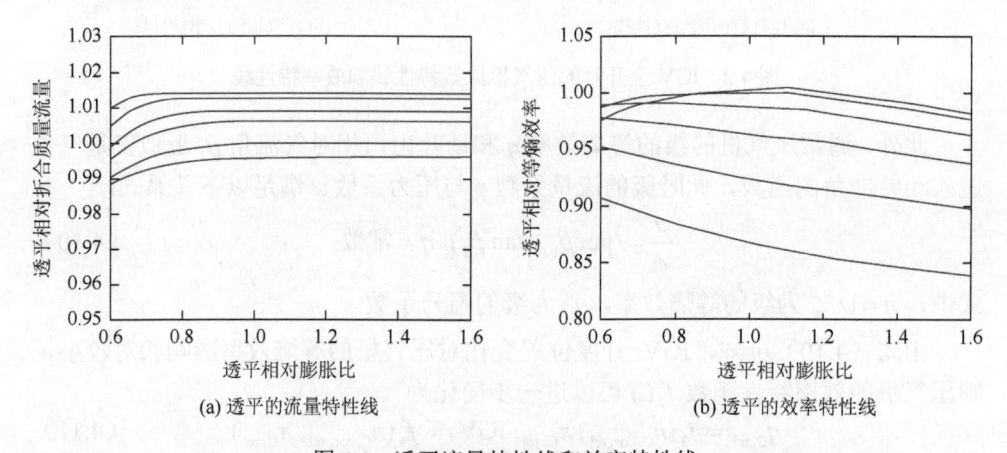

(a) 透平的流量特性线

(b) 透平的效率特性线

图 4.4 透平流量特性线和效率特性线

利用上述等效冷却流量处理技术建立燃气轮机的整体热力模型。为了使整机热力模型各通流部件的非线性特性与机组实际部件的非线性特性相匹配，需要利用机组的气路测量数据来自适应修正整机热力模型各通流部件设计工况的性能参数以及变工况的部件特性线。一个完整的性能自适应过程由两个过程组成，即设计工况的性能参数自适应和变工况的部件特性线自适应。

在设计工况的性能参数自适应过程中，选取机组 IGV 全开且以基本负荷运行时的运行数据用于整机热力模型各通流部件设计工况的性能参数自适应修正。在选择了设计工况点后，对于进、排气系统，基于压力平衡、流量平衡和功率平衡可以计算得到其设计工况下的入口温度、入口压力、气体常数、入口质量流量和设计压损；对于压气机，可以计算得到其设计工况下的转速、气体常数、入口温度、入口压力、入口质量流量、压比、等熵效率和等效冷却流量系数；对于燃烧室，可以计算得到其设计工况下的出口温度、入口压力、出口质量流量、出口气体常数、设计压损和燃烧效率；对于透平，可以计算得到其设计工况下的转速、气体常数、入口温度、入口压力、入口质量流量、膨胀比和等熵效率，如图 4.5 所示。

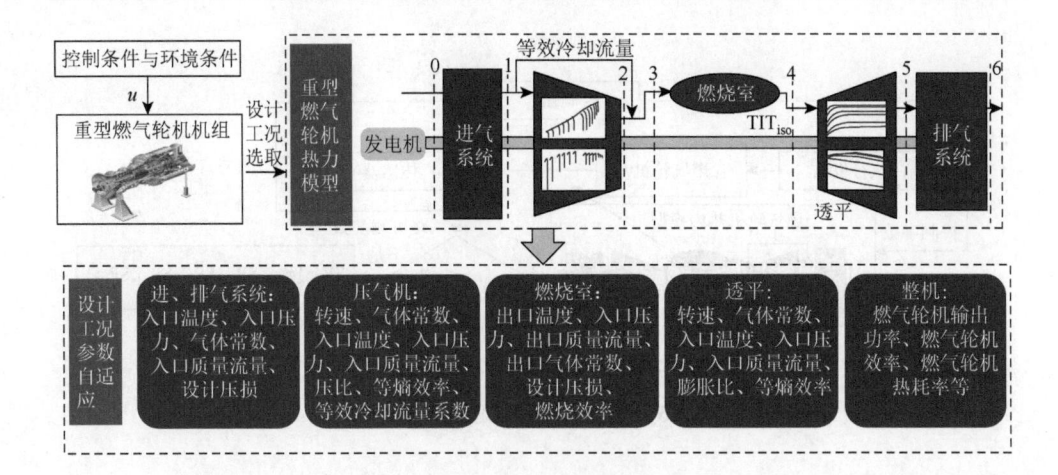

图 4.5 设计工况的性能参数自适应

4.2.2 变工况自适应修正

变工况的部件特性线自适应在设计工况的性能参数自适应之后进行。拟将整机热力模型变工况自适应修正过程分为IGV全开时整机热力模型变工况自适应修正以及IGV最小开度负荷至IGV全开基本负荷的整机热力模型变工况自适应修正两部分。在 IGV 全开时整机热力模型变工况自适应修正阶段，首先，选取机组全部运行数据用于透平的流量特性线 $G_{T,cor,rel} = f_5(n_{T,cor,rel}, \pi_{T,rel})$ 与效率特性线 $\eta_{T,rel} = f_6(n_{T,cor,rel}, \pi_{T,rel})$ 自适应修正；其次，选取机组 IGV 全开时的运行数据用于压气机 IGV 全开时的流量特性线 $G_{C,cor,rel,IGV=100\%}(n_{C,cor,rel}, \pi_{C,rel})$ 与效率特性线 $\eta_{C,rel} = f_4(n_{C,cor,rel}, \pi_{C,rel})$ 自适应修正。在 IGV 最小开度负荷至 IGV 全开基本负荷的整机热力模型变工况自适应修正阶段，已推导压气机 IGV 开度位置变化对压气机流量特性与效率特性的影响数学关系式，选取机组 IGV 最小开度负荷至 IGV 全开基本负荷运行时的运行数据，将上述自适应修正后的 IGV 全开时的压气机部件特性线进一步自适应修正扩展至在任意IGV开度位置下都与实际机组的压气机部件特性线相匹配，即需得到 IGV 开度位置调节下的质量流量修正系数 $\varphi_{IGV} = f_3(IGV \cdot \rho_1)$ 以及效率修正系数。这里，我们设计了五个自适应校正因子用于部件特性线的变工况性能自适应修正，如图 4.6 所示。

这里 $Z = [t_0, P_0, RH, t_1, P_1, n, t_2, P_2, IGV, 天然气组分, G_f, t_f, P_5, t_5, N_e]_{meas}$ 为气路可测参数向量；$E = Z - \hat{Z}$ 为燃气轮机热力模型计算值与气路可测参数实测值之差；$SP = [\varphi_{IGV}, SP_{FC}, SP_{EC}, SP_{FT}, SP_{ET}]$ 为五个自适应校正因子，用于压气机和透平部件特性线的变工况性能自适应修正；$SP_{FC} = f_7(\pi_{C,rel})$ 为压气机流量特性线的自适应校正因子；$SP_{EC} = f_8(\pi_{C,rel})$ 为压气机效率特性线的自适应校正因子；$SP_{FT} = f_9(\pi_{T,rel})$ 为

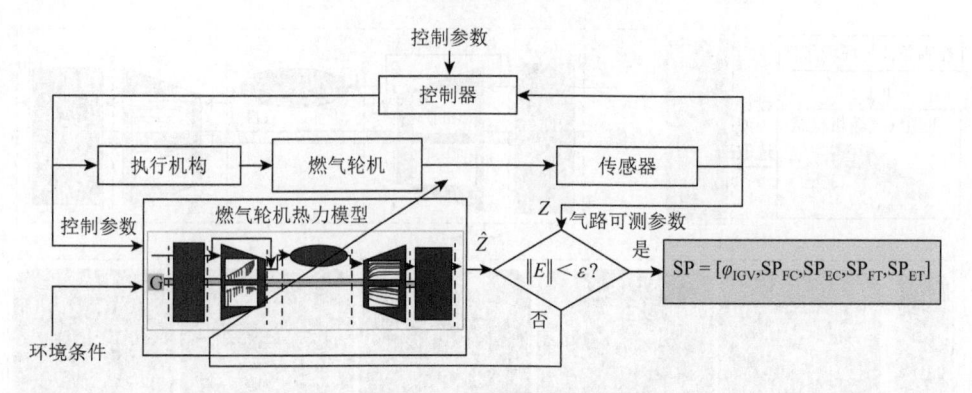

图 4.6 变工况性能自适应修正过程

透平流量特性线的自适应校正因子;$SP_{ET} = f_{10}(\pi_{T,rel})$为透平效率特性线的自适应校正因子。随着牛顿-拉弗森算法的迭代计算,当残差准则$\|E\| < \varepsilon$时,对于每个 Z 可以计算得到相应最优的 SP。通过上述整机热力模型各通流部件设计工况的性能参数以及变工况的部件特性线自适应修正,可以消除以下三方面的不确定度:①同类型不同燃气轮机之间由于制造、安装偏差而引入的不确定度;②不同干扰及未知初始条件而引入的不确定度;③部件特性线生成时逐级叠加计算假设条件所导致的误差或使用其他已知机型部件特性线所导致的误差,设计工况与变工况自适应修正后的电厂燃气轮机整机热力模型作为后续性能分析与气路故障诊断的驱动模型。

4.3 应用与分析

4.3.1 对象燃气轮机

本章以某热电厂三菱 M701F4 型 F 级工业燃气轮机为建模对象,其压气机级数为 17 级,透平级数为 4 级,燃烧室采用的是管环型预混多喷嘴燃烧器,由 20 个燃烧器组成,适用于双燃料,其设计参数如 3.4.3 节所述。空气经由燃气轮机的进气装置(内部设有过滤器和消声器)引入压气机压缩后,进入环绕在燃气轮机主轴上的分管式燃烧室。天然气经过调压站分离、过滤和调压,再经过天然气前置模块的计量、加热、再过滤后,与进入燃烧室的压缩空气进行混合,通过燃料喷嘴喷入燃烧室燃烧后成为高温烟气进入透平膨胀做功,带动转子转动,拖动发电机发电。做功后的烟气温度依然很高,高温烟气进入余热锅炉烟道。烟气中的热量被余热锅炉各模块充分吸收和利用,最后经余热锅炉的烟囱排入大气。该燃气轮机系统配置如下。

1. 进气系统

进气系统的目的是向压气机提供清洁的、无尘的空气，并且最大限度地降低气流流动产生的噪声。空气通过入口过滤器进入压气机。该系统中装有消声器，消声器设计成折向阻隔板通道以消除噪声。消声器设有垂直的入口通道部件，在垂直管道和压气机入口支管上安装有弹性的膨胀连接。

2. 压气机 IGV、压气机防喘放气阀和燃烧器旁路阀

为提高气动加速性能和压气机喘振裕度并最大限度地减小启动或停机时发生喘振的可能性，燃气轮机安装有 IGV 和压气机防喘放气阀。这两个部件一起调节机组启动或停机时通过压气机的空气流量。

IGV 安装在进气缸中，在压气机转子的第一级动叶前面。机组运行时根据转速和负载的情况，通过调节 IGV 的位置能有效提高燃气轮机部分负荷运行时的联合循环效率。IGV 执行机构使用高压油控制，可以调节 IGV 的角度。低压、中压和高压防喘放气阀分别从压气机第 6 级、第 11 级和第 14 级抽气后排放到燃气轮机排气道，以防止在启动或停机期间压气机发生喘振。在机组启动时，低压和中压防喘放气阀全开，直到机组运行速度接近同步转速时关闭，高压防喘放气阀在启动期间保持关闭。在停机时，燃气关断信号触发，所有的防喘放气阀打开，IGV 关至最小，空气被排入燃气轮机的排气道。

在燃烧天然气时无须注入蒸汽或水，燃烧器仍能达到低 NO_x 排放。干式低 NO_x 燃烧器包括三段式燃烧器和旁路阀，旁路阀将一部分压气机抽气排入过渡段，以提高机组启动时的火焰稳定性，并在机组运行时维持要求的燃空比。机组运行时根据转速和负载情况调节旁路阀开度，旁路阀执行机构使用高压控制油控制。

3. 燃烧系统

M701F4 型燃气轮机采用干式低 NO_x 燃烧技术燃烧气体燃料，天然气经过处理后分配到四条燃料管线，分别是值班管线、主 A 管线、主 B 管线、顶环管线，各个管线的燃料流量分别由各个流量控制阀控制。点火时，燃气轮机控制系统向安装在#8、#9 燃烧器的点火器发出点火信号，点火完成或点火超时后点火器退出。#8、#9 燃烧器点火成功后，火焰通过燃烧器之间的联焰管传播到邻近的燃烧器。当安装在#18、#19 燃烧器的所有火焰探测器探测到火焰后，点火完成。燃气轮机罩壳外的设备由燃气热值仪、燃气流量计、燃气加热器、燃料滤网组成。燃气轮机罩壳外设仪表的作用是监视燃气的压力和温度，测量燃气成分和燃气流量，并把燃气加热到需要的温度。

4. 透平冷却空气系统

透平冷却空气系统执行两个基本功能：第一个功能是给暴露在烟气通道、温度高于工作金属温度极限的部件提供直接冷却；第二个功能是给透平工作环境控制提供服务，为确保整个透平运行在设计环境下，系统在不同临界点提供相应压力和温度的冷却空气。冷却转子和透平动叶的空气来自压气机排气，压气机排气经过水冷式冷却器冷却，过滤后再冷却转子。直接冷却发生在透平每一级动叶枞树形根部，这种冷却方式向暴露在高温燃气通道中的动叶和透平转子轮盘提供热障。透平静叶通过几种不同的方式进行冷却：第一级静叶使用压气机排气从燃气轮机内部进行冷却，冷却空气从外部围带流经中空静叶，并从叶顶边缘流出；第 2 级、第 3 级、第 4 级静叶分别使用第 14 级、第 11 级、第 6 级压气机抽气进行冷却，冷却空气从透平缸上的法兰进入，从外部围带流经静叶，流向内围带。冷却空气冷却了静叶、叶片分割环，同时也给叶栅分割环和级间气封提供正向流动。安装在第 2、3、4 级的冷却空气管线上的节流孔板可以控制冷却空气流量。

5. 排气系统

排气系统通过膨胀节与余热锅炉连接，其作用是将燃气轮机的排气引入余热锅炉烟道。燃气轮机排气温度保护系统由 26 个热电偶组成，其中 20 个热电偶探测透平热通道的烟气温度，6 个热电偶探测排气道的排气温度。燃气轮机排气压力过高会导致高温烟气进入排气侧的轴承箱内。排气道压力传感器监测燃气轮机背压，并能在压力超过设定值时发出警报。如果压力持续增加，压力开关触发机组跳闸。

6. 压气机叶片清洗系统

在燃气轮机正常运行期间，在轴流式压气机动叶和静叶上会形成污垢。这些污垢降低了压气机的效率，也降低了机组的最大输出功率。压气机叶片清洗是使压气机恢复效率的最有效方法。压气机叶片清洗系统可对压气机进行两种模式的清洗：在机组停机时离线清洗（每月一次，高盘模式）和在机组运行时在线清洗（约 50%负荷时）。掺混或不掺混清洗剂的水被喷入压气机 IGV 之前。该系统设置有两套管网和喷水喷头来配合这两种清洗模式。所有的硬件设施位于压气机承托区气流之外，系统包括泵、管道、阀门、滤网和储水箱。水洗系统的操作是在现场通过水清洗装置上的按钮手动控制的。

7. 壳体冷却系统

燃气轮机停机后，壳体温度很高，与下半壳体相比，上半壳体的冷却速度较慢，从而导致缸体产生猫背效应。在这种情况下，燃气轮机不能启动，为减轻或消除猫背效应，设置了壳体冷却系统。一台燃气轮机设置一套壳体冷却系统。冷却所用空气来自电厂的仪用空气，如果仪用空气系统出现故障，燃气轮机不能启动，燃气轮机将用高盘冷却去除猫背效应。

8. 仪用空气系统

由仪用空压机提供气源，仪用空气系统根据机组运行情况持续或间歇地向气动阀门提供仪用空气。

9. 润滑油系统

润滑油系统向燃气轮机、蒸汽轮机、发电机、盘车装置提供温度和压力符合要求的、过滤后的清洁润滑油。另外，润滑油系统向发电机氢气密封油系统供油，冷却透平轴承。在润滑油压不足或油温过高时，燃气轮机发电机组会跳闸。燃气轮机启动设备是电动联锁的，在润滑油没有满足压力和温度要求的情况下，燃气轮机不能启动。绝大部分润滑油系统的设备位于润滑油箱顶部。润滑油系统是闭合环路系统。系统的主流通道描述如下：润滑油泵从润滑油箱将油吸入，再通过润滑油冷却器、润滑油温度控制阀、双联过滤器、压力调节阀，然后流入燃气轮机轴承、汽轮机轴承、发电机轴承和盘车装置，最后通过疏油管线回到润滑油箱。润滑油系统安装有三个润滑油泵：两个交流主润滑油泵，其中一个在线使用，一个作为备用润滑油泵，另设置一个直流事故润滑油泵。如果运行中的主润滑油泵供油压力不足，备用主润滑油泵将会自动启动。如果轴承供油管线压力低于设定的最小值，直流事故润滑油泵将会自动启动。直流事故润滑油泵将润滑油直接引入轴承和发电机氢气密封，因此会将润滑油冷油器、润滑油过滤器和压力调节阀旁路。来自安装在供油管线上的热电偶的信号控制供油温度，使它保持在允许的变动范围内，当供油温度超出限定范围时，燃气轮机无法启动。燃气轮机控制系统将供油温度作为输入信号，用于调整润滑油温度控制阀。润滑油温度控制阀可控制流经冷油器的润滑油流量，以维持合适的轴承供油温度。

机组运行时有一台主润滑油泵运行，它将提供运行期间所需要的所有润滑油。在主润滑油泵供油管线上设置有两个压力开关，当两个压力开关探测出压力过低时，备用主润滑油泵将会自动启动。在主润滑油泵设置有三个润滑油压力开关，来监测轴承供油压力，当三个压力开关中的任何一个探测出压力过低时,将发出警报。如果供油压力大幅下降,并降至低于三个压力开关中两个的设定值,燃气轮机控制系统将会紧急跳闸,与此同时,直流事故润滑油泵将会启动。电机控制中心交流功率的不足也会使直流事故润滑油泵启动。在轴承供油管线和每个燃气轮机轴颈轴承和推力轴承的排油管线上均安装有热电偶。热电偶将温度信号传给燃气轮机控制系统,并在温度超过设定值时报警。如果润滑油供给压力未超过压力开关联锁设定值,盘车装置电控联锁不能投入盘车运行。其启动设备也是电控联锁,如果润滑油轴承供油母管压力未达到压力开关联锁设定值,不予启动。

10. 控制油系统

控制油系统以合适的温度和压力向燃气流量控制阀伺服机构、燃气压力控制阀伺服机构、燃烧器旁路阀执行机构以及 IGV 执行机构提供控制油。

控制油系统是闭式循环系统,它有两台交流控制油泵,一台为主油泵,另一台为备用油泵。运行时,一台交流控制油泵从控制油油箱吸入控制油,以要求的压力值向控制油供油过滤器供油,最后输送到伺服执行机构。来自伺服机构和执行机构的控制油经过控制油回油过滤器、控制油冷却器,最后回到控制油油箱。在控制油泵的出口提供有蓄能器,可减小运行期间控制油的压力波动。

当选择机组启动信号后,一台控制油泵自动启动,向燃气控制阀的伺服机构、燃烧器旁路阀执行机构以及 IGV 执行机构提供控制油。如果控制油压力下降到要求的最小值,备用控制油泵将会自动启动。如果控制油压力降至低于跳闸值,燃气轮机将会跳闸。

4.3.2 设计工况自适应

基于 ISO 2314 准则的等效冷却流量处理技术进行燃气轮机整机热力建模后,为了更好地进行工业燃气轮机的气路诊断和性能分析,热力模型的初始特性应与实际燃气轮机机组的基准健康特性相匹配。因此,需要使用燃气轮机健康时的历史气路测量数据,在设计工况下自适应修正热力模型各个通流部件的性能参数,以及在变工况下自适应修正热力模型各个部件特性线。我们采集从 2019/2/5 9:30 至 2019/12/8 23:30 时段的#2M701F4 型燃气轮机机组的正常历史运行数据作为燃气轮机热力模型中压气机与透平部件特性线自适应修正的基准数据。

这期间大气温度、大气压力、大气相对湿度、IGV 开度位置和燃气轮机输出功率的变化如图 4.7~图 4.11 所示。

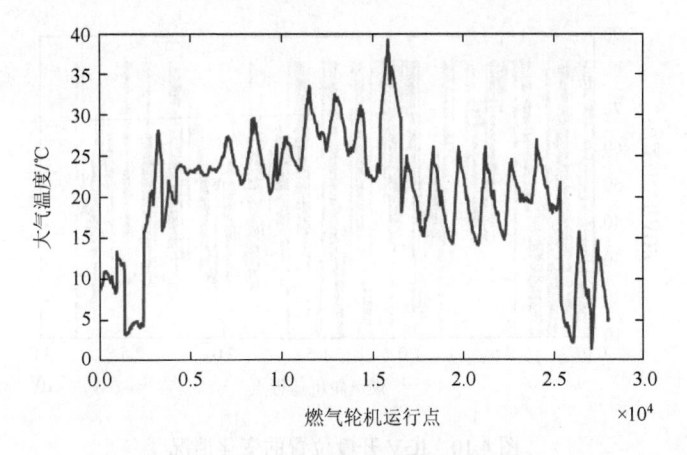

图 4.7 大气温度的变化情况

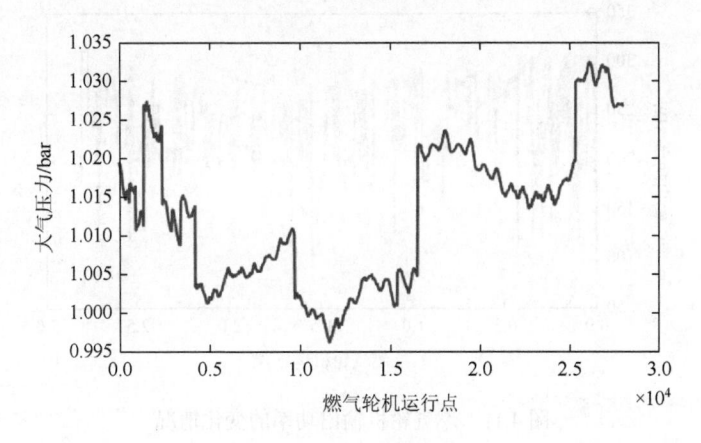

图 4.8 大气压力的变化情况

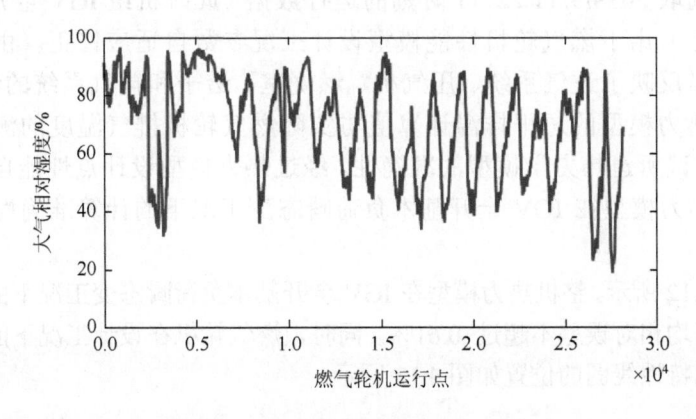

图 4.9 大气相对湿度的变化情况

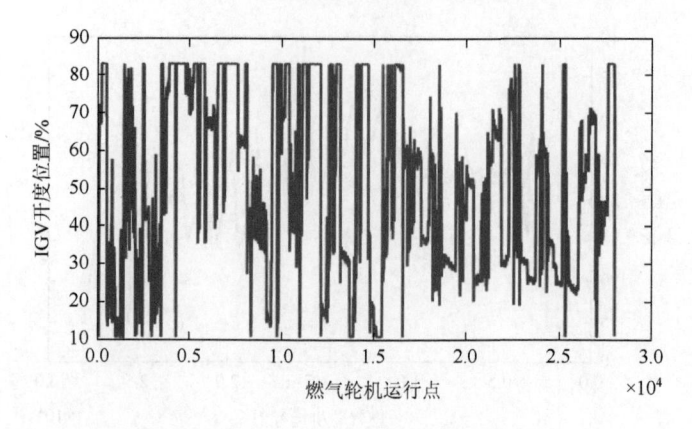

图 4.10 IGV 开度位置的变化情况

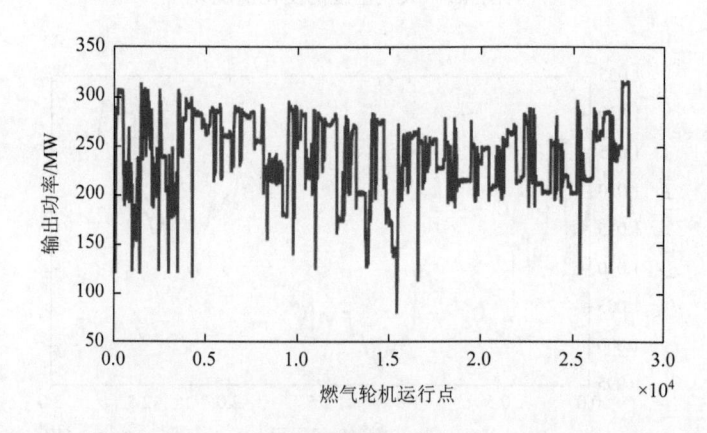

图 4.11 燃气轮机输出功率的变化情况

我们选取 2019/9/11 22:11 时刻的运行数据(此时机组 IGV 全开,且以基本负荷运行)用于燃气轮机性能模型设计工况参数自适应修正。由于燃气轮机透平排温反映了进气系统、压气机、燃烧室、透平和排气系统的综合性能,因此选择热力模型的透平排温计算值与实际燃气轮机排气温度的测量值进行比较,以测试所建热力学模型的准确性。经过热力模型设计点性能自适应修正后,所建热力模型在 IGV 全开基本负荷瞬态变工况下的计算准确性如图 4.12 所示。

如图 4.12 所示,整机热力模型在 IGV 全开基本负荷瞬态变工况下的透平排温计算值的平均相对误差不超过 0.61%。同时,燃气轮机在设计工况下的共同工作点在压气机特性线图的位置如图 4.13 所示。

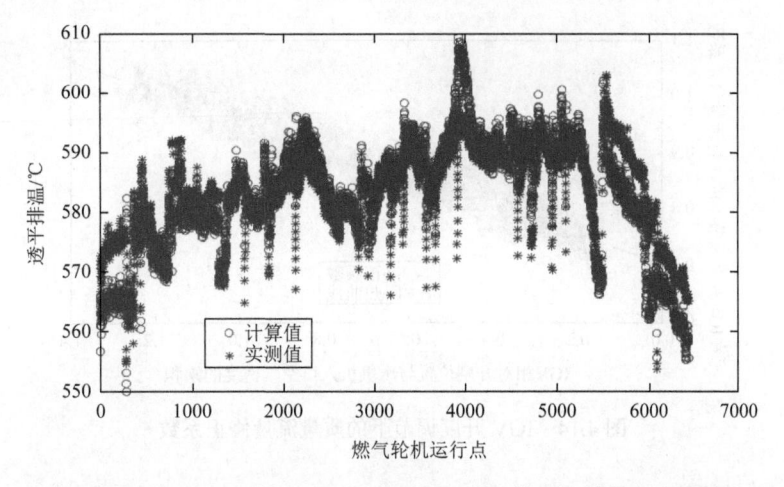

第4章 重型燃气轮机自适应热力建模方法研究

图4.12 在IGV全开基本负荷瞬态变工况下透平排温计算值与实测值对比

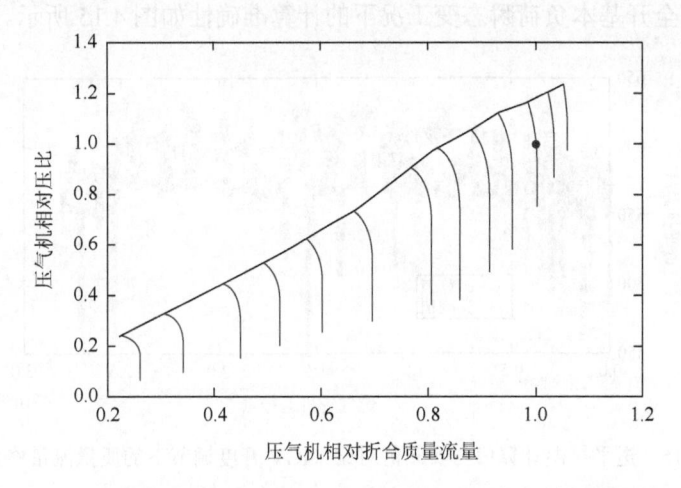

图4.13 燃气轮机在设计工况下的共同工作点在压气机特性线图的位置

4.3.3 不同进口导叶开度位置下的质量流量修正

下面考虑压气机IGV开度位置变化对压气机部件非线性特性的影响，因此还需要将上述设计工况自适应修正后的IGV全开时的压气机部件特性线进一步自适应修正扩展到在任意IGV开度位置下都与实际机组的压气机部件特性线相匹配，所以还需计算得到IGV开度调节下的质量流量修正系数φ_{IGV}。我们通过把从2019/2/5 9:30至2019/12/8 23:30的#2燃气轮机的正常历史运行数据中的φ_{IGV}与$IGV \times \rho_1$的数据关系进行线性回归，如图4.14所示，即得到IGV开度调节下的质量流量修正系数。

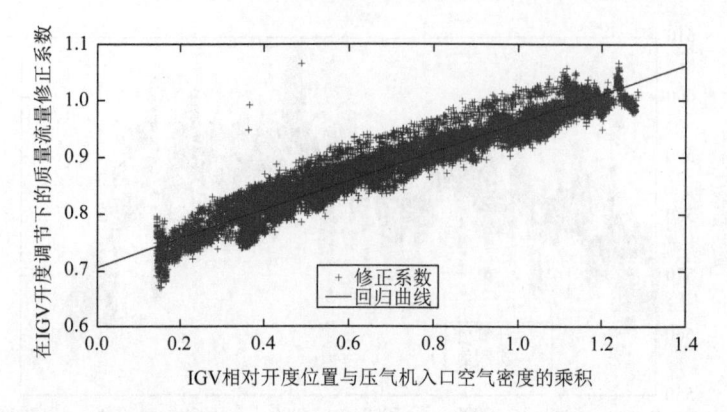

图 4.14 IGV 开度调节下的质量流量修正系数

得到 IGV 开度调节下的质量流量修正系数后，所建热力模型在 IGV 最小开度负荷至 IGV 全开基本负荷瞬态变工况下的计算准确性如图 4.15 所示。

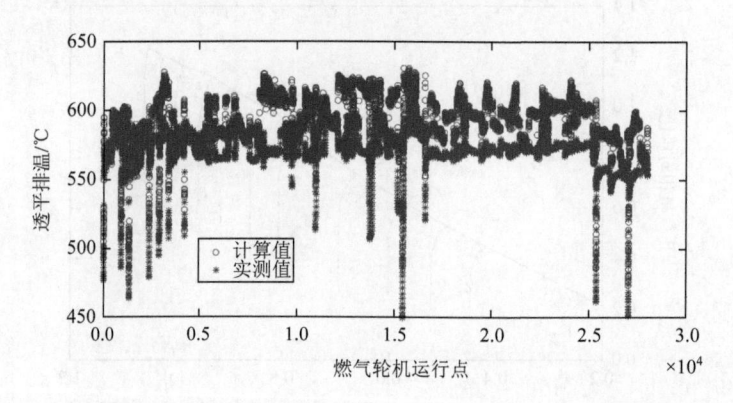

图 4.15 透平排温计算值与实测值对比（IGV 开度调节下的质量流量修正）

如图 4.15 所示，此时，燃气轮机整机热力模型在 IGV 最小开度负荷至 IGV 全开基本负荷瞬态变工况下的透平排温计算值的平均相对误差不超过 3.71%，但仍有待通过变工况的部件特性线修正进一步提高燃气轮机热力模型精度。

4.3.4 变工况的部件特性线修正

我们选取机组全部正常历史运行数据用于压气机的流量特性线 $G_{C,cor,rel, IGV=100\%}(n_{C,cor,rel}, \pi_{C,rel})$ 与效率特性线 $\eta_{C,rel} = f_4(n_{C,cor,rel}, \pi_{C,rel})$ 自适应修正、透平的流量特性线 $G_{T,cor,rel} = f_5(n_{T,cor,rel}, \pi_{T,rel})$ 与效率特性线 $\eta_{T,rel} = f_6(n_{T,cor,rel}, \pi_{T,rel})$ 自适应修正，最终得到五个自适应校正因子 $SP = [\varphi_{IGV}, SP_{FC}, SP_{EC}, SP_{FT}, SP_{ET}]$，如图 4.16～图 4.19 所示。

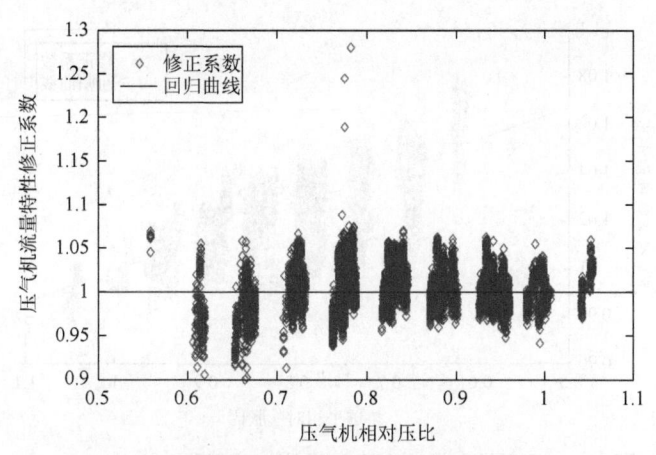

图 4.16　压气机流量特性线的自适应校正因子 $SP_{FC} = f_7(\pi_{C,rel})$

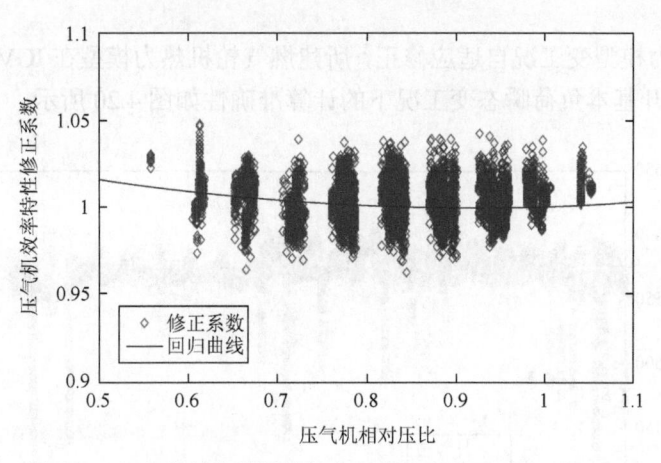

图 4.17　压气机效率特性线的自适应校正因子 $SP_{EC} = f_8(\pi_{C,rel})$

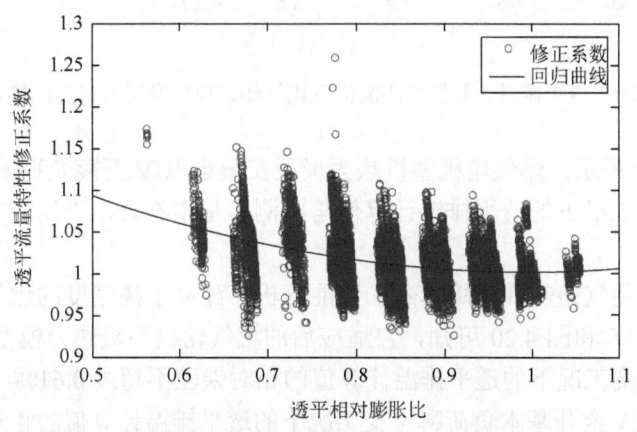

图 4.18　透平流量特性线的自适应校正因子 $SP_{FT} = f_9(\pi_{T,rel})$

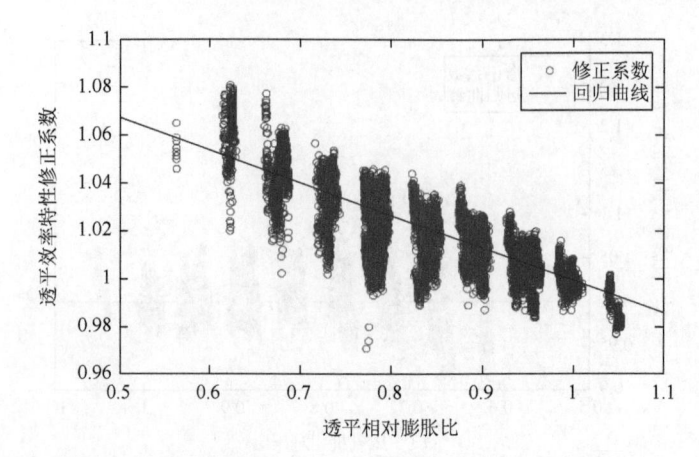

图 4.19　透平效率特性线的自适应校正因子 $SP_{ET} = f_{10}(\pi_{T,rel})$

经过热力模型变工况自适应修正，所建燃气轮机热力模型在 IGV 最小开度负荷至 IGV 全开基本负荷瞬态变工况下的计算准确性如图 4.20 所示。

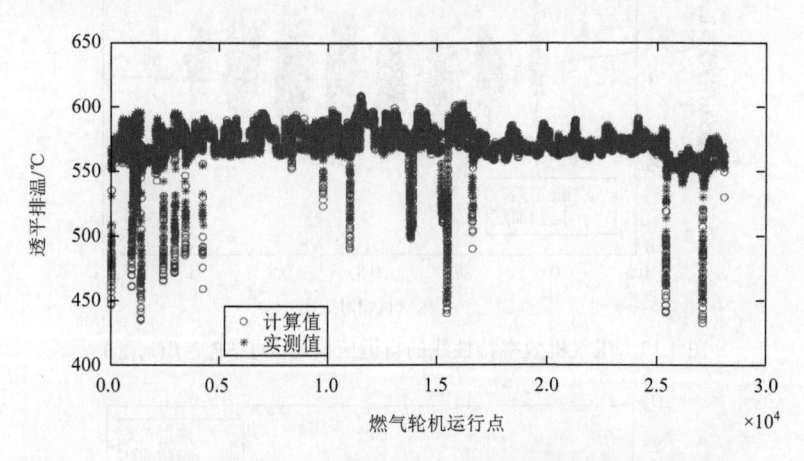

图 4.20　透平排温计算值与实测值对比（热力模型变工况自适应修正）

如图 4.20 所示，燃气轮机整机热力模型在最小 IGV 开度负荷至 IGV 全开基本负荷瞬态变工况下的透平排温计算值与实测值基本吻合，平均相对误差不超过 1.14%。

本章为方便气路部件故障诊断和性能分析，建立了高精度的燃气轮机热力学模型。由图 4.15 和图 4.20 可知，自适应后的燃气轮机整机热力模型在 IGV 全开基本负荷瞬态变工况下的透平排温计算值的相对误差不超过 0.61%，在 IGV 最小开度负荷至 IGV 全开基本负荷瞬态变工况下的透平排温计算值的相对误差从大于 3.71% 降低至不超过 1.14%。根据上述 2019 年正常历史运行数据对燃气轮机热力模型进行自适应修正后,可以进一步用于后续燃气轮机性能分析与气路故障诊断。本章所提出的方法可以应用于各种不同类型的燃气轮机,作为工业燃气轮机高精度热力建模的一套可供参考的规范化建模方法。

参 考 文 献

[1] Li X,Ying Y L,Wang Y Y,et al. A component map adaptation method for compressor modeling and diagnosis[J]. Advances in Mechanical Engineering,2018,10(3):1-13.

[2] Tsoutsanis E,Meskin N,Benammar M,et al. A dynamic prognosis scheme for flexible operation of gas turbines[J]. Applied Energy,2016,164:686-701.

[3] 应雨龙,李靖超. 燃气轮机故障预测诊断方法研究[M]. 北京:科学出版社,2020.

[4] 朱志劼,田书耘,范雪飞,等. 考虑透平逐级冷却的重型燃气轮机热力学建模及关键参数影响分析[J]. 热力发电,2023,52(5):72-81.

第 5 章 瞬态变工况下燃气轮机自适应气路故障诊断方法研究

为避免失修和过修，提高机组设备的可靠性和可用性，降低运行维护成本，用户宜采用预知维修策略。气路诊断是一种对正在演变或即将发生的恶化情况发布早期预警信息的有效技术。基于热力模型的燃气轮机气路故障诊断方法本质上采用已知的输入和输出参数，通过将输入-状态-输出强非线性热力学耦合机制关系解耦来获得未知的内部状态参数，并引入合理的部件健康评价参数，以达到气路故障诊断的目的。经过多年的发展，气路故障诊断与预测方法已经取得了许多基于机组稳态/准稳态工况的算法理论成果，但尚未形成一个完整的科学体系，电厂燃气轮机仍严格按照制造商要求的时间间隔进行运行维护，检修成本极高。现今由于可变几何部件的广泛应用，机组抽气冷却技术的进步，且燃气轮机越来越需要更灵活地运行（包括频繁变工况及瞬态加减载运行模式），从采集的机组运行数据中已很难再过滤出可供气路故障诊断的准稳态运行数据段，气路诊断与预测迫切需要考虑瞬态变工况下的新理论、新方法。

到目前为止，关于瞬态变工况条件下气路诊断方法的论文很少。Li 等[1]讨论了利用瞬态测量数据进行气路诊断的必要性，提出了一种基于非线性热力模型的气路诊断方法，并将遗传算法（genetic algorithm，GA）作为全局优化算法。然而，这种诊断方法需要花费大量计算时间才能获得最终诊断结果，并且只适用于离线诊断。Tsoutsanis 等[2]提出了一种在瞬态变工况条件下基于动态热力模型的气路诊断方法，以检测压气机积垢和涡轮腐蚀。然而，其动态热力模型没有考虑工质热物性会受到工作组分变化的影响。此外，对于待诊断的燃气轮机机组，用户通常无法获知机组各个惯性环节（如容积惯性、热惯性和转动惯性）的时间常数，这给建立准确的动态热力模型带来了困难。因此，本章开展瞬态变工况下燃气轮机自适应气路故障诊断方法研究[3]，首先，提出一种等效冷却流量处理方法，用于以气路故障诊断为目的的热力学建模；其次，提出基于稳态热力模型与牛顿-拉弗森算法的瞬态变工况下燃气轮机自适应气路故障预测诊断策略；最后，对比分析在瞬态变工况下采用牛顿-拉弗森算法和卡尔曼滤波器作为诊断驱动算法的可靠性与准确性，通过案例分析论证基于稳态热力模型与牛顿-拉弗森算法在瞬态变工况条件下对燃气轮机缓变故障和突变故障进行量化诊断的有效性、实时性和准确性。

5.1 燃气轮机稳态热力建模

5.1.1 基于 ISO 2314 准则的等效冷却流量处理

针对压气机级间抽气和透平级间冷却情况以及日益复杂的控制系统增加了机组热力建模复杂度的问题，本节提出基于 ISO 2314 准则的等效冷却流量处理技术进行燃气轮机性能建模。

以 AE94.3A 燃气轮机（意大利 Ansaldo Energia 公司生产的 F 级重型燃气轮机）为例，该机组的压气机共有 5 条冷却空气抽气流路（即 Ea1、Ea2、Ea3、Ei1 和 Ei2），其中三股（即 Ea1、Ea2 和 Ea3）是从压气机外缸流出的外部冷却流路，另外两股（即 Ei1 和 Ei2）是从压气机内部轮盘孔引出的内部冷却流路。此外，还有从压气机出口引出的两股冷却流路用于燃烧室和透平第 1 级冷却。其中，Ea1、Ea2、Ea3 为压气机第 5、9、13 级抽气，分别为透平第 2、3、4 级静叶提供冷却空气；Ei1、Ei2 为压气机第 10、12 级抽气，分别为透平第 2、3、4 级动叶提供冷却空气。考虑到上述压气机级间抽气和透平级间冷却的情况，基于详细通流设计的一维热力建模方法（图 5.1）会破坏压气机和透平部件特性线的完整性，且燃气轮机热力模型的复杂度无法满足计算实时性要求。

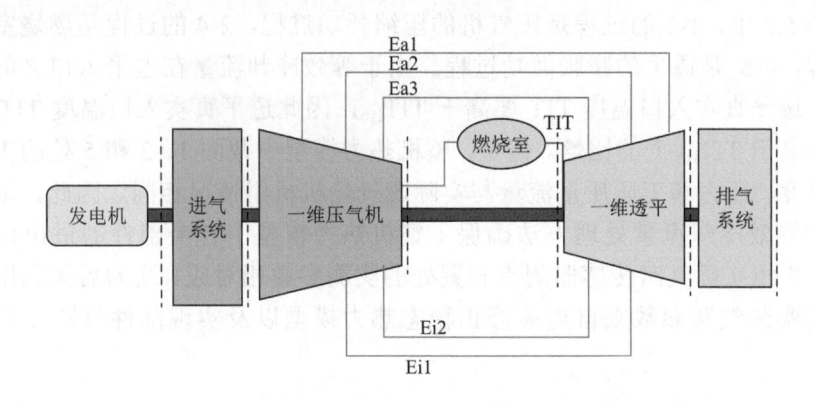

图 5.1 基于详细通流设计的一维热力建模方法

为便于燃气轮机通流部件健康特征参数数学建模，参照 ISO 2314 准则，本章采用等效冷却流量处理方法进行燃气轮机热力建模，详细技术原理如 4.2.1 节所述。这不仅可以简化一维热力模型的复杂度，保证计算实时性，而且在存在压气机级间抽气和透平级间冷却的情况下，保持部件特性线的完整性。但是，等效冷却流量处理方式会导致整机热力模型中的某些通流部件进出口参数具有"等效"的含义，不再与机组实际传感器测点参数一一对应，给后续利用机组气路实际传感器测点参数通过整机热力模型热力学耦合关系式求解得到通流部件多级基因特征带来困难。

根据上述等效冷却流量处理原则，可以得到如图 5.2 所示的焓-熵热力过程线。

(a) 机组实际热力过程线　　　　(b) 基于等效冷却流量处理
　　　　　　　　　　　　　　　　　原则的简化热力过程线

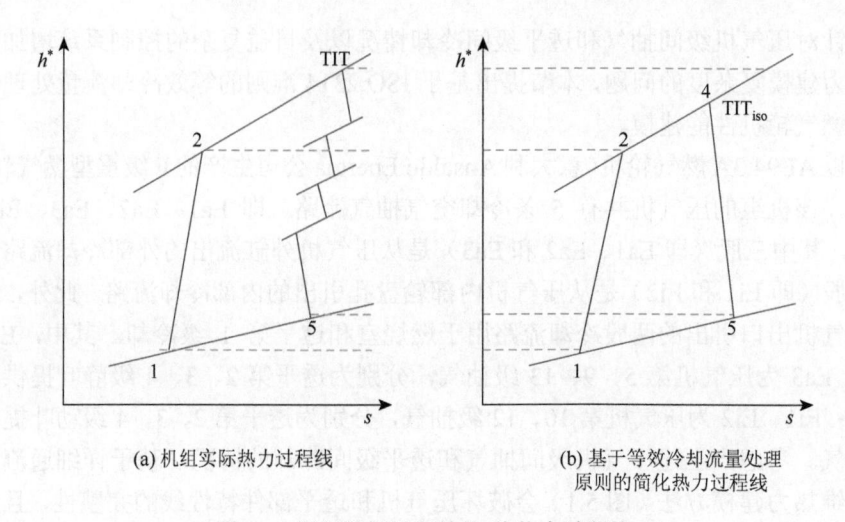

图 5.2　燃气轮机机组的焓-熵热力过程线

图 5.2 中，1-2 的过程是压气机的压缩耗功过程，2-4 的过程是燃烧室的燃烧过程，4-5 是透平的膨胀做功过程。由于等效冷却流量在透平入口之前已经汇入，透平真实入口温度 TIT 要高于 TIT_{iso}，因此透平真实入口温度 TIT 下的比焓要高于 TIT_{iso} 下的比焓。但是，整机热力模型中截面 1、2 和 5 处的工质组分、温度、压力和工质质量流量与实际燃气轮机机组情况相同。因此，本节所提出的等效冷却流量处理方法确保了整机热力模型中各个部件的进出口气路参数与机组实际气路传感器测点布置处的实测参数相对应，这为后续利用目标机组的实测气路参数来自适应修正稳态热力模型以及实现部件气路诊断带来便利。

5.1.2　气路部件热力建模

采用上述等效冷却流量处理方法进行热力建模，不但可以起到简化模型的目的，而且压气机级间抽气和透平级间冷却情况不会破坏压气机和透平部件特性线的整体性，方便后续燃气轮机热力模型自适应修正。

燃气轮机机组的通流部件主要包括进气系统、压气机、燃烧室、透平和排气系统，其数学模型如下所述。

对于重型燃气轮机进气系统，其系统结构如图 5.3 所示。

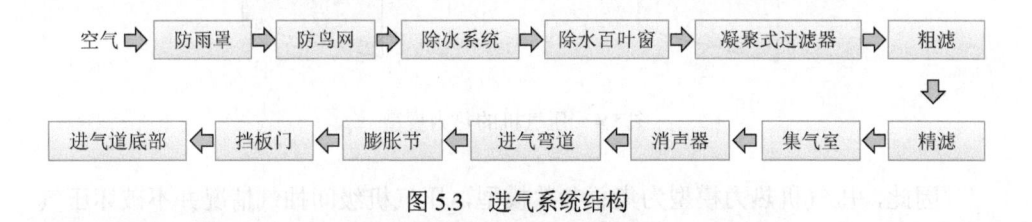

空气 → 防雨罩 → 防鸟网 → 除冰系统 → 除水百叶窗 → 凝聚式过滤器 → 粗滤 ↓
进气道底部 ← 挡板门 ← 膨胀节 ← 进气弯道 ← 消声器 ← 集气室 ← 精滤

图 5.3 进气系统结构

进气系统的空气在流经粗滤、精滤、进气弯道等过程中，会产生沿程阻力损失和局部阻力损失，如式（5.1）所示：

$$\Delta P_{\text{in}} = \Delta P_l + \Delta P_\xi = \frac{\lambda}{d} l \frac{\rho_0 c_0^2}{2} + \xi \frac{\rho_0 c_0^2}{2} \tag{5.1}$$

式中，ΔP_l 为沿程阻力损失；ΔP_ξ 为局部阻力损失；λ 为沿程阻力摩擦系数；ξ 为局部阻力损失系数；d 为管段当量直径；l 为管段长度；ρ_0 为进气系统的入口工质密度；进气系统的入口空气速度 $c_0 = G_0/(\rho_0 A_0)$，G_0 表示进气系统的入口空气质量流量，A_0 表示进气系统的入口截面积。

进气系统入口气流状态随着环境条件和机组运行工况变化而变化，而进气系统的尺寸和管路状况在健康情况下不随工况而变化，因此 $\lambda l/d + \xi$ 不变。此时，空气流经进气系统产生的压损 ΔP_{in} 与 $\rho_0 c_0^2$ 成正比。由 $c_0 = G_0/(\rho_0 A_0)$，则进气系统压损 ΔP_{in} 与入口空气参数的关系如下：

$$\frac{\Delta P_{\text{in}}}{\Delta P_{\text{in,de}}} = \frac{v_0 G_0^2}{v_{0,\text{de}} G_{0,\text{de}}^2} = \frac{\rho_{0,\text{de}} G_0^2}{\rho_0 G_{0,\text{de}}^2} \tag{5.2}$$

式中，下角标 de 表示设计工况；v_0 表示进气系统的入口工质比容。

只要知道当前运行工况与设计工况下的入口空气质量流量的相对值和比容的相对值，就可以求得当前计算工况下的进气道压损 ΔP_{in}。

进气系统实际出口总压 P_1 为

$$P_1 = P_0 - \Delta P_{\text{in}} \tag{5.3}$$

式中，P_0 为大气压力。

对于压气机，此时其热力模型可以从 1 维热力模型简化为 0 维热力模型，如图 5.4 所示。

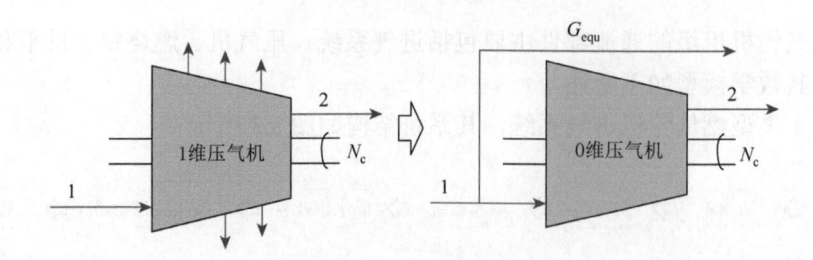

图 5.4 压气机的热力模型

因此，压气机热力模型为集总参数模型，压气机级间抽气情况并不破坏压气机部件特性线的整体性，其数学模型可以由相对折合参数形式表示，以适用于同一压气机在不同工质组分下的特性计算，则压气机热力模型可由式(5.4)~式(5.6)表示：

$$G_{equ} = G_1 - \frac{N_C}{h_2 - h_1} \tag{5.4}$$

$$G_{C,cor,rel} = f_1(n_{C,cor,rel}, \pi_{C,rel}) \tag{5.5}$$

$$\eta_{C,rel} = f_2(n_{C,cor,rel}, \pi_{C,rel}) \tag{5.6}$$

式中，G_{equ} 为等效冷却流量；G_1 为在截面 1 处的压气机入口空气质量流量；N_C 为压气机耗功；$n_{C,cor,rel} = \dfrac{n}{\sqrt{T_1 R_{g,air}}} \Big/ \dfrac{n_{de}}{\sqrt{T_{1,de} R_{g,air,de}}}$ 为压气机相对折合转速，T_1 为截面 1 处的压气机入口空气温度，$R_{g,air}$ 为空气的气体常数，n 为燃气轮机转速；$\pi_{C,rel} = \dfrac{\pi_C}{\pi_{C,rel,de}}$ 为压气机相对压比；$G_{C,cor,rel} = \dfrac{G_2\sqrt{T_1 R_{g,air}}}{P_1} \Big/ \dfrac{G_{2,de}\sqrt{T_{1,de} R_{g,air,de}}}{P_{1,de}}$ 为压气机相对折合质量流量，G_2 为截面 2 处的压气机出口空气质量流量；$\eta_{C,rel} = \dfrac{\eta_C}{\eta_{C,de}}$ 为压气机相对等熵效率；$f_1(\cdot)$ 为压气机的流量特性函数；$f_2(\cdot)$ 为压气机的效率特性函数；h_2 为截面 2 处的压气机出口空气比焓；h_1 为截面 1 处的压气机入口空气比焓。

对于燃烧室，与压气机和透平的热力建模相比，燃烧室的热力计算相对简单，通常可以用燃烧效率和压力恢复系数来表示。其中，燃烧效率主要受燃烧室载荷 Ω 影响：

$$\Omega = \frac{G_3}{(P_3)^{1.8} \times e^{T_3/300} \times V_{burner}} \tag{5.7}$$

式中，G_3 为燃烧室入口空气质量流量；P_3 为燃烧室入口空气压力；T_3 为燃烧室入口空气温度；V_{burner} 为燃烧室体积。

此时透平的热力模型可以从 1 维热力模型简化为 0 维热力模型，如图 5.5 所示。

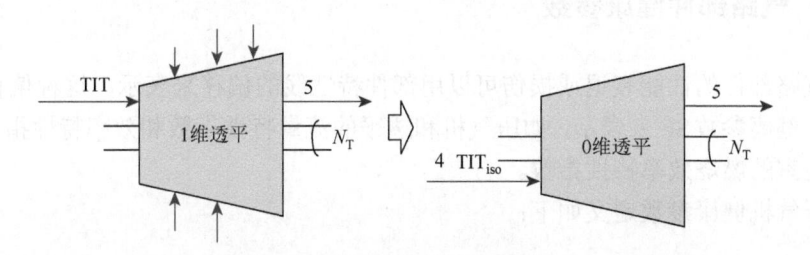

图 5.5 透平的热力模型

因此，透平热力模型为集总参数模型，透平级间冷却情况并不破坏透平部件特性线的整体性，同压气机一样，其数学模型可以由相对折合参数形式表示，以适用于同一透平在不同工质组分下的特性计算，则透平热力模型可由式（5.8）和式（5.9）表示：

$$G_{T,cor,rel} = f_3(n_{T,cor,rel}, \pi_{T,rel}) \tag{5.8}$$

$$\eta_{T,rel} = f_4(n_{T,cor,rel}, \pi_{T,rel}) \tag{5.9}$$

式中，$n_{T,cor,rel} = \dfrac{n}{\sqrt{T_4 R_{g,gas}}} \bigg/ \dfrac{n_{de}}{\sqrt{T_{4,de} R_{g,gas,de}}}$ 为透平相对折合转速，T_4 为截面 4 处的透平入口温度；$R_{g,gas}$ 为燃气的气体常数；$\pi_{T,rel} = \dfrac{\pi_T}{\pi_{T,de}}$ 为透平相对膨胀比；$G_{T,cor,rel} = \dfrac{G_4 \sqrt{T_4 R_{g,gas}}}{P_4} \bigg/ \dfrac{G_{4,de} \sqrt{T_{4,de} R_{g,gas,de}}}{P_{4,de}}$ 为透平相对折合流量，G_4 为截面 4 处的透平入口燃气质量流量；$f_3(\cdot)$ 为透平的流量特性函数；$f_4(\cdot)$ 为透平的效率特性函数；$\eta_{T,rel} = \eta_T / \eta_{T,de}$ 为透平相对等熵效率。

排气系统的烟气流经余热锅炉的省煤器、蒸发器、过热器、再热器等管路，同进气系统一样，也会产生沿程阻力损失和局部阻力损失，则排气系统实际进口总压 P_5 为

$$P_5 = P_0 + \Delta P_{ex} \tag{5.10}$$

式中，ΔP_{ex} 是排气系统的压力损失。

此外，与动态热力模型不同，稳态热力模型减少了由容积惯性、热惯性和转

动惯性主导的一阶微分方程。因此，燃气轮机稳态热力学模型仅需用代数方程来表示。

5.1.3 气路部件健康参数

气路部件的性能衰退或损伤可以用部件特性线的偏移来表示，这种偏移可以用部件健康参数 SF 来表示，如压气机和透平的流量特性指数和效率特性指数，以及燃烧室的燃烧效率特性指数。

压气机健康参数定义如下：

$$\mathrm{SF}_{FC} = G_{C,cor,deg}/G_{C,cor} \tag{5.11}$$

$$\Delta \mathrm{SF}_{FC} = (G_{C,cor,deg} - G_{C,cor})/G_{C,cor} \tag{5.12}$$

$$\mathrm{SF}_{EC} = \eta_{C,deg}/\eta_C \tag{5.13}$$

$$\Delta \mathrm{SF}_{EC} = (\eta_{C,deg} - \eta_C)/\eta_C \tag{5.14}$$

式中，SF_{FC} 为压气机的流量特性指数，表征压气机的通流能力；$G_{C,cor,deg}$ 为压气机性能衰退或损伤时的折合质量流量；$G_{C,cor}$ 为压气机健康时的折合质量流量；SF_{EC} 为压气机的效率特性指数，表征压气机的运行效率；$\eta_{C,deg}$ 为压气机性能衰退或损伤时的等熵效率；η_C 为压气机健康时的等熵效率。

燃烧室健康参数定义如下：

$$\mathrm{SF}_{EB} = \eta_{B,deg}/\eta_B \tag{5.15}$$

$$\Delta \mathrm{SF}_{EB} = (\eta_{B,deg} - \eta_B)/\eta_B \tag{5.16}$$

式中，SF_{EB} 为燃烧室的燃烧效率特性指数；$\eta_{B,deg}$ 为燃烧室性能衰退或损伤时的燃烧效率；η_B 为燃烧室健康时的燃烧效率。

透平健康参数定义如下：

$$\mathrm{SF}_{FT} = G_{T,cor,deg}/G_{T,cor} \tag{5.17}$$

$$\Delta \mathrm{SF}_{FT} = (G_{T,cor,deg} - G_{T,cor})/G_{T,cor} \tag{5.18}$$

$$\mathrm{SF}_{ET} = \eta_{T,deg}/\eta_T \tag{5.19}$$

$$\Delta \mathrm{SF}_{ET} = (\eta_{T,deg} - \eta_T)/\eta_T \tag{5.20}$$

式中，SF_{FT} 为透平的流量特性指数，表征透平的通流能力；$G_{T,cor,deg}$ 为透平性能衰退或损伤时的折合质量流量；$G_{T,cor}$ 为透平健康时的折合质量流量；SF_{ET} 为透平的效率特性指数，表征透平的运行效率；$\eta_{T,deg}$ 为透平性能衰退或损伤时的等熵效率；η_T 为透平健康时的等熵效率。

5.1.4 气路部件故障规则

1. 进、排气系统

重型燃气轮机的进、排气系统是燃气-蒸汽联合循环电厂中重要的通流部件，进气系统的管路状况如因结垢、积灰等改变，会导致进气系统的压力损失增大，进而导致燃气轮机机组的输出功率和效率下降。同样，排气系统的管路状况如因结垢、积焦等改变，也会导致排气系统的压力损失增大，进而导致机组的输出功率和效率下降。

进气系统压损特性指数的数值为 1，表示进气系统处于基准健康状态，数值大于 1 表示存在结垢、积灰等管路状况，数值越大表明越严重。

排气系统压损特性指数的数值为 1，表示排气系统处于基准健康状态，数值大于 1 表示存在结垢、积焦等管路状况，数值越大表明越严重。

关于详细的重型燃气轮机进、排气系统性能诊断方法会在第 7 章着重论述，本章重点对压气机、透平和燃烧室三大主要通流部件进行性能诊断。

2. 压气机

压气机积垢是指不同污染物黏附在压气机表面，导致压气机表面粗糙度增加和翼型形状改变，致使压气机通流能力和运行效率降低，表现为压气机流量特性指数和效率特性指数降低，并且压气机积垢对压气机流量特性指数的影响大于压气机效率特性指数。

压气机侵蚀是指吸入如沙子、灰尘、污垢、碳颗粒等污染物，部件表面材料逐渐磨损，并导致叶片表面粗糙度和叶尖间隙增加以及翼型轮廓改变，致使压气机通流能力和运行效率降低，同样表现为压气机流量特性指数和效率特性指数降低。

压气机腐蚀是指空气污染物与水结合而产生的冷腐蚀或湿腐蚀，主要影响压气机翼型，表现为压气机流量特性指数和效率特性指数降低。

压气机内物损伤是指内部部件断裂等情况产生的碎片进入压气机，使得压气机受到损坏。内物损伤是压气机常见的问题之一，致使压气机流量特性指数和效率特性指数的快速变化，属于突变型故障。并且内物损伤对压气机效率特性指数的影响大于对压气机流量特性指数的影响。

压气机旋转失速是指当压气机在非设计状态下工作时，流量变化与转速变化不协调使来流对压气机动叶的冲角增大,当冲角超过某个极限后,叶片通道中的气流产生严重分离失速的一种气流现象。如果压气机在机组启动或停运中发生旋转失速,轻则引发燃气轮机转子振动增大,重则可能诱发喘振,造成燃气轮机振动急剧增大,导致压气机转子叶片脱落,对压气机设备造成损坏。压气机旋转失速可通过压气机流量特性指数的降低来表征,且参数的变化具有突变性。

3. 透平

透平积垢是指不同污染物黏附在透平表面,导致透平表面粗糙度增加,致使透平通流能力和运行效率降低,表现为透平流量特性指数和透平效率特性指数降低,透平膨胀比降低,并降低压气机喘振裕度,还会使排烟温度升高。

透平侵蚀是指吸入如灰尘、污垢、碳颗粒等污染物,部件表面材料逐渐磨损,并导致叶片表面粗糙度增加,致使透平流量特性指数增加而透平效率特性指数降低,透平膨胀比下降,排烟温度升高。

透平腐蚀是指燃烧气体中含有某些污染物或熔盐而发生的热腐蚀,致使透平流量特性指数增加而透平效率特性指数降低,透平膨胀比下降,排烟温度升高。

4. 燃烧室

燃烧室的典型故障包括燃烧室内衬和头部罩帽及过渡段破损、燃烧熄火、燃烧室头部燃料气泄漏、喷嘴结垢和积焦,主要表现为各燃烧器燃料分配系数变化、燃烧脉动加剧、燃烧效率降低以及透平周向排温异常等。

5.2 瞬态变工况下气路故障诊断方法

5.2.1 气路故障诊断方法

在建立了上述燃气轮机稳态性能模型后,本节提出基于局部优化算法的燃气轮机瞬态变工况下自适应气路故障诊断方法,如图 5.6 所示,其中 map 表示部件特性线。

本章所提出的气路故障诊断方法,是基于部件特性线自适应修正所提出的。它利用机组实测气路参数通过燃气轮机稳态热力模型实时诊断输出各个通流部件的健康参数(即部件特性线的偏移程度和偏移方向)。瞬态变工况下的气路故障诊断一方面要求诊断算法确保在部件性能衰退或损伤程度较大范围内的可靠性和准确性,例如,利用机组实测气路参数通过合适的局部优化算法自适应修正各个气

第 5 章 瞬态变工况下燃气轮机自适应气路故障诊断方法研究

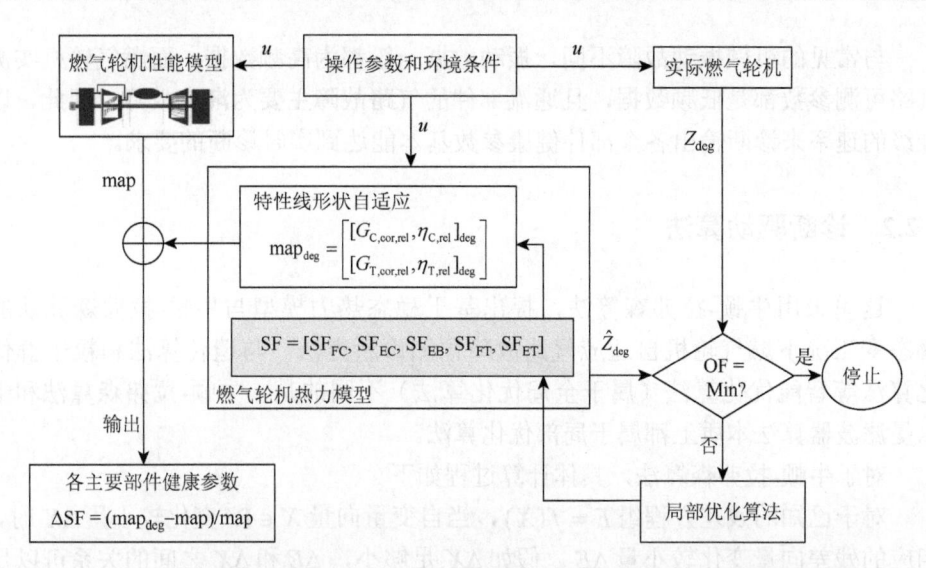

图 5.6 基于局部优化算法的燃气轮机瞬态变工况下自适应气路故障诊断方法

路部件的健康参数 $SF = [SF_{FC}, SF_{EC}, SF_{EB}, SF_{FT}, SF_{ET}]$，使燃气轮机热力模型的部件特性实时更新与实际目标机组的部件特性相匹配，诊断输出目标机组各主要部件的健康参数情况；另一方面要求诊断驱动算法能够随着机组频繁变工况以及动态加减载模式运行而实时动态跟随，以秒级速率诊断输出部件健康参数。这就要求部件健康参数的优化辨识需要选择合理的局部优化算法来确保诊断实时性。

各类气路故障对部件健康参数的影响情况如表 5.1 所示。

表 5.1 各类气路故障对部件健康参数的影响情况

气路故障	部件通流能力	部件运行效率	类别
压气机积垢	SF_{FC} 减小	SF_{EC} 减小	渐变
压气机侵蚀	SF_{FC} 减小	SF_{EC} 减小	渐变
压气机腐蚀	SF_{FC} 减小	SF_{EC} 减小	渐变
压气机叶片摩擦	SF_{FC} 减小	SF_{EC} 减小	渐变
透平积垢	SF_{FT} 减小	SF_{ET} 减小	渐变
透平侵蚀	SF_{FT} 增大	SF_{ET} 减小	渐变
透平腐蚀	SF_{FT} 增大	SF_{ET} 减小	渐变
透平叶片摩擦	SF_{FT} 增大	SF_{ET} 减小	渐变
热畸变	SF_{FT} 增大	SF_{ET} 减小	渐变
内物损伤	SF_{FC} 减小或 SF_{FT} 减小	SF_{EC} 减小或 SF_{ET} 减小	突变

与常见的机械振动故障不同,振动数据一般都为高频数据,而燃气轮机实测气路可测参数都是低频数据,且通流部件的气路故障主要为渐变故障,因此,以秒级的速率来诊断输出各个部件健康参数基本能达到实时诊断的要求。

5.2.2 诊断驱动算法

这里采用牛顿-拉弗森算法,提出基于稳态热力模型与牛顿-拉弗森算法的瞬态变工况下燃气轮机自适应气路故障预测诊断方法。与遗传算法和粒子群优化算法等智能优化算法(属于全局优化算法)不同的是,牛顿-拉弗森算法和卡尔曼滤波器算法本质上都属于局部优化算法。

对于牛顿-拉弗森算法,具体计算过程如下。

对于已知的残差方程组 $E = f(X)$,当自变量向量 $X \in \mathbf{R}^n$ 变化较小量 ΔX 时,相应的残差向量变化较小量 ΔE。假如 ΔX 足够小,ΔE 和 ΔX 之间的关系可以足够精确地表达如下:

$$\Delta E = J(E, X) \cdot \Delta X \tag{5.21}$$

$$E_2 - E_1 = J(E, X) \cdot (X_2 - X_1) \tag{5.22}$$

式中,$J(E, X)$ 是雅可比矩阵:

$$J(E, X) = \begin{bmatrix} \dfrac{\partial E_1}{\partial x_1} & \dfrac{\partial E_1}{\partial x_2} & \cdots & \dfrac{\partial E_1}{\partial x_n} \\ \dfrac{\partial E_2}{\partial x_1} & \dfrac{\partial E_2}{\partial x_2} & \cdots & \dfrac{\partial E_2}{\partial x_n} \\ \vdots & \vdots & & \vdots \\ \dfrac{\partial E_m}{\partial x_1} & \dfrac{\partial E_m}{\partial x_2} & \cdots & \dfrac{\partial E_m}{\partial x_n} \end{bmatrix} \tag{5.23}$$

当选择初始自变量向量 X_1 时,残差方程组会生成残差向量 E_1。我们希望在获得下一个迭代点 X_2 时,相应的残差向量 E_2 接近于零,如下所示:

$$X_2 = X_1 - J^{-1}(E, X)_{X=X_1} \cdot E_1 \tag{5.24}$$

将方程(5.23)泛化,牛顿-拉弗森算法可以表示如下:

$$X_{k+1} = X_k - J^{-1}(E, X)_{X=X_k} \cdot E_k \tag{5.25}$$

随着迭代求解,直到残差准则 $\|E_{k+1}\| < \varepsilon$($\varepsilon$ 是特定的迭代收敛阈值)满足时,就可以获得最终解 X_{k+1}。在部件健康参数的优化辨识过程中,$X \in \mathbf{R}^n$ 为气路部件健康参数向量 SF,残差方程组 $E = f(X)$ 是燃气轮机中根据物理定律(即流量平衡、功率平衡和压力平衡)建立的各种守恒方程。

第5章 瞬态变工况下燃气轮机自适应气路故障诊断方法研究

本章还对比分析了在瞬态变工况下采用牛顿-拉弗森算法和卡尔曼滤波器算法作为诊断驱动算法的可靠性与准确性。对于卡尔曼滤波器算法,具体计算过程如下。

卡尔曼滤波器算法使用系统的模型和时序测量参数 Z 或信号来估计系统的状态变量 X。卡尔曼滤波器算法是以最小均方误差为估计的最佳准则,来寻求一套递推估计的算法,其基本思想是:采用信号 Z 与噪声 V 的状态空间模型,利用前一时刻的状态变量估计值 X_{k-1} 和当前时刻的观测值 Z_k 来更新对状态变量的估计,求出当前时刻的状态变量估计值 X_k。它适合于实时处理和计算机运算。由于系统的状态 X 是不确定的,卡尔曼滤波器算法的任务就是在有随机干扰 W 和噪声 V 的情况下,给出系统状态 X 的最优估计值,它在统计意义上最接近系统状态的真实值。

引入一个离散控制过程的系统,该系统可用一个线性随机微分方程来描述:

$$X_k = A \cdot X_{k-1} + B \cdot U_{k-1} + C \cdot W_{k-1} \tag{5.26}$$

$$Z_k = H \cdot X_k + E \cdot V_k \tag{5.27}$$

式中,W 和 V 分别对应于过程不确定性和测量噪声的非相关零均值高斯白噪声输入序列。

首先根据上述系统的离散控制过程模型,基于前一时刻状态 $X_{k-1|k-1}$ 估计当前时刻状态 $X_{k|k-1}$ 如下:

$$X_{k|k-1} = A \cdot X_{k-1|k-1} + B \cdot U_{k-1} + C \cdot W_{k-1} \tag{5.28}$$

系统状态 X 已经更新,但对应于 $X_{k|k-1}$ 的协方差还未更新。用 P 表示状态 X 的协方差,可以得到

$$P_{k|k-1} = A \cdot P_{k-1|k-1} A^{\mathrm{T}} + Q \tag{5.29}$$

式中,$Q = C \cdot C^{\mathrm{T}} \cdot \mathrm{Rw}$ 是系统过程噪声的协方差,Rw 是方差。

假设 K 为卡尔曼增益,可以得到

$$K_k = P_{k|k-1} \cdot H^{\mathrm{T}} [H \cdot P_{k|k-1} \cdot H^{\mathrm{T}} + R]^{-1} \tag{5.30}$$

式中,$R = E \cdot E^{\mathrm{T}} \cdot \mathrm{Rv}$ 是系统测量噪声的协方差,Rv 是方差。

为了使卡尔曼滤波器算法不断运行下去直到系统过程结束,需要更新第 k 时刻状态 $X_{k|k}$ 的协方差 $P_{k|k}$ 如下:

$$P_{k|k} = [I - K_k \cdot H] \cdot P_{k|k-1} \tag{5.31}$$

得到前一时刻状态估计当前时刻状态的估计值后,再结合当前时刻的观测值,可以得到当前时刻状态的最优估计值 $X_{k|k}$ 如下:

$$X_{k|k} = X_{k|k-1} + K_k \cdot [Z_{k|k-1} - H \cdot X_{k|k-1}] \tag{5.32}$$

$$Z_{k|k} = H \cdot X_{k|k} \tag{5.33}$$

在气路部件健康参数的优化辨识过程中,X 是部件健康参数向量 SF。

5.3 应用与分析

5.3.1 待诊断对象燃气轮机

为了说明本章所提方法的有效性，选择的目标燃气轮机是以天然气为燃料的单轴发电燃气轮机（AE94.3A 燃气轮机），其系统结构如图 5.7 所示。

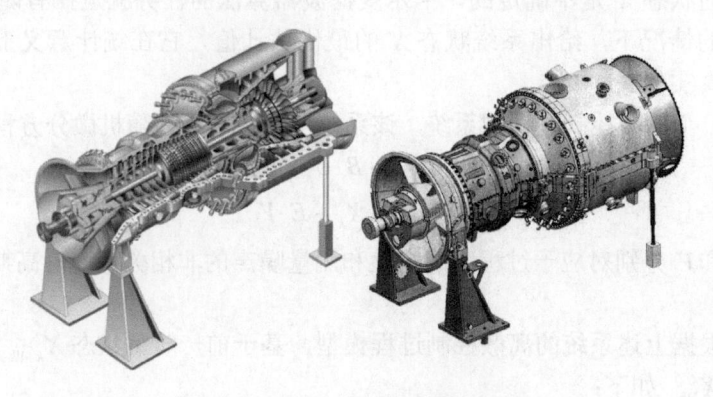

图 5.7 AE94.3A 燃气轮机系统结构

AE94.3A 燃气轮机（F 级）具有配置形式丰富、应用灵活多样的特点，近年来该机型在国内市场得到广泛应用。该机型采用 15 级大流量、轴流式压气机，配置 2 级 IGV；燃烧室为环形燃烧室，配置 24 个低 NO_x 组合燃烧器；4 级透平叶片以及中心拉杆转子。该机型具有低排放和快速启停的特点，NO_x 排放最低可达到 15ppm（$1ppm = 10^{-6}$），常规负荷变化率为 13MW/min，参与电网调峰时可达 22～30MW/min，燃气轮机从点火到满转速约 5min，从并网到满负荷也仅需约 23min。

表 5.2 中列出了可从电厂本地传感器获得的燃气轮机气路可测量参数（包括环境条件和运行控制条件），表 5.3 中列出了待诊断的部件健康参数。

表 5.2 机组的气路可测参数

参数	符号	单位
大气压力	P_0	bar
大气温度	t_0	℃
大气相对湿度	RH	%
压气机入口压力	P_1	bar
压气机入口温度	t_1	℃

续表

参数	符号	单位
天然气质量流量	G_f	kg/s
天然气温度	t_f	℃
压气机出口压力	P_2	bar
压气机出口温度	t_2	℃
透平出口压力	P_5	bar
透平排温	t_5	℃
转速	n	r/min
燃气轮机输出功率	N_e	kW

表 5.3 待诊断的部件健康参数

部件	健康参数	符号
压气机	流量特性指数	SF_{FC}
	效率特性指数	SF_{EC}
燃烧室	燃烧效率特性指数	SF_{EB}
透平	流量特性指数	SF_{FT}
	效率特性指数	SF_{ET}

5.3.2 气路部件故障模拟

在仿真实验测试中，选取的对象燃气轮机为上述 AE94.3A 重型燃气轮机。AE94.3A 燃气轮机动态仿真模型如图 5.8 所示，已在我们之前的研究工作[3]中建立，该仿真模型基于 MATLAB/Simulink 软件开发。

为了测试本章所提出方法的有效性，我们使用在之前工作[3]中所建立的该单轴发电燃气轮机的两种热力模型。一种是瞬态/动态热力模型，如图 5.8 所示，主要由 MATLAB/Simulink 软件平台开发。该动态热力模型除了可以模拟各种瞬态变工况操作条件外，还可以通过设置部件健康参数的数值来模拟表 5.3 中所示的各种气路部件性能衰退或故障。为了通过仿真实验来测试所提出方法的有效性，将该动态热力模型视为目标对象燃气轮机。另一种是基于 5.2 节所述建模方法建立的燃气轮机稳态热力模型，作为用于瞬态变工况下诊断的燃气轮机性能模型。根据目标对象燃气轮机刚投运或健康时的气路测量数据，将燃气轮机性能模型进行设计工况和变工况自适应修正后，我们开始测试所提出方法的有效性，有关性能模型自适应修正的详细描述可以参考第 4 章的研究工作。此外，为了测试所提出的方法在燃气轮机瞬态变工况下的有效性，目标对象燃气轮机的大气温度和输出功率随燃气轮机运行的变化情况如图 5.9 和图 5.10 所示。

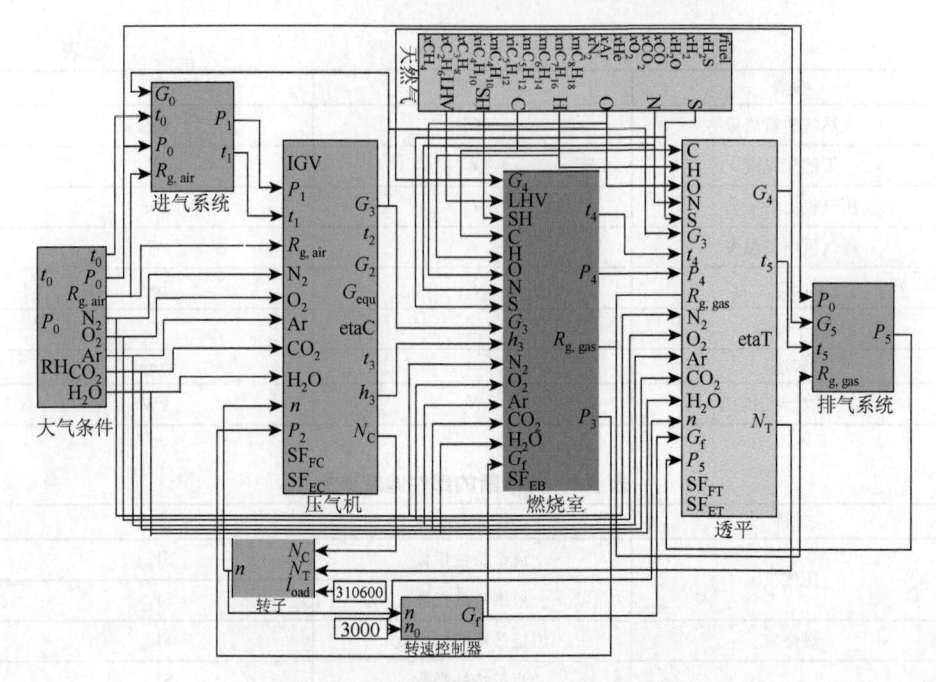

图 5.8　电厂燃气轮机的动态仿真模型

注：SH 是天然气的显热（kJ/kg）；LHV 是天然气燃料低位热值（kJ/kg）；N_C 是压气机的压缩耗功（kW）；N_T 是透平的膨胀做功（kW）；$R_{g,air}$ 是空气的气体常数（kJ/(kg·K)）；$R_{g,gas}$ 是燃气的气体常数（kJ/(kg·K)）；etaC 是压气机的等熵效率；etaT 是透平的等熵效率；G_{equ} 是等效冷却流量（kg/s）；$N_2/O_2/Ar/CO_2/H_2O$ 等分别是空气中各种组分的质量分数；C/H/O/N/S 分别是燃料化学式中各元素的比例

参考 Diakunchak[4] 的燃气轮机故障模拟实验结果，表 5.1 中列出了各种类型的气路故障对部件通流能力和运行效率的影响，表 5.4 中列出了本节中考虑的气路部件性能衰退或损伤的常见情况。

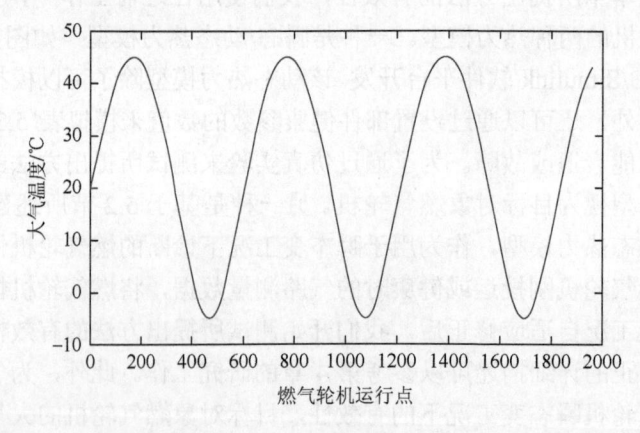

图 5.9　目标对象燃气轮机的大气温度随燃气轮机运行的变化情况

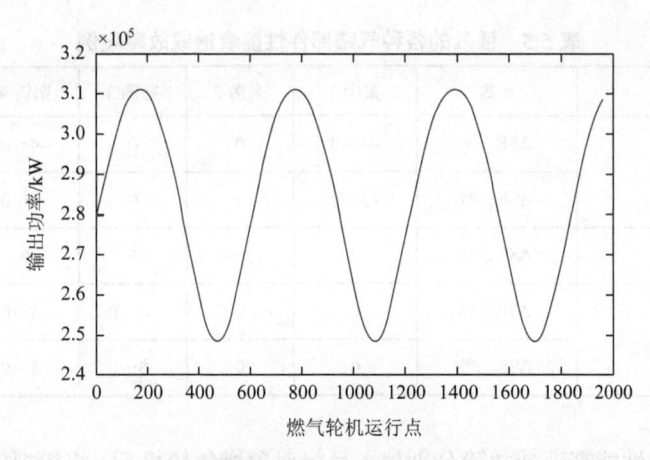

图 5.10 目标对象燃气轮机的输出功率随燃气轮机运行的变化情况

表 5.4 气路部件性能衰退或损伤的常见情况

故障模式	健康参数	严重程度/%
压气机积垢	流量特性指数变化 ΔSF_{FC}	$-4\sim-1$
	效率特性指数变化 ΔSF_{EC}	$-4\sim-1$
燃烧室故障	燃烧效率特性指数变化 ΔSF_{EB}	$-4\sim-1$
透平腐蚀	流量特性指数变化 ΔSF_{FT}	$-4\sim-1$
	效率特性指数变化 ΔSF_{ET}	$-4\sim-1$

鉴于表 5.4 和实际 AE94.3A 燃气轮机机组整机性能衰退曲线（图 5.11），我们使用表 5.5 中列出的 5 个诊断案例来测试所提出方法的有效性。

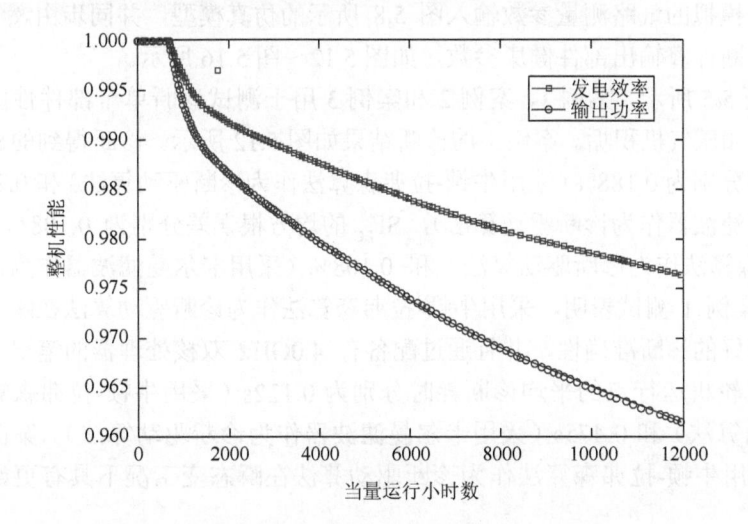

图 5.11 实际 AE94.3A 燃气轮机机组整机性能衰退曲线

表 5.5 植入的各种气路部件性能衰退或故障案例

部件	参数	案例 1	案例 2	案例 3	案例 4	案例 5
压气机	ΔSF_{FC} /%	−4~0	0	0	−4~0	−2.5
	ΔSF_{EC} /%	−3~0	0	0	−3~0	−2
燃烧室	ΔSF_{EB} /%	0	−3~0	0	0	0
透平	ΔSF_{FT} /%	0	0	−4~0	−4~0	0
	ΔSF_{ET} /%	0	0	−3~0	−3~0	0

在将部件性能衰退或故障分别植入目标对象燃气轮机后,将模拟的气路可测参数输入 5.3 节所述的瞬态变工况气路诊断策略中。如表 5.5 所示,案例 1 至案例 3 用于测试所提方法对单个气路部件缓变故障进行量化诊断的有效性,如压缩机结垢;案例 4 用于测试所提方法对多个气路部件缓变故障进行量化诊断的有效性;案例 5 用于测试所提方法对气路部件突变故障进行量化诊断的有效性,如压气机或透平叶物损伤。这 5 个诊断案例中,在模拟的气路可测参数中加入了零均值、0.1%方差的传感器测量噪声,使仿真实验测试更接近真实情况。

5.3.3 案例分析

本节将表 5.5 中列出的主要气路部件缓变故障或突变故障植入目标燃气轮机机组后,模拟的气路测量参数输入图 5.8 所示的仿真模型,并同步由燃气轮机性能模型诊断计算输出部件健康参数,如图 5.12~图 5.16 所示。

如表 5.5 所示,案例 1、案例 2 和案例 3 用于测试诊断单个部件性能衰退的有效性,如压气机积垢。案例 1 的诊断结果如图 5.12 所示。诊断得到的 SF_{FC} 的均方根误差分别为 0.188%(采用牛顿-拉弗森算法作为诊断驱动算法)和 0.258%(采用卡尔曼滤波器作为诊断驱动算法),SF_{EC} 的均方根误差分别为 0.108%(采用牛顿-拉弗森算法作为诊断驱动算法)和 0.108%(采用卡尔曼滤波器作为诊断驱动算法)。案例 1 测试表明,采用牛顿-拉弗森算法作为诊断驱动算法在瞬态变工况下具有更好的诊断准确性,并且通过配备有 4.0GHz 双核处理器的笔记本电脑,单个燃气轮机运行点的平均诊断耗时分别为 0.122s(采用牛顿-拉弗森算法作为诊断驱动算法)和 0.475s(采用卡尔曼滤波器作为诊断驱动算法)。案例 1 测试表明,采用牛顿-拉弗森算法作为诊断驱动算法在瞬态变工况下具有更好的诊断实时性。

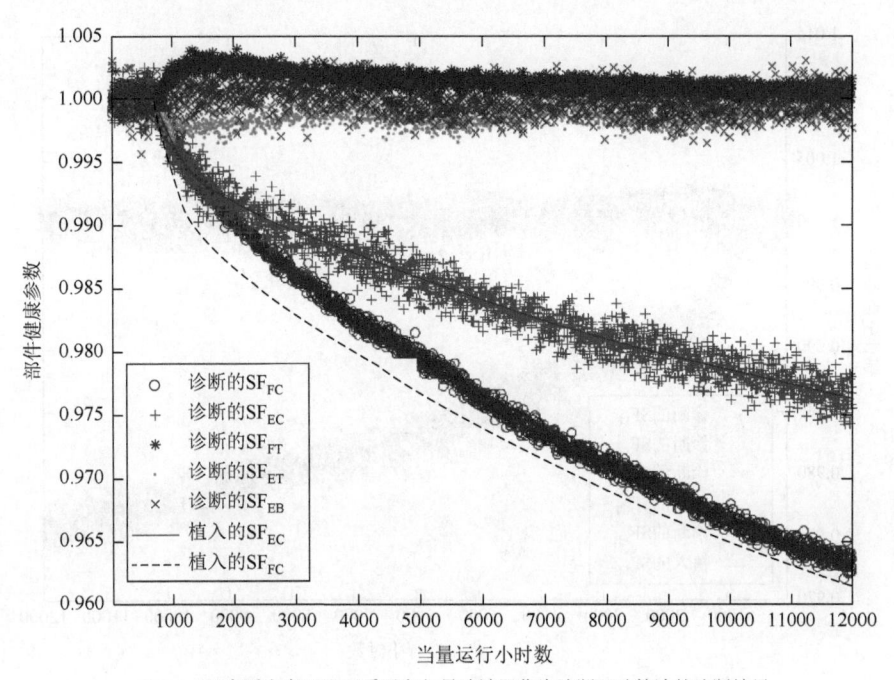

(a) 在瞬态变工况下采用卡尔曼滤波器作为诊断驱动算法的诊断结果

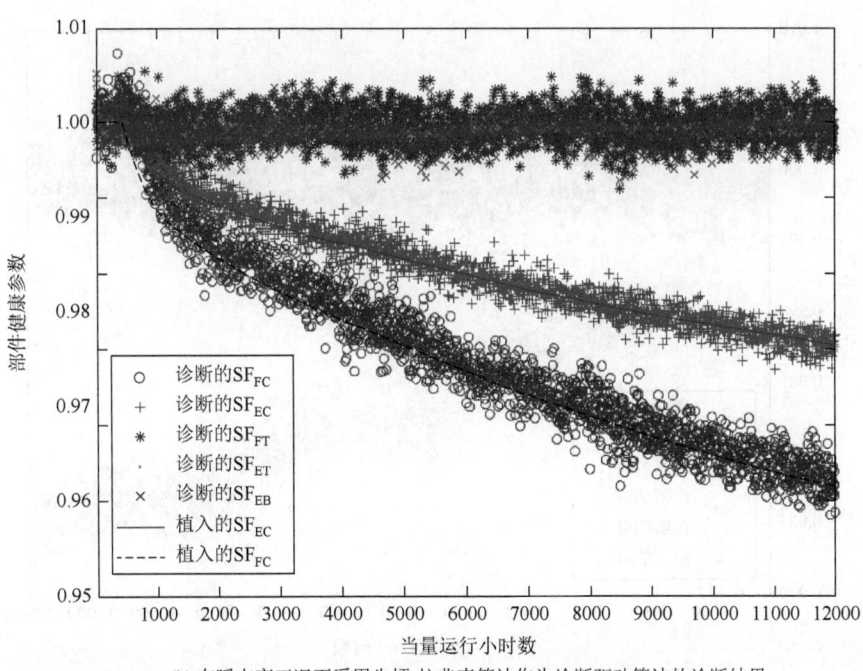

(b) 在瞬态变工况下采用牛顿-拉弗森算法作为诊断驱动算法的诊断结果

图 5.12 案例 1 的诊断结果

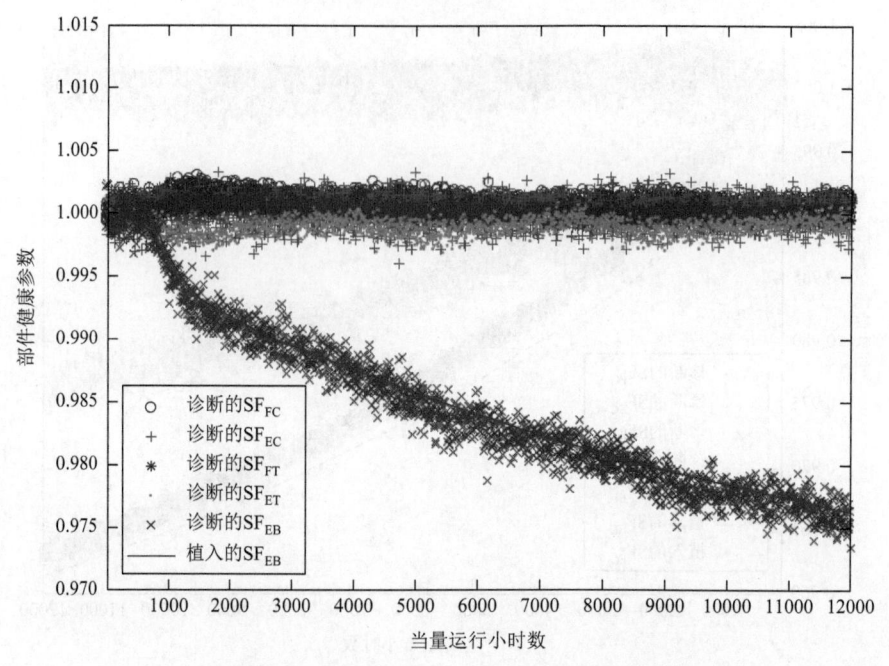

(a) 在瞬态变工况下采用卡尔曼滤波器作为诊断驱动算法的诊断结果

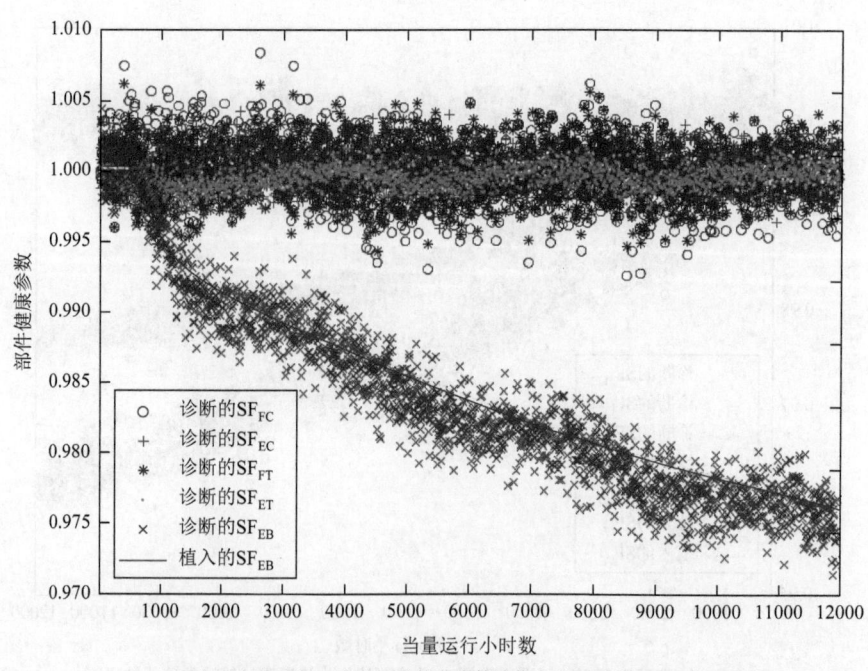

(b) 在瞬态变工况下采用牛顿-拉弗森算法作为诊断驱动算法的诊断结果

图 5.13 案例 2 的诊断结果

案例 2 的诊断结果如图 5.13 所示。诊断得到的 SF_{EB} 的均方根误差分别为 0.147%（采用牛顿-拉弗森算法作为诊断驱动算法）和 0.197%（采用卡尔曼滤波器作为诊断驱动算法）。案例 2 测试表明，采用牛顿-拉弗森算法作为诊断驱动算法在瞬态变工况下具有更好的诊断准确性，并且通过配备有 4.0GHz 双核处理器的笔记本电脑，单个燃气轮机运行点的平均诊断耗时分别为 0.124s（采用牛顿-拉弗森算法作为诊断驱动算法）和 0.448s（采用卡尔曼滤波器作为诊断驱动算法）。案例 2 测试表明，采用牛顿-拉弗森算法作为诊断驱动算法在瞬态变工况下具有更好的诊断实时性。

案例 3 的诊断结果如图 5.14 所示。诊断得到的 SF_{FT} 的均方根误差分别为 0.160%（采用牛顿-拉弗森算法作为诊断驱动算法）和 0.301%（采用卡尔曼滤波器作为诊断驱动算法），SF_{ET} 的均方根误差分别为 0.090%（采用牛顿-拉弗森算法作为诊断驱动算法）和 0.141%（采用卡尔曼滤波器作为诊断驱动算法），并且单个燃气轮机运行点的平均诊断耗时分别为 0.137s（采用牛顿-拉弗森算法作为诊断驱动算法）和 0.472s（采用卡尔曼滤波器作为诊断驱动算法）。案例 3 测试表明，采用牛顿-拉弗森算法作为诊断驱动算法在瞬态变工况下具有更好的诊断准确性和诊断实时性。

这三个测试案例表明，本章所提方法在瞬态变工况下诊断单个部件性能衰退方面具有良好的准确性和实时性。

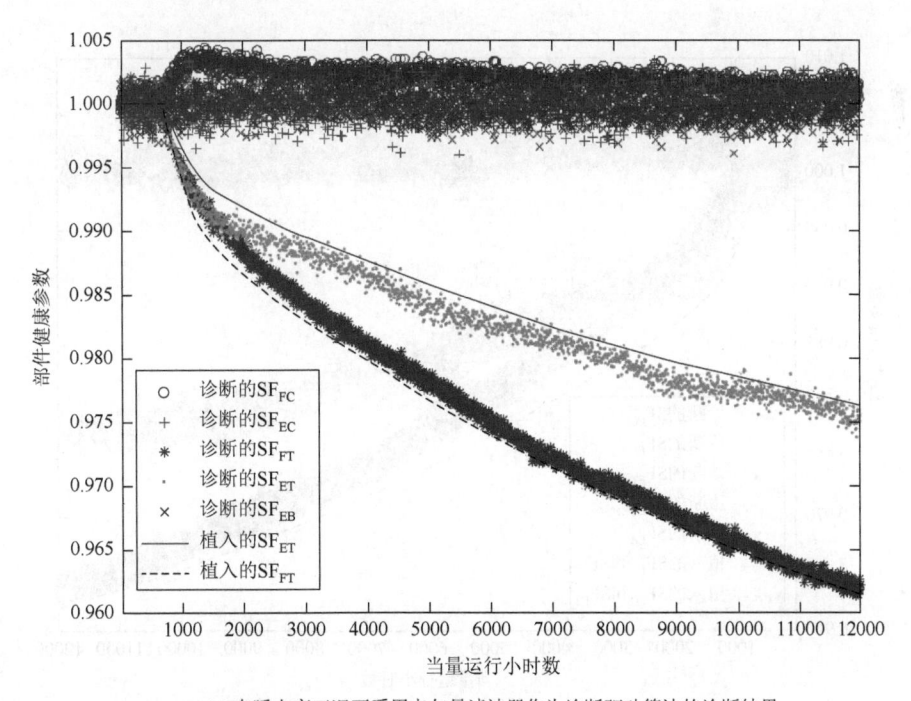

(a) 在瞬态变工况下采用卡尔曼滤波器作为诊断驱动算法的诊断结果

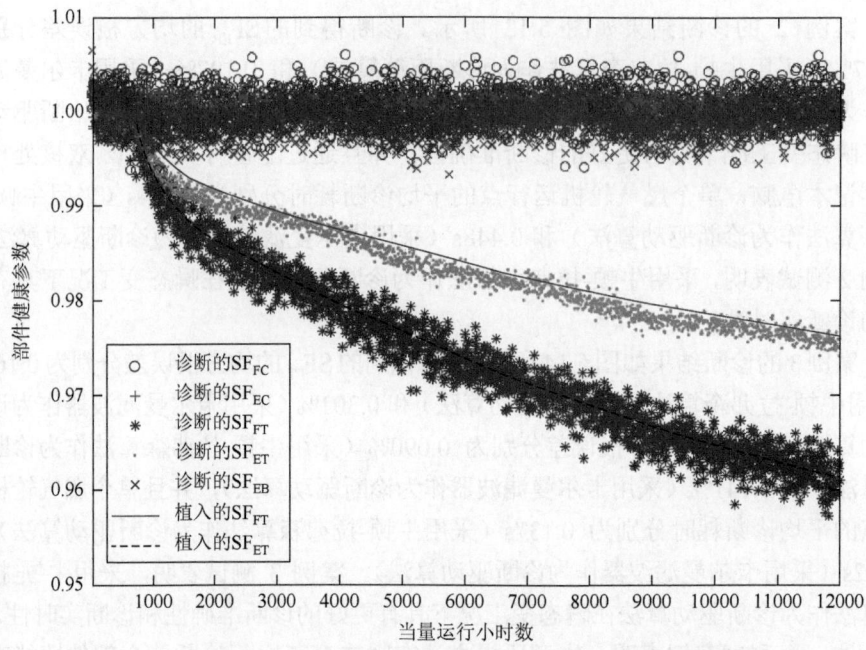

(b) 在瞬态变工况下采用牛顿-拉弗森算法作为诊断驱动算法的诊断结果

图 5.14 案例 3 的诊断结果

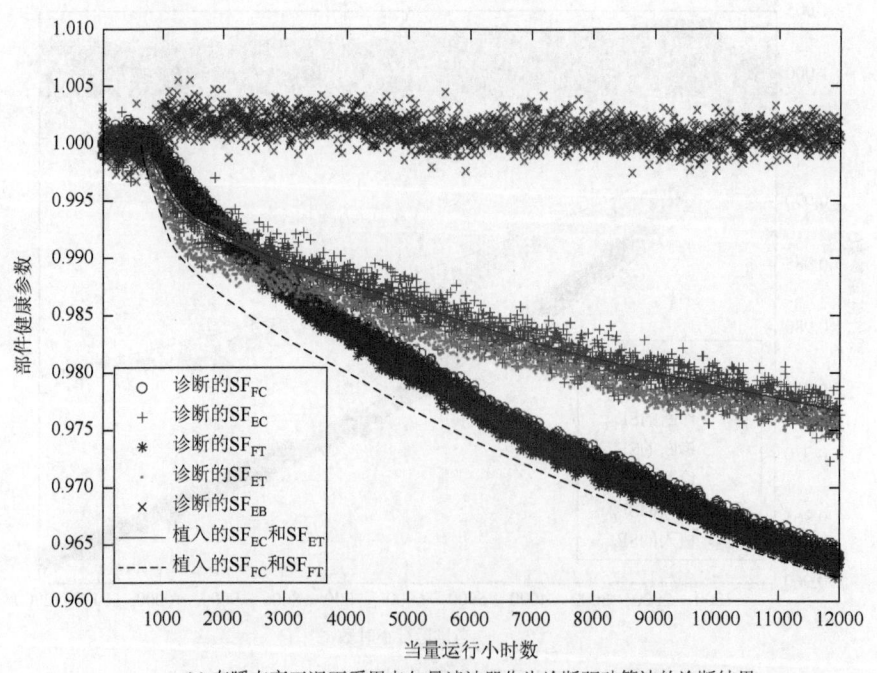

(a) 在瞬态变工况下采用卡尔曼滤波器作为诊断驱动算法的诊断结果

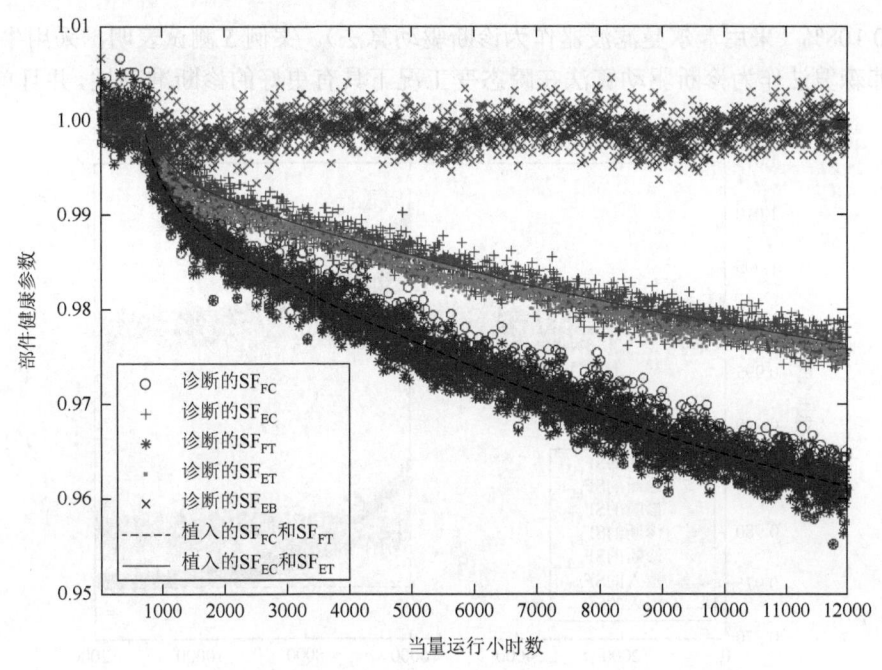

(b) 在瞬态变工况下采用牛顿-拉弗森算法作为诊断驱动算法的诊断结果

图 5.15　案例 4 的诊断结果

如表 5.5 所示，诊断案例 4 用于测试诊断多个部件同时性能衰退的能力。案例 4 的诊断结果如图 5.15 所示。采用牛顿-拉弗森算法作为诊断驱动算法，诊断得到的 SF_{FC} 与 SF_{FT} 的均方根误差为 0.172%；而采用卡尔曼滤波器作为诊断驱动算法，诊断得到的 SF_{FC} 与 SF_{FT} 的均方根误差为 0.356%。采用牛顿-拉弗森算法作为诊断驱动算法，SF_{EC} 与 SF_{ET} 的均方根误差为 0.097%；而采用卡尔曼滤波器作为诊断驱动算法，SF_{EC} 与 SF_{ET} 的均方根误差为 0.148%。案例 4 测试表明，采用牛顿-拉弗森算法作为诊断驱动算法在瞬态变工况下具有更好的诊断准确性。并且单个燃气轮机运行点的平均诊断耗时分别为 0.123s（采用牛顿-拉弗森算法作为诊断驱动算法）和 0.446s（采用卡尔曼滤波器作为诊断驱动算法）。案例 4 测试表明，采用牛顿-拉弗森算法作为诊断驱动算法在瞬态变工况下具有更好的诊断实时性。

该测试案例表明，本章所提出的方法在瞬态变工况下诊断多个部件同时性能衰退方面具有良好的准确性和实时性。

如表 5.5 所示，诊断案例 5 用于测试诊断部件突变故障的能力。案例 5 的诊断结果如图 5.16 所示。诊断得到的 SF_{FC} 的均方根误差分别为 0.193%（采用牛顿-拉弗森算法作为诊断驱动算法）和 0.294%（采用卡尔曼滤波器作为诊断驱动算法），SF_{EC} 的均方根误差分别为 0.105%（采用牛顿-拉弗森算法作为诊断驱动算法）

和 0.108%（采用卡尔曼滤波器作为诊断驱动算法）。案例 5 测试表明，采用牛顿-拉弗森算法作为诊断驱动算法在瞬态变工况下具有更好的诊断准确性，并且单个

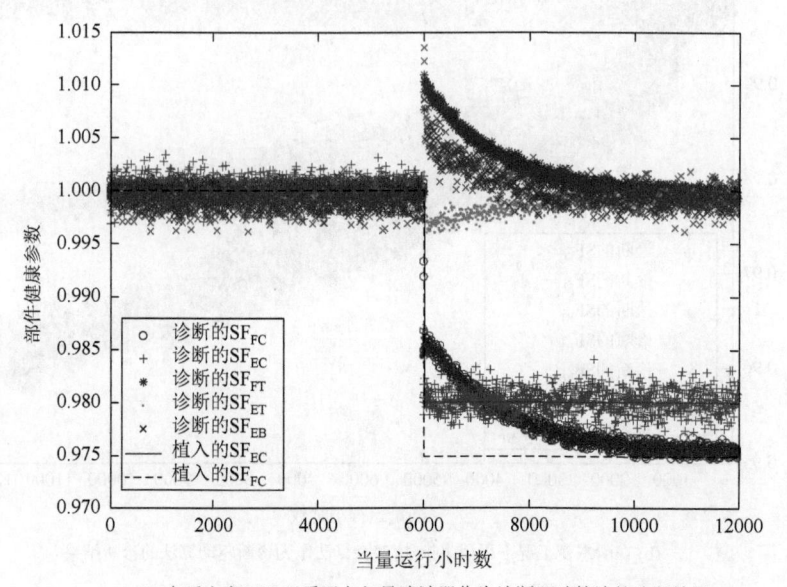

(a) 在瞬态变工况下采用卡尔曼滤波器作为诊断驱动算法的诊断结果

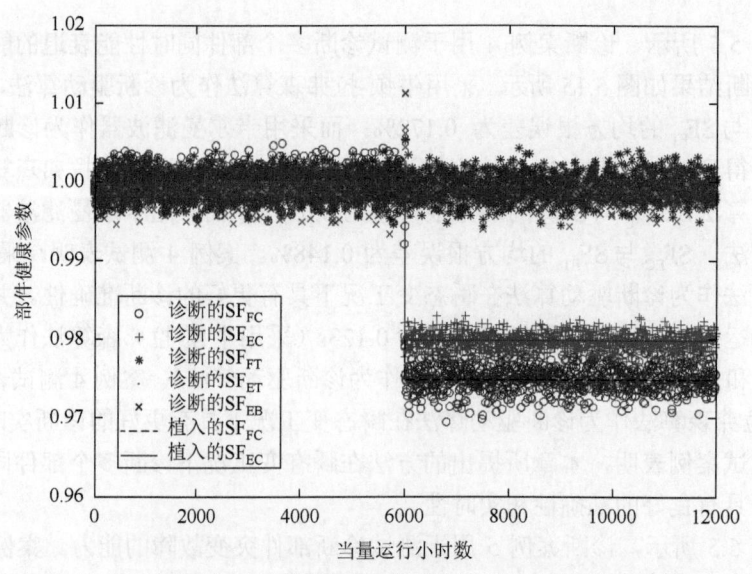

(b) 在瞬态变工况下采用牛顿-拉弗森算法作为诊断驱动算法的诊断结果

图 5.16　案例 5 的诊断结果

燃气轮机运行点的平均诊断耗时分别为 0.139s（采用牛顿-拉弗森算法作为诊断驱动算法）和 0.472s（采用卡尔曼滤波器作为诊断驱动算法）。案例 5 测试表明，采用牛顿-拉弗森算法作为诊断驱动算法在瞬态变工况下具有更好的诊断实时性。

该测试案例表明，本章所提方法在瞬态变工况下诊断部件突变故障方面具有良好的准确性和实时性。

综合上述所有案例，表 5.6 对比分析了在瞬态变工况下采用牛顿-拉弗森算法和卡尔曼滤波器作为诊断驱动算法的实时性与准确性。

表 5.6　诊断结果对比

诊断驱动算法	案例 1 RMS/% SF_{FC}	案例 1 RMS/% SF_{EC}	案例 1 耗时/s	案例 2 RMS/% SF_{EB}	案例 2 耗时/s	案例 3 RMS/% SF_{FT}	案例 3 RMS/% SF_{ET}	案例 3 耗时/s	案例 4 RMS/% SF_{FC},SF_{FT}	案例 4 RMS/% SF_{EC},SF_{ET}	案例 4 耗时/s	案例 5 RMS/% SF_{FC}	案例 5 RMS/% SF_{EC}	案例 5 耗时/s
卡尔曼滤波器	0.258	0.108	0.475	0.197	0.448	0.301	0.141	0.472	0.356	0.148	0.446	0.294	0.108	0.472
牛顿-拉弗森算法	0.188	0.108	0.122	0.147	0.124	0.160	0.090	0.137	0.172	0.097	0.123	0.193	0.105	0.139

注：案例 1 为压气机缓变故障诊断案例，案例 2 为燃烧室缓变故障诊断案例，案例 3 为透平缓变故障诊断案例，案例 4 为压气机和透平同时缓变故障诊断案例，案例 5 为压气机突变故障诊断案例。

上述诊断案例对比分析了在瞬态变工况下采用牛顿-拉弗森算法和卡尔曼滤波器作为诊断驱动算法的可靠性与准确性，并论证了所提方法可以在瞬态变工况下对燃气轮机缓变故障和突变故障进行量化诊断的有效性，相较其他方法，本章所提出方法具有更好的诊断准确性和实时性。

参 考 文 献

[1] Li Y G, Abdul Ghafir M F, Wang L, et al. Nonlinear multiple points gas turbine off-design performance adaptation using a genetic algorithm[J]. Journal of Engineering for Gas Turbines and Power, 2011, 133（7）: 071701.

[2] Tsoutsanis E, Meskin N. Derivative-driven window-based regression method for gas turbine performance prognostics[J]. Energy, 2017, 128: 302-311.

[3] Li J C, Ying Y L. Gas turbine gas path diagnosis under transient operating conditions: A steady state performance model based local optimization approach[J]. Applied Thermal Engineering, 2020, 170: 115025.

[4] Diakunchak I S. Performance deterioration in industrial gas turbines[J]. Journal of Engineering for Gas Turbines and Power, 1992, 114（2）: 161-168.

第6章 基于机器学习的燃气轮机气路故障诊断方法研究

为降低电厂用户部署基于热力模型决策的燃气轮机气路故障诊断方法的技术成本，本章首先提出基于模型与数据混合驱动的燃气轮机气路故障诊断方法，有效克服通过历史运行维护经验积累故障模式与故障征兆间关系规则库的缺点。将训练得到的预测模型部署到对应燃气轮机电厂中，随着机组运行，根据机组实测气路测量数据可以实时预测诊断出各部件健康参数，实现各个通流部件的性能量化诊断。其次，为解决当前基于数据驱动的气路故障诊断精度有待提升的问题，提出一种基于双通道特征融合并行优化的燃气轮机气路故障诊断方法，该方法通过燃气轮机热力模型构建气路故障数据样本集，之后使用卷积神经网络（convolutional neural network，CNN）及长短期记忆（long short-term memory，LSTM）神经网络双通道并行挖掘数据的空间特征和时序特征，并在两通道中分别引入首层大卷积核及挤压激励网络，再将双通道提取的特征融合为一维张量，输入到全连接层进行气路故障类型识别。实验结果表明，相较于基于传统机器学习及深度学习的气路故障诊断方法，所提方法具有更优的辨识精度，具有良好的实用性及可行性。最后，结合基于热力模型和基于人工智能的气路诊断方法的优点，提出基于机器学习的重型燃气轮机全通流部件气路故障诊断方法，用于对全通流部件的不同故障类型和故障严重程度进行全面诊断。

6.1 基于深度学习的燃气轮机透平排温预测方法

燃气轮机透平排温反映了进气系统、压气机、燃烧室、透平和排气系统的综合性能，当其中某个气路部件发生性能衰退或损伤时，最终都会体现在透平排温的异常变化上，如透平的典型故障包括透平积垢、透平腐蚀、透平叶尖间隙增大等，表现为透平通流能力和运行效率的变化，并导致整机输出功率和效率的降低以及透平排温的增大。因此，本节通过深度学习构建透平排温预测模型来诊断气路部件的健康状况。

6.1.1 透平排温预测的简化关系模型

对于电厂燃气轮机机组（图6.1），我们来构建环境大气条件和控制参数条件与透平排温的热力学关系模型。

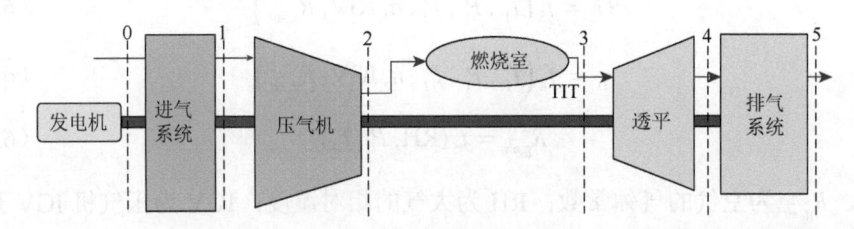

图 6.1 电厂燃气轮机机组

压气机实际压缩过程如下：

$$T_2^* = T_1^* \left[1 + \frac{1}{\eta_C} \left(\pi_C^{\frac{k-1}{k}} - 1 \right) \right] \quad (6.1)$$

式中，T_1^* 为压气机入口总温；T_2^* 为压气机出口总温；η_C 为压气机等熵效率；π_C 为压气机压比；k 为等熵指数。

燃烧室实际燃烧过程如下：

$$G_a \cdot c_{p,a} \cdot T_2^* + G_f \cdot SH + G_f \cdot \eta_B \cdot LHV = (G_a + G_f) \cdot c_{p,g} \cdot T_3^* \quad (6.2)$$

则

$$T_3^* = \frac{G_f \cdot SH + G_f \cdot \eta_B \cdot LHV}{(G_a + G_f) \cdot c_{p,g}} + \frac{G_a \cdot c_{p,a}}{(G_a + G_f) \cdot c_{p,g}} \cdot T_1^* \left[1 + \frac{1}{\eta_C} \left(\pi_C^{\frac{k-1}{k}} - 1 \right) \right] \quad (6.3)$$

式中，G_a 为压气机出口空气质量流量；$c_{p,a}$ 为压气机出口空气的比定压热容；G_f 为天然气燃料质量流量；SH 为燃料的显热；η_B 为燃烧室的燃烧效率；LHV 为燃料的低位热值；$c_{p,g}$ 为燃烧室出口烟气的比定压热容；T_3^* 为燃烧室出口烟气总温。

透平实际压缩过程如下：

$$T_4^* = T_3^* \left[1 - \eta_T \left(1 - \pi_T^{\frac{k-1}{k}} \right) \right] \quad (6.4)$$

式中，T_4^* 为透平出口总温；π_T 为透平膨胀比；η_T 为透平等熵效率。

假设燃料组分变化不大（天然气燃料低位热值变化不大），则

$$T_4^* = f_1(T_3^*, \eta_T, \pi_T) = f_2(t_f, G_f, G_a, \eta_B, T_1^*, \eta_C, \pi_C, \eta_T, \pi_T) \quad (6.5)$$

式中，t_f 为燃料温度，用于计算燃料的显热。

由压气机部件特性可知：

$$G_a = f_3(T_1^*, P_1^*, P_2^*, n, \text{IGV}, R_{g,\text{air}}) \quad (6.6)$$

$$\eta_C = f_4(T_1^*, P_1^*, P_2^*, n, \text{IGV}, R_{g,\text{air}}) \quad (6.7)$$

$$R_{g,\text{air}} = f_5(\text{RH}, P_0, T_0) \quad (6.8)$$

式中，$R_{g,\text{air}}$ 为空气的气体常数；RH 为大气的相对湿度；IGV 为压气机 IGV 开度位置；n 为燃气轮机转速；P_0 为大气压力；T_0 为大气温度。

由透平部件特性可知：

$$\eta_T = f_6(T_3^*, P_3^*, P_4^*, n, R_{g,\text{gas}}) \quad (6.9)$$

式中，$R_{g,\text{gas}}$ 为燃气的气体常数；P_3^* 为燃烧室出口总压；P_4^* 为透平出口总压。

假设大气组分、燃料温度和燃料组分变化不大，则

$$\begin{aligned} T_4^* &= f_2(t_f, G_f, G_a, \eta_B, T_1^*, \eta_C, \pi_C, \eta_T, \pi_T) \\ &\approx f_7(\text{IGV}, T_1^*, P_1^*, P_2^*, P_4^*, G_f, t_f, n) \approx f_8(\text{IGV}, T_1^*, P_2^*, G_f) \end{aligned} \quad (6.10)$$

由此可知，对于某特定健康的电厂燃气轮机机组，可以用如下简化的数学式（6.11）来构建环境大气条件和控制参数条件与透平排温的热力学关系模型：

$$T_4^* \approx f_8(\text{IGV}, T_1^*, P_2^*, G_f) \quad (6.11)$$

本节以某热电厂 M701F4 型 F 级重型燃气轮机为测试对象，其设计参数如 4.2.1 节所述。我们采集从 2019/2/5 9:30 至 2019/12/8 23:30 时段的该厂#2M701F4 型燃气轮机的正常历史运行数据，作为构建环境大气条件和控制参数条件与透平排温的热力学关系模型的基准数据。

LSTM 神经网络是一种时间循环神经网络，是为了解决一般的循环神经网络存在的长期依赖问题而专门设计出来的。LSTM 神经网络是循环神经网络的一种变体，循环神经网络由于梯度消失的原因只能有短期记忆，LSTM 神经网络通过精妙的门控制将短期记忆与长期记忆结合起来，并且可以在一定程度上解决梯度消失和梯度爆炸这两个问题。当使用 LSTM 神经网络[1]来对上述正常历史运行数据进行回归建模后，透平排温实测值与透平排温预测值的计算准确性对比如图 6.2 和图 6.3 所示。

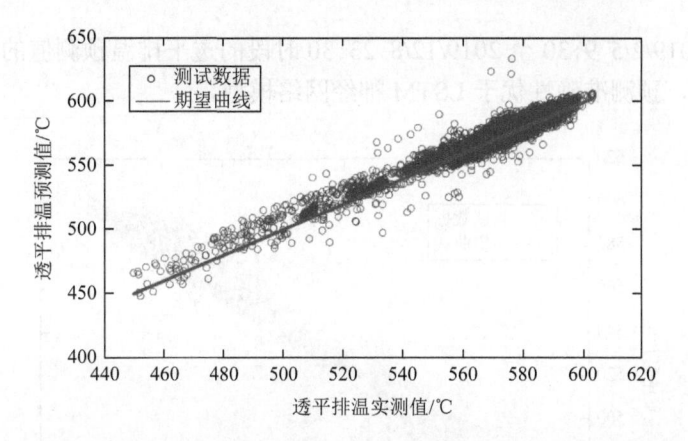

图 6.2 采用 LSTM 神经网络透平排温实测值与透平排温预测值的透平排温计算准确性对比（一）

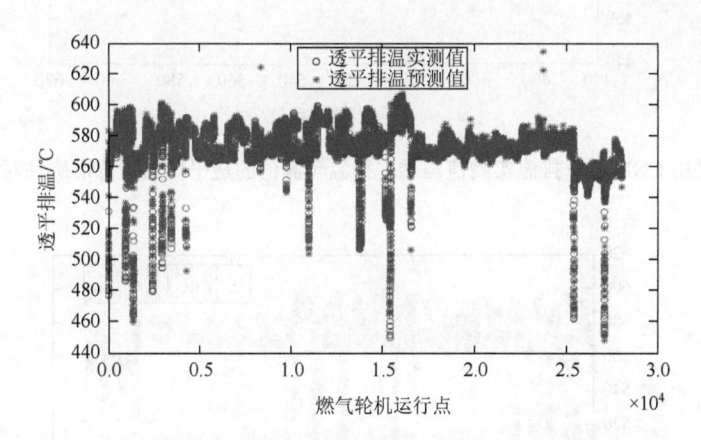

图 6.3 采用 LSTM 神经网络透平排温预测值与透平排温实测值对比（一）

由图 6.2 和图 6.3 可知，当使用 LSTM 神经网络来对上述正常历史运行数据进行回归建模后，从 2019/2/5 9:30 至 2019/12/8 23:30 时段的透平排温预测值的均方根误差为 0.7579%。

CNN 是一类包含卷积计算且具有深度结构的前馈神经网络，是深度学习的代表算法之一。CNN 具有表征学习能力，能够按其阶层结构对输入信息进行平移不变分类，因此也称为平移不变人工神经网络。CNN 在计算机视觉领域取得了重大的成功，而且在自然语言处理等其他领域也有很好的应用。此后，CNN 及其变种被广泛应用于各种图像相关任务。目前，图像识别大都使用深层的 CNN 及其变种。CNN 有 3 个基本的思想：局部感知域、权值共享和池化。当使用 CNN[2] 来对上述正常历史运行数据进行回归建模后，透平排温实测值与透平排温预测值的计算准确性对比如图 6.4 和图 6.5 所示。

由图 6.4 和图 6.5 可知，在使用 CNN 来对上述正常历史运行数据进行回归建模后，从 2019/2/5 9:30 至 2019/12/8 23:30 时段的透平排温预测值的均方根误差为 0.6472%，预测准确性优于 LSTM 神经网络模型。

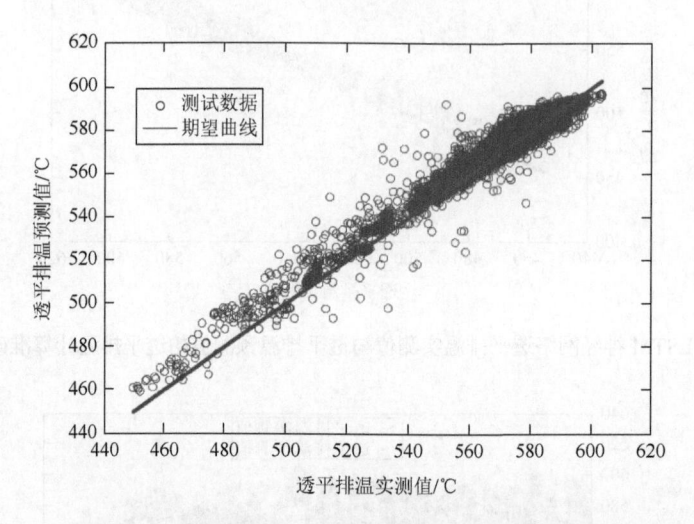

图 6.4 采用 CNN 透平排温实测值与透平排温预测值的透平排温计算准确性对比（一）

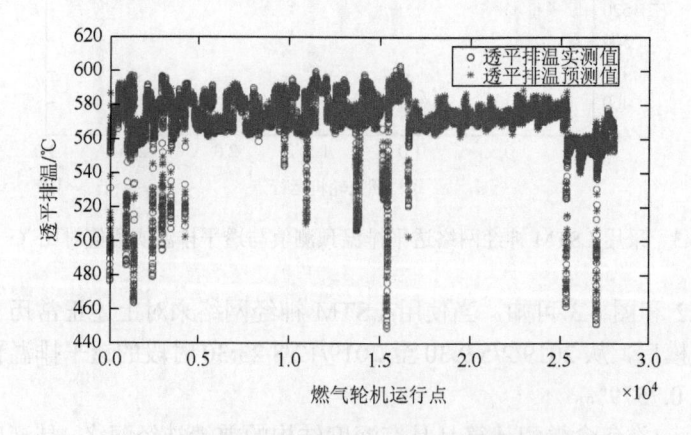

图 6.5 采用 CNN 透平排温预测值与透平排温实测值对比（一）

6.1.2 透平排温预测的实际关系模型

对于某台特定健康的燃气轮机机组，当已知环境大气条件和控制参数条件时，透平排温通常是确定值，因此可以构建如下环境大气条件和控制参数条件与透平排温的热力学关系模型：

$$T_4^* = f_9\left(\mathrm{RH}, P_0, T_0, \mathrm{IGV}, T_1^*, n, N_\mathrm{e}, t_\mathrm{f}\right) \tag{6.12}$$

式中，N_e 是燃气轮机输出功率；RH、P_0 和 T_0 是环境大气条件；IGV、T_1^*、n、N_e 和 t_f 是燃气轮机控制参数条件。

本节仍以某热电厂 M701F4 型 F 级重型燃气轮机为测试对象。我们采集从 2019/2/5 9:30 至 2019/12/8 23:30 时段的该厂#2M701F4 型燃气轮机的正常历史运行数据，作为构建环境大气条件和控制参数条件与透平排温的热力学关系模型的基准数据。

当使用 LSTM 神经网络[1]来对上述正常历史运行数据进行回归建模后，透平排温实测值与透平排温预测值的计算准确性对比如图 6.6 和图 6.7 所示。

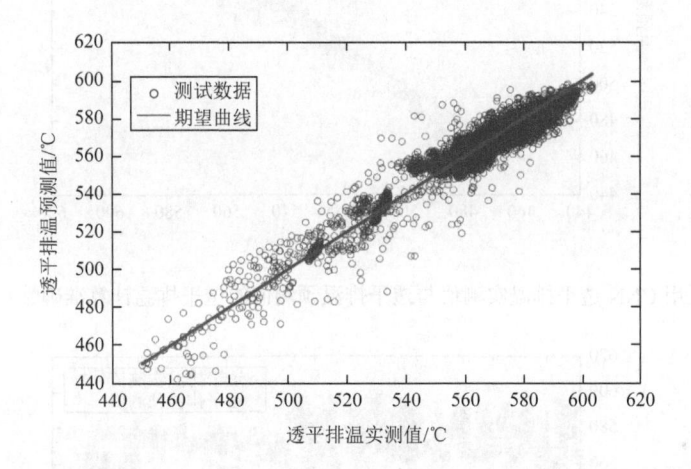

图 6.6 采用 LSTM 神经网络透平排温实测值与透平排温预测值的透平排温计算准确性对比（二）

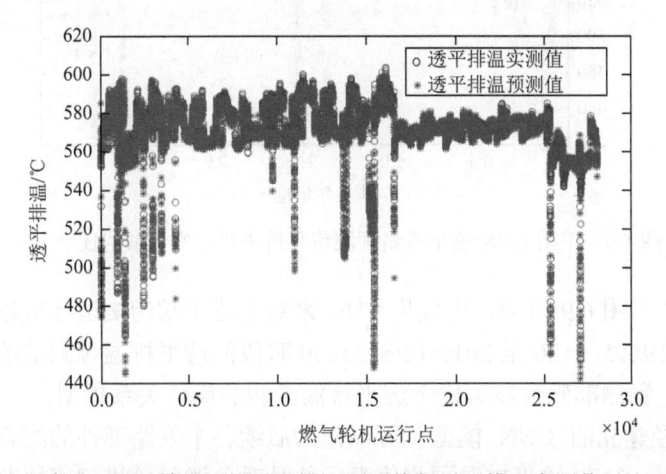

图 6.7 采用 LSTM 神经网络透平排温预测值与透平排温实测值对比（二）

由图 6.6 和图 6.7 可知，当使用 LSTM 神经网络来对上述正常历史运行数据进行回归建模后，从 2019/2/5 9:30 至 2019/12/8 23:30 时段的透平排温预测值的均方根误差为 0.7363%，预测准确性稍优于透平排温预测的简化关系模型。

当使用 CNN[2] 来对上述正常历史运行数据进行回归建模后，透平排温实测值与透平排温预测值的计算准确性对比如图 6.8 和图 6.9 所示。

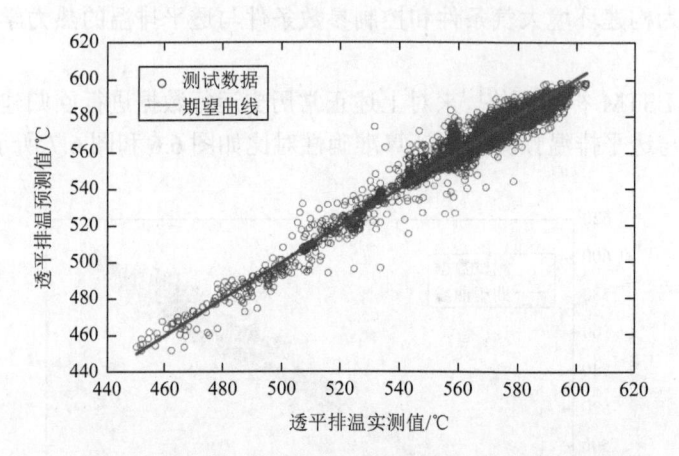

图 6.8 采用 CNN 透平排温实测值与透平排温预测值的透平排温计算准确性对比（二）

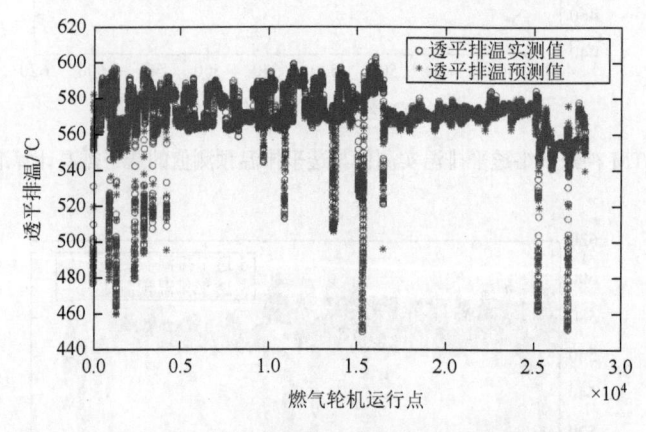

图 6.9 采用 CNN 透平排温预测值与透平排温实测值对比（二）

由图 6.8 和图 6.9 可知，当使用 CNN 来对上述正常历史运行数据进行回归建模后，从 2019/2/5 9:30 至 2019/12/8 23:30 时段的透平排温预测值的均方根误差为 0.4490%，预测准确性显著优于透平排温预测的简化关系模型。

上述已经建立的 CNN 模型，可以作为后续各个气路部件的综合性能实时监测模型。此时，CNN 透平排温预测值表示的是对象燃气轮机健康情况下的透平排温，当 CNN 透平排温预测值与机组实测值的偏差绝对值超过某一阈值时，则可以判断整机气路部件存在异常情况。

6.2 基于模型与数据混合驱动的燃气轮机气路故障诊断方法

基于热力模型决策的气路故障诊断方法的特点是不需要累积部件故障数据样本集，并且可以对诊断结果进行量化，进一步获得详细的诊断信息。根据使用的热力模型的复杂性，基于热力模型决策的气路故障诊断方法可以进一步分为小偏差线性化诊断方法和非线性诊断方法。但由于小偏差线性化诊断方法的诊断准确性易受边界条件（环境条件和操作条件）和传感器测量噪声的干扰影响，因此非线性诊断方法一直以来是研究的主流方法。非线性气路故障诊断方法的驱动求解算法主要包括局部优化算法（如牛顿-拉弗森算法和卡尔曼滤波器算法）和全局优化算法（如粒子滤波算法或遗传算法）。为了解决由热力系统线性化引起的诊断可靠性低的内在问题，以及诊断精度对传感器测量噪声和偏差敏感的问题，学者们进行了较多改进[3]。但是，当在燃气轮机电厂中部署上述非线性气路故障诊断方法时，实际上存在以下三个方面难点。

（1）当前的燃气轮机正向热力学计算（即燃气轮机性能模拟）具有很高的准确性和可靠性。然而，燃气轮机逆向热力学计算（即基于热力模型决策的气路故障诊断）的准确性和可靠性尚待实际工程检验，目前主要还停留在理论测试阶段。

（2）目前我国大多数燃气轮机电厂都是调频调峰电厂。燃气轮机经常在非设计条件下运行，如频繁动态加减载、快速启停等瞬态变工况下，很容易导致在实时监测诊断过程中出现算法发散现象。

（3）对于燃气轮机用户而言，另一个实际问题是用户通常不具备燃气轮机热力建模技术，更无从采用基于热力模型决策的燃气轮机气路故障诊断技术。

对于数据驱动的人工智能诊断方法，如神经网络、贝叶斯网络、模糊逻辑、支持向量机和粗糙集理论等，通常需要建立现有部件的故障数据样本集。对于故障数据样本集中覆盖的故障类型，这些方法通常可以给出准确的故障类别诊断结果，但不能给出量化结果；而对于故障数据样本集中不涉及的故障类型，这些方法则无法给出准确的诊断结果。

对于新投运的燃气轮机，通常存在标记故障数据样本少和故障数据样本不平衡的问题。首先，在故障诊断过程中获得的信息通常是不完整的。传统的机器学习算法通常需要大量标记的数据样本作为训练集，但在实际情况下，需要手动标记大量的数据样本，这会产生极大的人力和时间成本。因此，如何利用专家技术和知识进一步标记高质量的数据样本，以及如何利用系统智能地筛选出更多的高价值标记的数据样本，也是一个值得讨论的问题。其次，不同类型故障的发生频率不一致。由于原始数据类别的不平衡，模型的学习将偏向具有大量样本的类别。在实际的故障分类过程中，模型的偏差将导致系统忽略少量样本的特征，因此，需要更加注意少量故障样本的分类。

如何通过场景生成和数据增强等技术手段来获取大量有价值的标记数据样本,需要进一步研究。上述问题限制了传统的数据驱动型人工智能诊断技术的应用。

为避免失修和过修,提高燃气轮机可靠性和可用性,本节结合基于热力模型和数据驱动的气路故障诊断方法的优点,提出一种基于模型与数据混合驱动的燃气轮机气路故障诊断方法[4, 5]。首先,通过自适应热力建模策略构建待诊断对象的燃气轮机热力模型,通过设置不同的部件健康参数和入口边界条件,模拟得到部件健康参数向量与入口边界条件参数和气路可测参数向量一一对应的数据集;其次,利用深度学习来回归建模,训练得到燃气轮机气路故障诊断模型;最后,根据实际燃气轮机入口边界条件参数和气路可测参数向量,通过已训练的诊断模型来实时诊断输出各气路部件的健康参数向量。仿真实验表明,通过本节所提出的方法,可以准确地得到各个通流部件量化的健康参数。

6.2.1 基于模型与数据混合驱动的燃气轮机气路故障诊断策略

针对上述电厂燃气轮机存在的故障诊断问题,结合基于热力模型的气路故障诊断方法和基于数据驱动的气路故障诊断方法的各自优点,用通流部件健康特征参数作为机组健康状况的评价指标(各部件健康参数如表 5.3 所示),本节提出一种基于模型与数据混合驱动的燃气轮机气路故障诊断方法,其原理如图 6.10 所示。

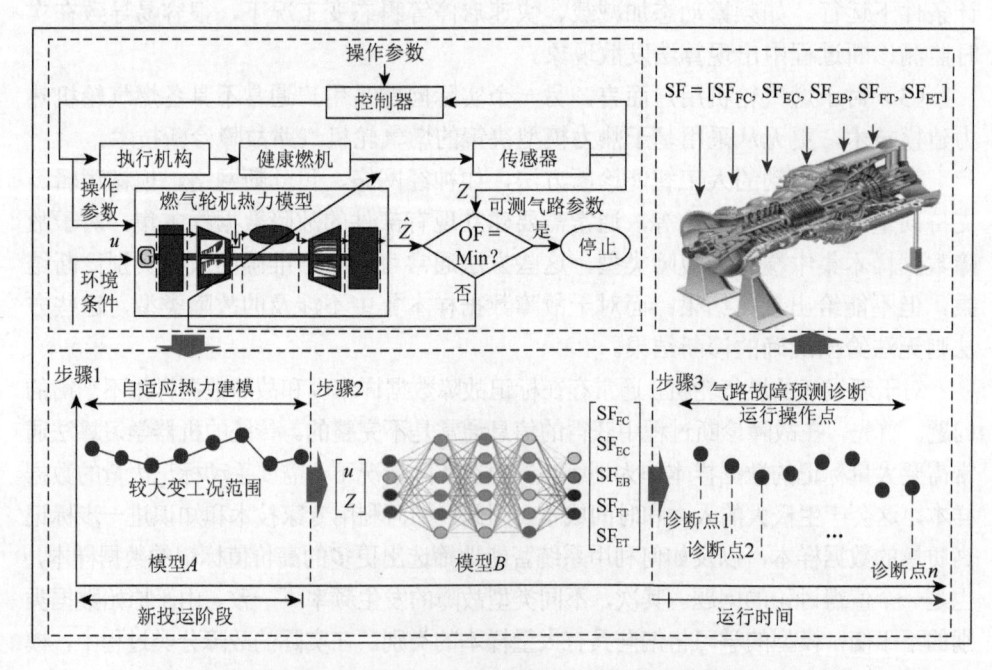

图 6.10 基于模型与数据混合驱动的燃气轮机气路故障诊断方法原理图

首先通过基于自适应热力建模策略构建的燃气轮机热力模型获得包含不同故障类型的数据集，再利用深度学习进行回归建模，得到燃气轮机气路故障诊断模型，最后通过已训练的诊断模型来实时诊断输出各气路部件的健康参数向量。

具体诊断步骤如下。

（1）基于气路可测参数、部件特性线的自适应热力建模策略（如第 4 章所述），建立待诊断对象的燃气轮机热力模型。将该燃气轮机热力模型用作模拟各种气路故障的基准模型。

（2）根据不同的通流部件故障类型以及燃气轮机机组所处的气候条件和操作条件，通过设置不同的模型入口边界条件和不同的气路部件健康参数，模拟得到大量与部件健康参数、燃气轮机边界条件参数 u 和气路可测参数 Z 相对应的知识数据。基于该基准模型的部件健康参数值和不同的边界条件，生成相应数据集（即知识数据库），如图 6.11 所示。该数据集中的部件健康参数向量 $[SF_{FC}, SF_{EC}, SF_{EB}, SF_{FT}, SF_{ET}]$ 与边界条件参数和气路可测参数向量 $[u, Z]$ 之间具有一一对应的关系。

（3）将知识数据库中的边界条件参数和气路可测参数向量 $[u, Z]$ 定义为输入向量，并将部件健康参数向量 $[SF_{FC}, SF_{EC}, SF_{EB}, SF_{FT}, SF_{ET}]$ 定义为输出向量，为该知识数据库的回归建模设计深度学习模型，如图 6.12 所示。

（4）训练完成的深度学习模型可以部署到相应的燃气轮机电厂。当燃气轮机运行时，根据燃气轮机实际的入口边界条件参数和气路可测参数，训练后的诊断模型将实时诊断出所述的各气路部件健康参数。

基于气路可测参数、部件特性线的自适应热力建模策略构建的热力模型具有高准确性和可靠性的特点，该模型模拟得到的数据样本更加符合实际。同时，在热力模型模拟得到故障样本数据集时，设置不同的部件健康参数和入口边界条件准确地表征发生的故障类型，节省了标记数据的人力和时间成本，并且每种故障类型的样本数量相同，避免了在模型训练过程中因样本数据不平衡而导致的模型偏差问题。以上所述，保证了本节中用于训练深度学习网络的数据集的质量。本节提出的方法可以准确且定量地得到各气路部件的健康参数。

6.2.2 仿真实验与分析

本节以某重型燃气轮机为研究对象，该重型燃气轮机的详细部件健康参数如表 5.3 所示，其热力学工作原理如图 4.1 所示。该重型燃气轮机边界条件参数和气路可测参数如表 6.1 所示。

气路故障	部件通流能力	部件运行效率	类型
压气机积垢	SF_{FC}减小	SF_{EC}减小	渐变
压气机腐蚀	SF_{FC}减小	SF_{EC}减小	渐变
压气机侵蚀	SF_{FC}减小	SF_{EC}减小	渐变
压气机叶片摩擦	SF_{FC}减小	SF_{EC}减小	渐变
透平积垢	SF_{FT}减小	SF_{ET}减小	渐变
透平腐蚀	SF_{FT}增大	SF_{ET}减小	渐变
透平侵蚀	SF_{FT}增大	SF_{ET}减小	渐变
透平叶片摩擦	SF_{FT}增大	SF_{ET}减小	渐变
热畸变	SF_{FT}增大	SF_{ET}减小	渐变
内物损伤	SF_{FC}减小/SF_{FT}减小	SF_{EC}减小/SF_{ET}减小	突变

↓植入

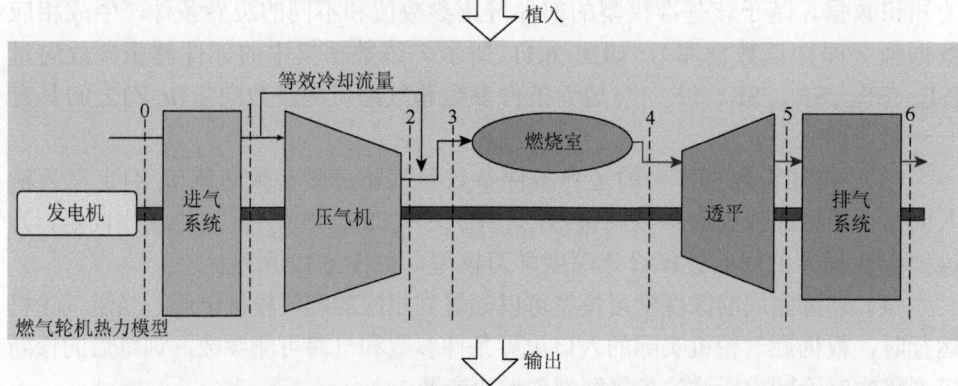

燃气轮机热力模型（发电机—进气系统—压气机—燃烧室—透平—排气系统，含等效冷却流量）

↓输出

燃气轮机边界条件参数与气路可测参数		
参数	符号	单位
大气压力	P_0	bar
大气温度	t_0	℃
大气相对湿度	RH	%
压气机入口压力	P_1	bar
压气机入口温度	t_1	℃
压气机出口压力	P_2	bar
压气机出口温度	t_2	℃
天然气质量流量	G_f	kg/s
透平出口压力	P_5	bar
透平排温	t_5	℃
转速	n	r/min
燃气轮机输出功率	N_e	kW

图 6.11 部件健康参数向量与边界条件参数和气路可测参数向量之间一一对应的知识数据库生成

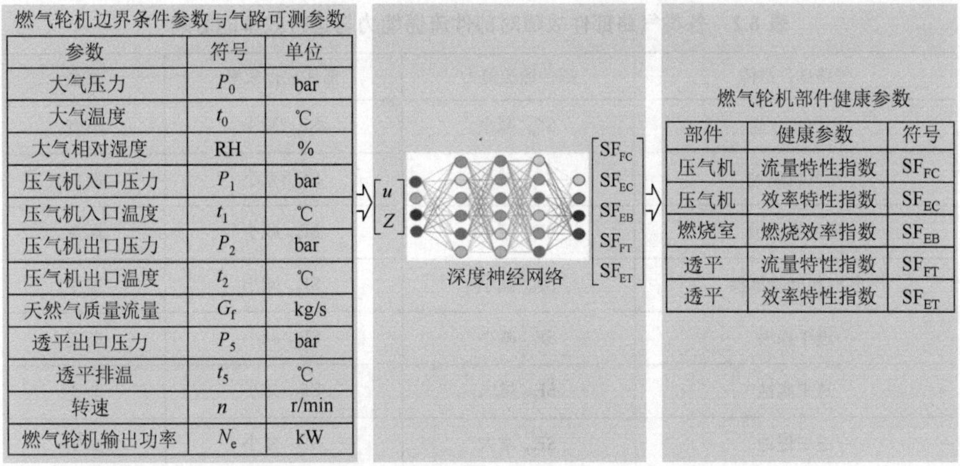

第6章 基于机器学习的燃气轮机气路故障诊断方法研究

图 6.12 设计用于知识数据库回归建模的深度学习模型

表 6.1 重型燃气轮机边界条件参数和气路可测参数

参数		符号	单位
边界条件参数 u	大气压力	P_0	bar
	大气温度	t_0	℃
	大气相对湿度	RH	%
	燃气轮机输出功率	N_e	kW
气路可测参数 Z	压气机入口压力	P_1	bar
	压气机入口温度	t_1	℃
	压气机出口压力	P_2	bar
	压气机出口温度	t_2	℃
	天然气质量流量	G_f	kg/s
	透平出口压力	P_5	bar
	透平排温	t_5	℃
	转速	n	r/min

首先,燃气轮机在新投运阶段或健康时,根据燃气轮机在健康状况下的边界条件参数和气路可测参数,通过第4章所述的自适应热力建模策略建立待诊断对象的燃气轮机热力学模型。然后,将该燃气轮机热力学模型用作模拟各种气路故障的性能模型。各类气路部件故障对部件流通能力与运行效率的影响如表 6.2 所示。

表 6.2　各类气路部件故障对部件流通能力与运行效率的影响

气路部件故障	部件通流能力	部件运行效率	类型
压气机积垢	SF_{FC} 减小	SF_{EC} 减小	渐变
压气机腐蚀	SF_{FC} 减小	SF_{EC} 减小	渐变
压气机侵蚀	SF_{FC} 减小	SF_{EC} 减小	渐变
压气机叶片摩擦	SF_{FC} 减小	SF_{EC} 减小	渐变
透平积垢	SF_{FT} 减小	SF_{ET} 减小	渐变
透平腐蚀	SF_{FT} 增大	SF_{ET} 减小	渐变
透平侵蚀	SF_{FT} 增大	SF_{ET} 减小	渐变
透平叶片摩擦	SF_{FT} 增大	SF_{ET} 减小	渐变
热畸变	SF_{FT} 增大	SF_{ET} 减小	渐变
内物损伤	SF_{FC} 减小或 SF_{FT} 减小	SF_{EC} 减小或 SF_{ET} 减小	突变

常见的气路部件故障以及部件健康参数变化范围如表 6.3 所示。

表 6.3　常见的气路部件故障以及部件健康参数变化的范围

故障类型	健康参数	范围/%
压气机积垢	流量特性指数 SF_{FC}	-4～-1
	效率特性指数 SF_{EC}	-4～-1
燃烧室故障	燃烧效率指数 SF_{EB}	-4～-1
透平腐蚀	流量特性指数 SF_{FT}	1～4
	效率特性指数 SF_{ET}	-4～-1

其次，参见燃气轮机的不同气路部件故障模式（表 6.2）、假设的气候条件（图 6.13）和假设的运行条件（图 6.14），通过对该燃气轮机热力模型设置不同的部件健康参数（表 6.3）和不同的模型入口边界条件，模拟常见气路部件故障下的部件健康参数和燃气轮机边界条件参数以及气路可测参数。将模拟生成的各种故障数据整理成一个数据集（即知识数据库，包含共 15620 个数据样本），该数据集具有部件健康参数向量 $[SF_{FC}, SF_{EC}, SF_{EB}, SF_{FT}, SF_{ET}]$ 与边界条件参数和气路可测参数向量 $[u, Z]$ 之间的一一对应关系。

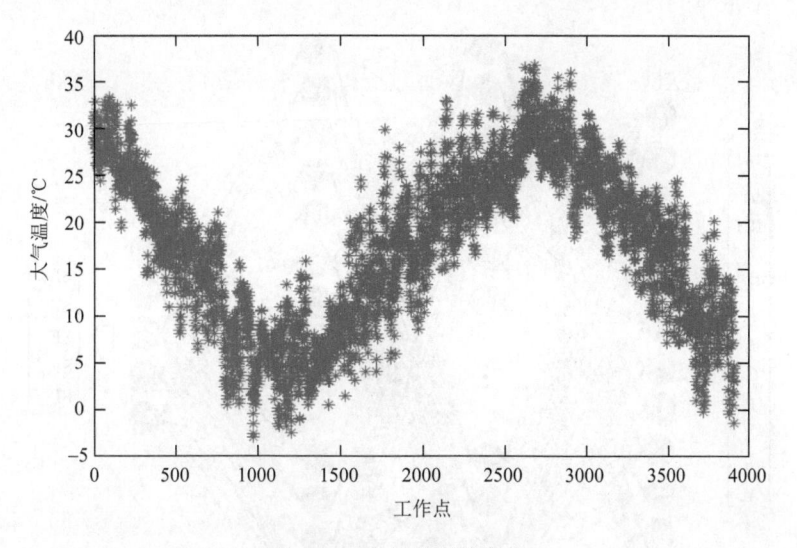

图 6.13 大气温度的变化

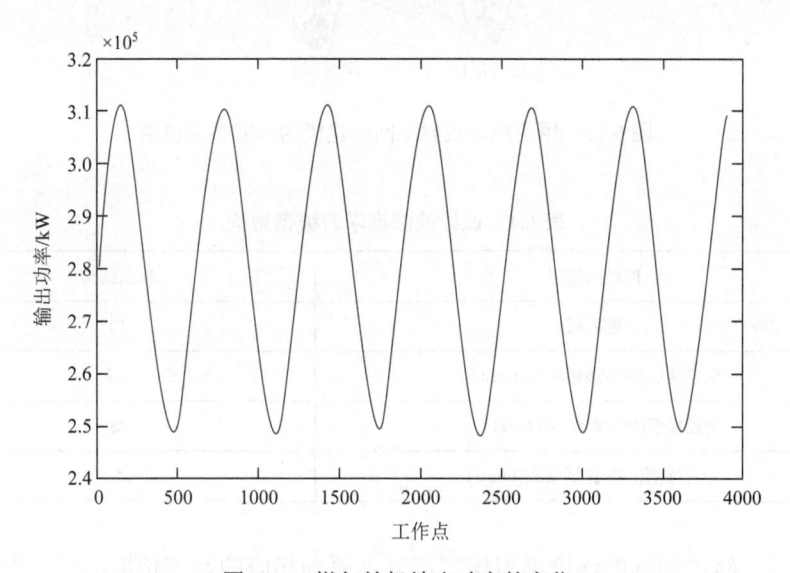

图 6.14 燃气轮机输出功率的变化

然后,将知识数据库中的边界条件参数和气路可测参数向量 $[u, Z]$ 定义为输入向量,并将部件健康参数向量 $[SF_{FC}, SF_{EC}, SF_{EB}, SF_{FT}, SF_{ET}]$ 定义为输出向量,为该知识数据库的回归建模设计深度神经网络(deep neural network,DNN)模型,如图 6.15 所示。

深度学习模型的结构如表 6.4 所示。为了测试该方法的有效性,随机选择了 12496 个知识数据样本来训练深度学习模型,其余 3124 个知识数据样本用于测试。

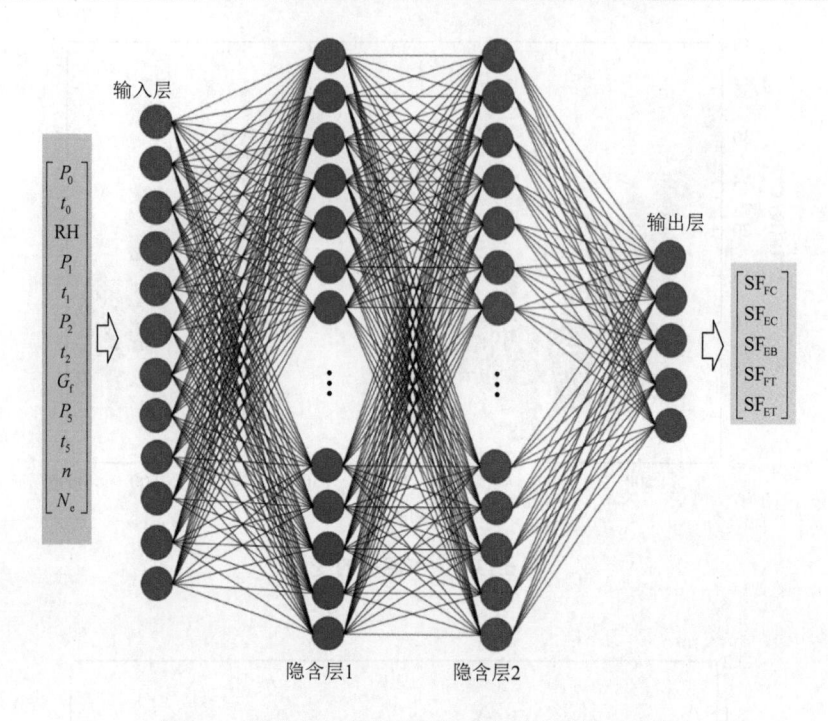

图 6.15 用于知识数据库回归建模的深度学习模型

表 6.4 设计的深度学习模型结构

神经网络层	输出结构
输入层	12
全连接层(FC)/激活函数(ReLU)	128
全连接层(FC)/激活函数(ReLU)	28
全连接层(FC)/激活函数(linear)	5

最后，经过训练的深度学习模型可以部署到相应的燃气轮机电厂。当燃气轮机运行时，根据燃气轮机边界条件参数和运行阶段的气路可测参数，训练好的深度学习模型可以实时输出气路部件的健康参数。在本节中，将剩余的 3124 个知识数据样本用于测试，并将三种常见的广义回归神经网络（general regression neural network，GRNN）、逆向传播（back propagation，BP）和径向基函数（radial basis function，RBF）神经网络作为对比的机器学习模型，这些方法的相对误差如图 6.16～图 6.20 所示。

BP 神经网络是 1986 年由 Rumelhart 和 McClelland 为首的科学家提出的概念，

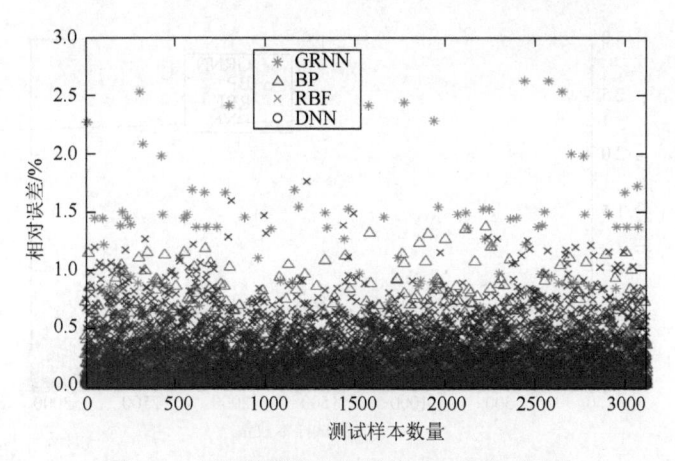

图 6.16 压气机流量特性指数 SF_{FC} 的相对误差

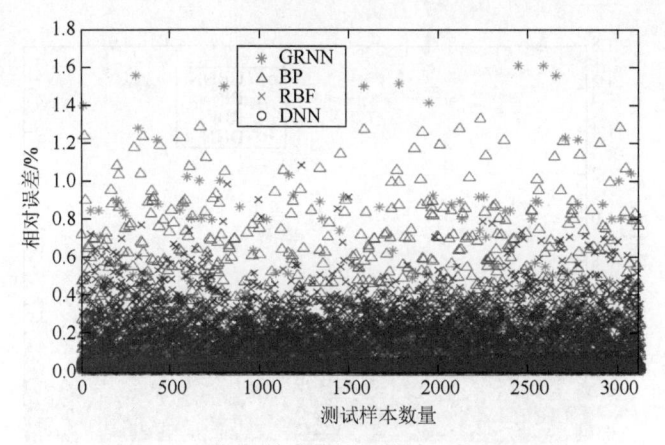

图 6.17 压气机效率特性指数 SF_{EC} 的相对误差

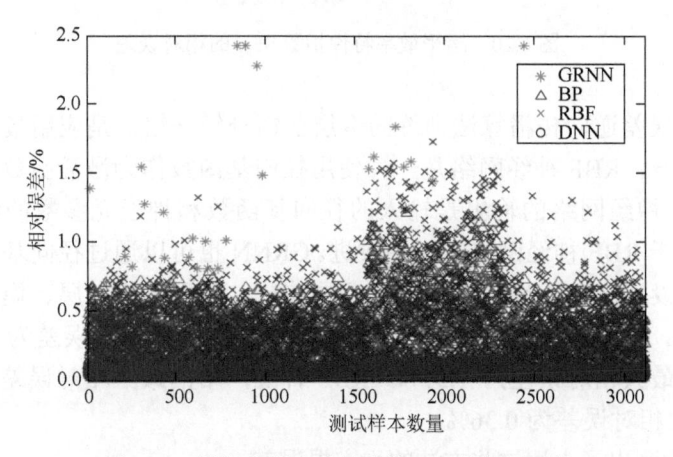

图 6.18 燃烧室效率特性指数 SF_{EB} 的相对误差

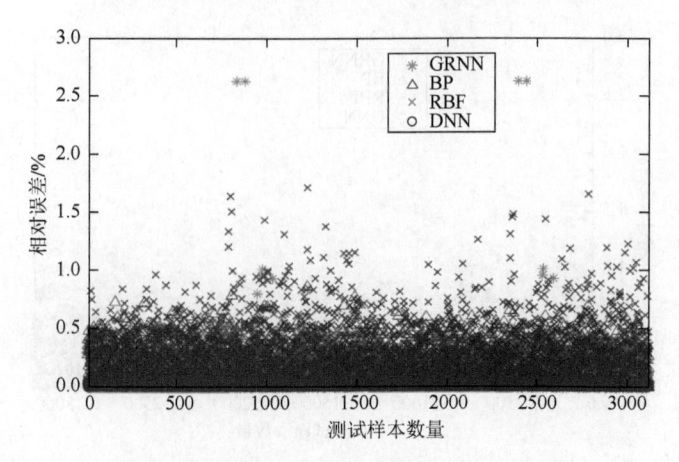

图 6.19 透平流量特性指数 SF_{FT} 的相对误差

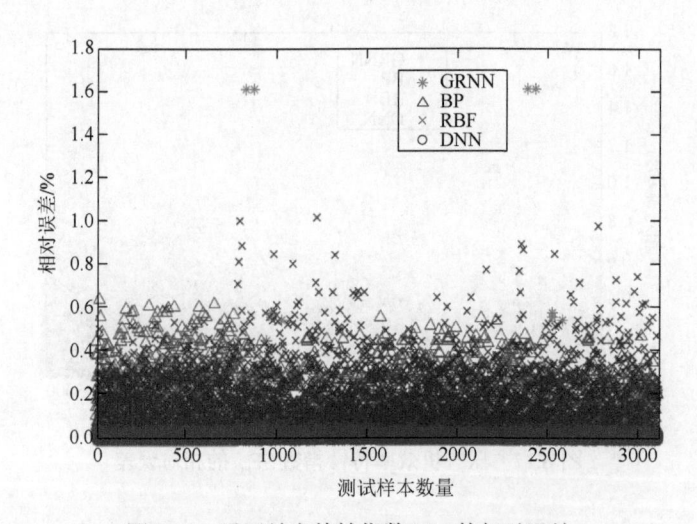

图 6.20 透平效率特性指数 SF_{ET} 的相对误差

是一种按照误差逆向传播算法训练的多层前馈神经网络,是应用最广泛的神经网络模型之一。RBF 神经网络是一种使用径向基函数作为激活函数的人工神经网络。RBF 神经网络的输出是输入的径向基函数和神经元参数的线性组合。GRNN 是基于 RBF 神经网络的一种改进。GRNN 也可以通过径向基神经元和线性神经元来设计。GRNN 在结构上由四层构成,分别为输入层、模式层、求和层和输出层。由图 6.16~图 6.20 可知,GRNN 的最大相对误差为 2.63%,BP 神经网络的最大相对误差为 1.37%,RBF 神经网络的最大相对误差为 1.76%,DNN 的最大相对误差为 0.36%。

表 6.5 中列出了上述这些方法的均方根误差。

表 6.5　测试样本的均方根误差比较　　　　　　　　（单位：%）

部件健康参数	GRNN	BP	RBF	DNN
SF_{FC}	0.22	0.24	0.34	0.032
SF_{EC}	0.13	0.25	0.21	0.027
SF_{EB}	0.14	0.32	0.40	0.040
SF_{FT}	0.10	0.22	0.32	0.058
SF_{ET}	0.06	0.17	0.20	0.039
总体	0.16	0.27	0.34	0.033

结合表 6.5 和图 6.16~图 6.20 可以看出，与其他传统的机器学习模型相比，本节所提的深度学习模型表现出了最佳的诊断准确性，并且深度学习模型的总体均方根误差不超过 0.033%，深度学习模型的最大相对误差不超过 0.36%，说明该方法具有很大的应用潜力。

本节针对上述燃气轮机气路故障诊断问题，提出了一种基于模型与数据混合驱动的燃气轮机气路故障诊断方法，可以得出以下结论。

（1）与用于异常检测或故障分类的传统数据驱动的诊断方法不同，本节所提出的方法可以准确并且定量地确定每个气路部件的健康参数。

（2）通过性能模型生成部件健康参数向量与边界条件参数和气路可测参数向量一一对应的数据集（即知识数据库），并通过深度学习模型进行学习，训练完成的模型可以无需任何燃气轮机热力学建模技术即可使燃气轮机电厂用户进行使用。

（3）与其他传统机器学习模型相比，本节所提出的深度学习模型具有优异的诊断准确性，所提出的方法具有很大的应用潜力。

6.3　基于双通道特征融合并行优化的燃气轮机气路故障诊断方法

目前，基于数据驱动的气路故障诊断技术大多采用机器学习的方法，如支持向量机（support vector machine，SVM）、极限学习机（extreme learning machine，ELM）和 BP 神经网络等。但是它们中的大多数是浅层学习方法，其泛化能力差，具有易过拟合、陷入局部最优等缺陷，且需要人工提取特征，在面对强非线性的燃气轮机高维监测数据时，人工提取特征十分困难。

深度学习方法拥有强大的自动特征提取功能，能够避免人工特征提取的不确定性，同时凭借深层网络结构突破了浅层学习方法的限制，能更好地表征燃气轮机测量参数与气路故障间复杂的映射关系。CNN 是图像识别中常用的深度学习方法，具有很强的空间特征提取能力。文献[6]使用一维 CNN 对燃气轮机气路故障进行诊断，结果表明 CNN 诊断性能优于传统机器学习方法。文献[7]将燃气轮机测量参数组成的多维时序数据转为二维图像，然后通过 CNN 完成深层次特征提取和故障分类。循环神经网络（recurrent neural network，RNN）善于处理时序数据，应用最广泛的是 Hochreiter 等[8]提出的 LSTM 神经网络。文献[9]针对航空发动机运行数据与时间相关的特性，提出了基于双向 LSTM 神经网络的气路故障诊断方法，其结合了双向 RNN 和 LSTM 神经网络的优点，有效提升了气路故障诊断的准确率。此外，为突破单一模型性能限制，文献[10]采用 CNN、LSTM 神经网络的混合模型对燃气轮机的气路及传感器故障进行诊断。

以上深度学习方法主要使用 CNN 模型、LSTM 神经网络模型或两者混合模型对气路故障进行分类，其中单一模型性能有限，而现有混合模型主要是让气路故障数据先后经过 CNN、LSTM 神经网络特征提取后进行气路故障类型识别。但气路故障数据经过 CNN 的卷积、池化处理后，再通过 LSTM 神经网络提取的特征信息会导致一定程度的空间特性丢失。因此，本节提出基于双通道特征融合并行优化的燃气轮机气路故障诊断模型[11]。该模型通过使用首层大卷积核对 CNN 进行优化，使得 CNN 能够感知全局信息，增强 CNN 的空间特征提取能力；同时使用挤压激励网络（squeeze and excitation network，SENet）对 LSTM 神经网络进行优化，以提取对气路故障诊断更重要的时序特征，抑制噪声干扰等无用特征；最后采用并行结构搭建双通道特征融合并行优化模型，将空间、时序特征进行融合并重构，使得模型具有更好的气路故障诊断性能。仿真实验表明，本节模型能准确地识别燃气轮机各气路故障类型。

6.3.1　双通道特征融合并行优化模型

为实现对燃气轮机气路故障的诊断，本节提出基于深度学习的双通道特征融合并行优化模型。该模型并行使用 CNN 和 LSTM 神经网络，实现了空间、时序特征的融合，并分别对原始的 CNN、LSTM 神经网络进行优化，同时对融合后的特征进行重构，提高模型的气路故障诊断性能。

本节所提网络模型的整体结构如图 6.21 所示。

模型由通道 1 的大核卷积神经网络（large kernel convolutional neural network，LCNN）模块、通道 2 的挤压激励长短期记忆（squeeze and excitation long short term memory，SLSTM）神经网络模块及特征融合模块组成。气路故障数据

第 6 章　基于机器学习的燃气轮机气路故障诊断方法研究

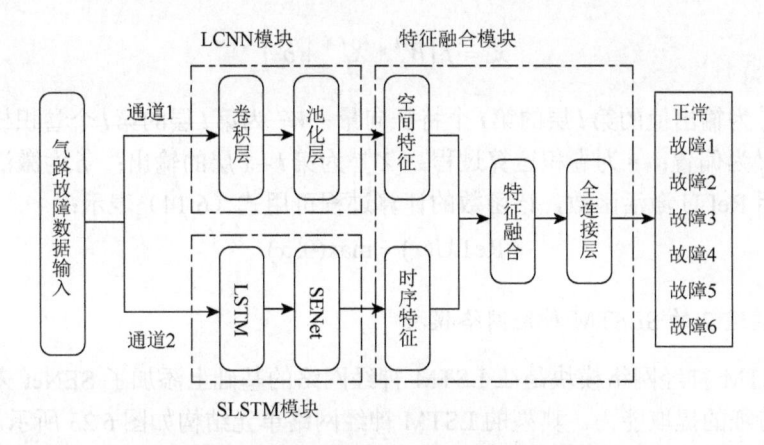

图 6.21　双通道特征融合并行优化模型

通过 LCNN 模块中的卷积、池化等操作提取空间特征，同时使用 SLSTM 神经网络模块中的 LSTM 神经网络及 SENet 提取时序特征，并通过特征融合模块将空间、时序特征进行融合，最后输出至全连接层中进行气路故障类型识别。

1. 通道 1 的 LCNN 模块

LCNN 模块是在 CNN 的基础上，通过在第 1 个卷积层采用大卷积核的方式进行优化，扩大感受野区域，进而更有效地学习面向诊断对象的有用特征，降低噪声对气路故障诊断的影响，后面的卷积层依然采用小卷积核，以便能够提取出更深层次的特征，同时减少网络参数，抑制过拟合。本节根据数据特点，选用一维 CNN，一维卷积过程如图 6.22 所示。

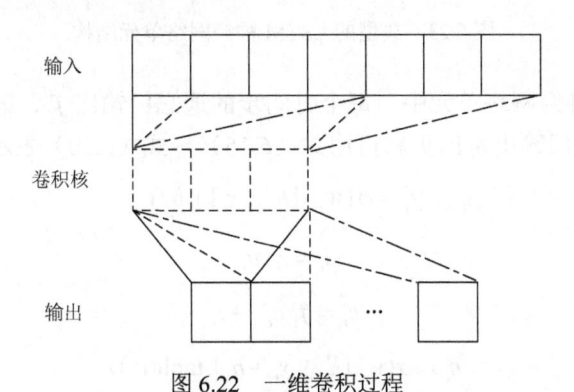

图 6.22　一维卷积过程

卷积层通过多个相同权值的卷积核来提取局部区域的空间特征，得到多个特征映射，并将其作为下一层的输入数据。具体计算过程为

$$x_i^l = f\left(W_i^l * X^{l-1} + b_i^l\right) \tag{6.13}$$

式中，x_i^l 为输出值的第 l 层的第 i 个特征向量；W_i^l 为第 l 层的第 i 个卷积核的权重矩阵；b_i^l 为偏置；*为卷积运算过程；X^{l-1} 为第 $l-1$ 层的输出；f 为激活函数，本节选用 ReLU 激活函数，该函数的计算过程可用式（6.14）表示：

$$\mathrm{ReLU}(x) = \max(0, x) \tag{6.14}$$

2. 通道 2 的 SLSTM 神经网络模块

SLSTM 神经网络模块是在 LSTM 神经网络的基础上添加了 SENet 来提升其对时序特征的提取能力。典型的 LSTM 神经网络单元结构如图 6.23 所示。

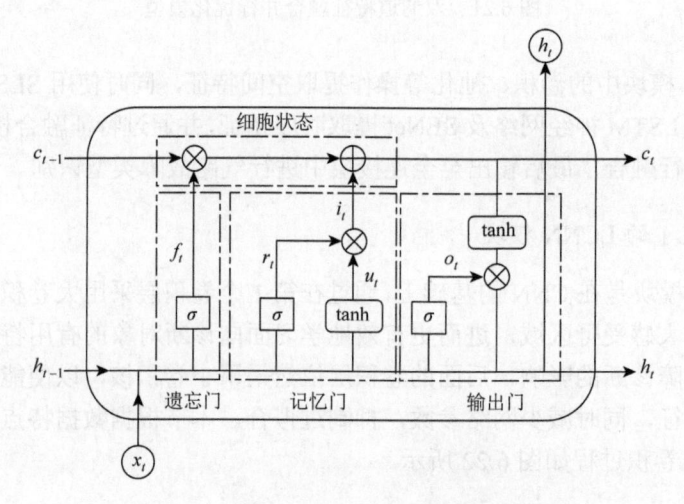

图 6.23 典型的 LSTM 神经网络单元结构

在 LSTM 神经网络单元中，每个时间步的遗忘门输出 f_t、记忆门输出 i_t、细胞状态 c_t、输出门输出 h_t 的更新可用式（6.15）～式（6.20）表示为

$$f_t = \sigma(w_f \cdot [h_{t-1}, x_t] + b_f) \tag{6.15}$$

$$i_t = r_t \cdot u_t \tag{6.16}$$

$$c_t = f_t \cdot c_{t-1} + i_t \tag{6.17}$$

$$h_t = \sigma(w_o \cdot [h_{t-1}, x_t + b_o] \cdot \tanh(c_t)) \tag{6.18}$$

$$r_t = \sigma(w_r \cdot [h_{t-1}, x_t] + b_r) \tag{6.19}$$

$$u_t = \tanh(w_u \cdot [h_{t-1}, x_t] + b_u) \tag{6.20}$$

式中，x_t 为当前时刻输入信号；h_{t-1}、c_{t-1} 为上一时刻的输出和细胞状态；w、b

分别为遗忘门、记忆门、输出门和激活函数的权值矩阵与偏置矩阵；σ、tanh 分别为 Sigmoid 激活函数和双曲正切激活函数。

SENet 在图像识别领域得到了广泛应用，其中，挤压激励（squeeze and excitation，SE）模块可以在训练时自适应地调整特征通道的权重，以强调不同通道中的关键特征信息。本节所使用的 SENet 网络基本结构如图 6.24 所示。

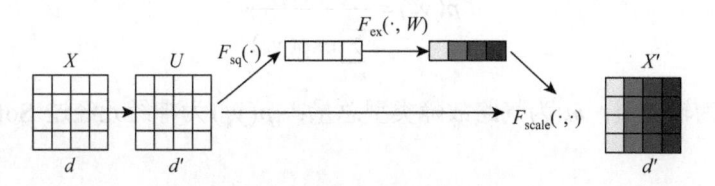

图 6.24　SENet 网络基本结构

首先执行挤压操作，将输入 X 经 LSTM 神经网络变换后的特征序列 U 通过全局平均池化压缩为一个实数，获取特征序列的全局信息，特征通道数不发生改变，得到多维统计量 Z，其中第 d 个通道的计算过程如下：

$$Z_d = F_{sq}(U_d) = \frac{1}{H}\sum_{i=1}^{H}U_d(i) \tag{6.21}$$

式中，F_{sq} 为全局平均池化；$U_d(i)$ 为输入特征序列的第 i 行；H 为特征序列长度。

接着使用 2 层全连接层完成激励操作。第 1 层用于降低统计量维度，将输入的 d 维统计量 Z 压缩为 d/r 维，减小计算量；第 2 层用于获取各通道的归一化权重值并恢复特征维度，计算过程可表示为

$$S = F_{ex}(Z,W) = f_2(f_1(Z,W_1),W_2) \tag{6.22}$$

式中，S 为刻画 U 中各个通道重要程度的权重矩阵；F_{ex} 为 2 层全连接层；W 为权重；f_1、f_2 分别为 2 层全连接层的 ReLU 和 Sigmoid 激活函数；W_1、W_2 分别为 2 层全连接层的权重。

最后，执行放缩操作，将权重矩阵 S 与输入 U 进行逐通道加权相乘，得到 SE 模块优化后的特征 X'：

$$X' = F_{scale}(U,S) = S * U \tag{6.23}$$

式中，F_{scale} 为乘法逐通道加权。

由于 SENet 的通用性，可将其嵌入到许多常见的网络结构中，且实验证明 SENet 并不会显著增加模型的复杂度和计算量。本节将其应用在 2 层 LSTM 神经网络层之后，用于提升 LSTM 神经网络的时序特征提取能力。首先用 LSTM 神经网络提取气路故障数据 X 的时序特征 U，其特征通道会因记忆神经单元数目由 d 变化为 d'；接着通过 SENet 对 d' 通道进行权重分配，以获取对于气路故障诊断更为重要的时序特征。

3. 特征融合模块

特征融合模块首先将 LCNN、SLSTM 神经网络模块输出的空间特征、时序特征拼接为一维张量实现特征融合，最后通过全连接层进行分类。全连接层激活函数为 Softmax，计算过程可表示为

$$p(y_k) = \frac{\exp(y_i)}{\sum_{k=1}^{m} \exp(y_k)} \tag{6.24}$$

式中，y_i 为输出值；m 为气路故障类型总量；$p(y_k)$ 为神经元经过 Softmax 的概率输出。

6.3.2 仿真实验与分析

1. 故障模式设计及样本生成

本节以某重型燃气轮机为研究对象，进行燃气轮机气路故障的模拟，其结构如图 4.1 所示。燃气轮机气路部件发生性能衰退或损伤的本质是其部件特性线的偏移，其偏移程度和偏移方向可用各部件健康参数进行表征，燃气轮机部件健康参数如表 5.3 所示。气路部件性能衰退或损伤对部件健康参数的影响如表 6.2 所示。

根据表 6.2 中气路部件性能衰退或损伤对部件健康参数的影响，本节共植入 6 种气路故障，具体如表 6.6 所示。表 6.6 中，0 表示正常工作状态，1～6 分别代表压气机积垢、透平积垢、燃烧室故障、压气机和透平积垢、压气机内物损伤及透平内物损伤 6 种故障工作状态。

表 6.6 本节植入的气路故障类型

故障部件	健康参数	不同气路故障类型下的参数值/%							
		0	1	2	3	4	5	6
压气机	ΔSF_{FC}	0	−4～0	0	0	−4～0	−2.5	0
	ΔSF_{EC}	0	−3～0	0	0	−3～0	−2.0	0
燃烧室	ΔSF_{EB}	0	0	0	−3～0	0	0	0
透平	ΔSF_{FT}	0	0	−4～0	0	−4～0	0	−2.5
	ΔSF_{ET}	0	0	−3～0	0	−3～0	0	−2.0

相应的燃气轮机测量参数如表 6.1 所示。通过使用实际大气压力、大气温度及大气相对湿度等边界条件，以模拟燃气轮机真实运行环境；同时改变燃气轮机输出功率以模拟瞬态工况下的运行情况，燃气轮机输出功率变化情况如图 6.25 所示。

第 6 章 基于机器学习的燃气轮机气路故障诊断方法研究

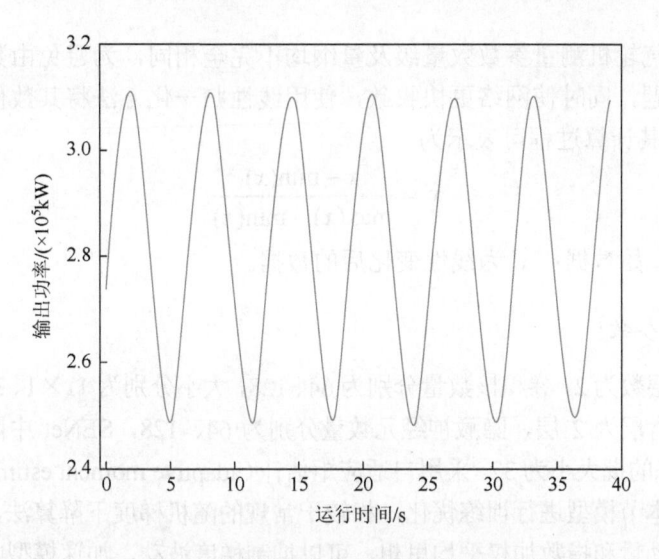

图 6.25 燃气轮机输出功率变化情况

采样时间间隔为 0.01s,每种工作状态下采集 3000 组样本,组成共 21000 组样本的气路故障数据样本集,其中 16800 组样本用作训练集,另外 4200 组样本作为测试集。所有燃气轮机测量参数中均添加了测量噪声(具有均值 0 和方差 0.1% 的高斯白噪声),使诊断分析更符合实际。图 6.26 展示了各工作状态下部分透平排温变化情况。

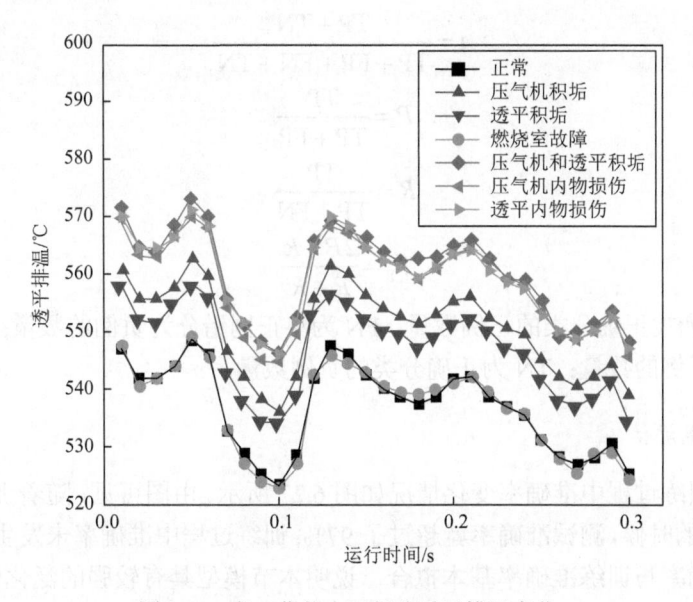

图 6.26 各工作状态下部分透平排温变化

由于燃气轮机测量参数数量级及量纲均不完全相同,为避免由数据不规范导致的数值问题,同时使网络更快收敛,使用线性归一化方法将其数值线性变换到[0, 1]之间,其计算过程可表示为

$$x' = \frac{x - \min(x)}{\max(x) - \min(x)} \quad (6.25)$$

式中,x 为原始数据;x' 为线性变化后的数据。

2. 模型参数

LCNN 层数为 2,卷积核数量分别为 64、128,大小分别为 11×1、3×1;SLSTM 神经网络隐含层为 2 层,隐藏神经元数量分别为 64、128,SENet 中降维系数 r 为 16。模型训练的批大小为 32,采用自适应矩估计(adaptive moment estimation,Adam)优化算法对本节模型进行训练优化,相较于常规的随机梯度下降算法,Adam 优化算法引入了动量和指数加权平均思想,可以抑制梯度波动,加速模型收敛。同时引入了学习率衰减策略,当测试集准确率持续 5 个回合没有上升时,则以 0.1 的比率调整学习率,提升训练效率,总共训练 100 轮,初始学习率为 0.001,损失函数为交叉熵损失函数。

3. 指标评估

考虑到燃气轮机气路诊断中数据集样本不均衡等问题,采用准确率 A、精确率 P、召回率 R 及 F1-Score(F_1)来综合评估模型对气路故障的辨识性能。数学表达式如下:

$$A = \frac{TP + TN}{TP + FP + FN + TN} \quad (6.26)$$

$$P = \frac{TP}{TP + FP} \quad (6.27)$$

$$R = \frac{TP}{TP + FN} \quad (6.28)$$

$$F_1 = \frac{2P \times R}{P + R} \quad (6.29)$$

式中,TP 为被正确分类的正例数量;FN 为将正例错分为负例的数量;FP 为将负例错分为正例的数量;TN 为正确分类的负例数量。

4. 性能评估

模型训练过程中准确率变化情况如图 6.27 所示。由图可见,随着训练的进行,在第 45 轮的时候,测试准确率就超过了 97%;训练过程中准确率未发生较大波动,且测试准确率与训练准确率基本拟合,说明本节模型具有较强的泛化性能,可以避免过拟合现象的产生。

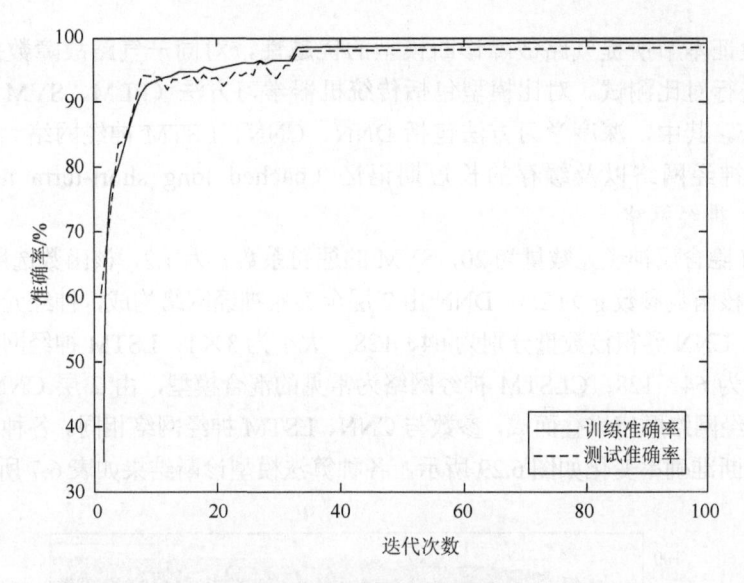

图 6.27　训练过程准确率变化

本节所提气路故障诊断模型诊断结果的混淆矩阵（取样本数的百分比）如图 6.28 所示。图中对角线上的数值反映了模型在每一类诊断上正确的概率。可以看到，虽然故障 1 与故障 5 间、故障 2 与故障 6 间存在一定的错误诊断，但准确度仍在 96%及以上，同时其他类别均正确诊断，这说明模型整体的抗混淆能力出色。

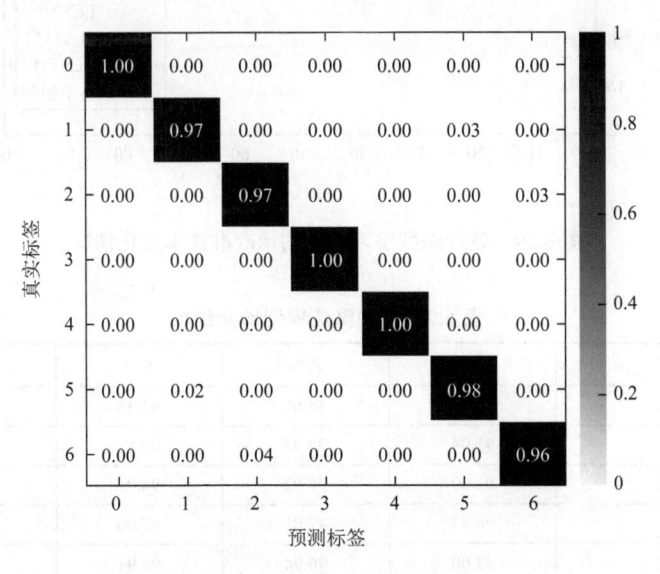

图 6.28　诊断结果混淆矩阵

为验证本节所提气路故障诊断模型的优越性，对同一气路故障数据采用不同模型进行对比测试。对比模型包括传统机器学习方法（ELM、SVM）及深度学习方法。其中，深度学习方法包括 DNN、CNN、LSTM 神经网络、LCNN、SLSTM 神经网络以及缓存的长短期记忆（cached long short-term memory，CLSTM）神经网络。

ELM 隐含层神经元数量为 20，SVM 的惩罚系数 c 为 1.2，核函数选用 RBF 神经网络，核函数参数 g 为 2.8；DNN 由 2 层全连接神经网络构成，神经元数分别为 64、128；CNN 卷积核数量分别为 64、128，大小为 3×1；LSTM 神经网络神经元数量分别为 64、128；CLSTM 神经网络为常见的混合模型，由 2 层 CNN 及 2 层 LSTM 神经网络顺序堆叠而成，参数与 CNN、LSTM 神经网络相同。各种深度学习方法的诊断准确率变化如图 6.29 所示，各种算法模型诊断结果如表 6.7 所示。

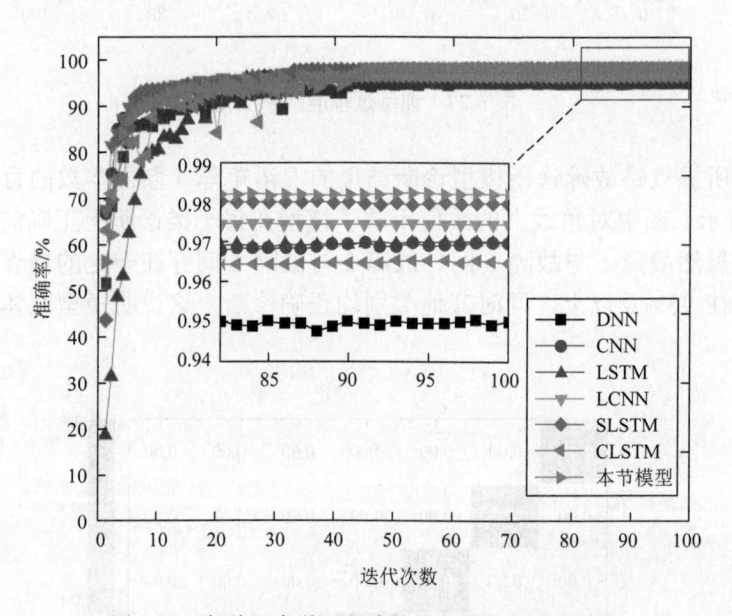

图 6.29 各种深度学习方法的诊断准确率变化情况

表 6.7 各种算法模型诊断结果

模型	A/%	P/%	R/%	F_1
ELM	84.55	84.61	84.38	0.8434
SVM	91.04	90.92	90.87	0.9087
DNN	95.00	94.92	94.91	0.9491
CNN	96.97	97.01	97.00	0.9699
LSTM	97.00	96.94	96.94	0.9694

续表

模型	A/%	P/%	R/%	F_1
LCNN	97.48	97.48	97.48	0.9748
SLSTM	98.02	97.98	97.99	0.9798
CLSTM	95.29	95.32	95.33	0.9532
本节模型	98.24	98.20	98.20	0.9820

由表 6.7 可见，相较于 ELM、SVM 浅层学习方法，DNN、CNN、LSTM、LCNN、SLSTM、CLSTM 及本节模型深度学习方法凭借深层结构大幅度提升了模型性能。浅层学习方法中 ELM 由于其单隐含层性能限制，准确率及 F_1 分别为 84.55%、0.8434，低于 SVM 的 91.04%、0.9087；而采用深度学习方法的气路故障诊断准确率均在 95% 及以上，F_1 均在 0.94 以上，远高于 ELM、SVM。本节模型表现出了最优的气路故障诊断性能，各项指标均高于单通道模型 LCNN、SLSTM 以及常见混合模型 CLSTM。

此外，优化后的 LCNN 和 SLSTM 对比优化前的 CNN 和 LSTM 各项指标均有所提升，说明在 CNN 中首层采用大卷积核以及在 LSTM 中添加 SENet 的优化方法，有效提升了模型性能。而 CLSTM 的诊断性能相较于优化前的 CNN 和 LSTM 反倒有所下降，说明数据在经过 CNN 初步提取特征后，再通过 LSTM 时，丢失了部分对识别气路故障类型的重要信息。

为进一步分析各模型对气路故障的诊断性能，表 6.8 展示了不同算法模型对各类气路故障的诊断准确率。

表 6.8　各类气路故障诊断结果

故障类型	准确率/%								
	本节模型	ELM	SVM	DNN	CNN	LSTM	LCNN	SLSTM	CLSTM
0	100	91.42	95.38	97.32	99.47	99.68	99.82	99.68	97.20
1	96.83	78.15	87.99	93.30	96.87	96.17	96.52	97.64	94.49
2	96.17	70.11	84.83	91.58	91.74	92.99	94.95	95.00	89.82
3	100	94.92	99.14	99.16	99.33	99.83	99.66	99.83	98.14
4	100	99.66	100	100	99.85	100	100	100	99.69
5	97.34	76.70	83.72	91.07	96.30	96.28	96.62	97.02	97.38
6	97.03	81.31	85.37	91.99	95.54	93.61	94.80	96.68	90.48

由表 6.8 可见，本节模型的诊断准确率明显优于其他模型。在燃气轮机正常工作状态下的识别准确率达到了 100%，其他模型均出现了错误诊断。在渐变故障识别方面，除故障 1 的识别准确率略低于 CNN、SLSTM，对于故障 2、故障 3 和故障 4，本节模型均取得了较高的识别准确率；在突变故障识别方面，故障 5 的识别准确率

为 97.34%，比 CLSTM 低 0.04 个百分点，但高于其他模型，故障 6 的诊断准确率为 97.03%，均高于其他模型。对于诊断准确率偏低的故障 2 及故障 6，图 6.30 展示了各模型在这两类故障中错误诊断样本占总样本的比率。

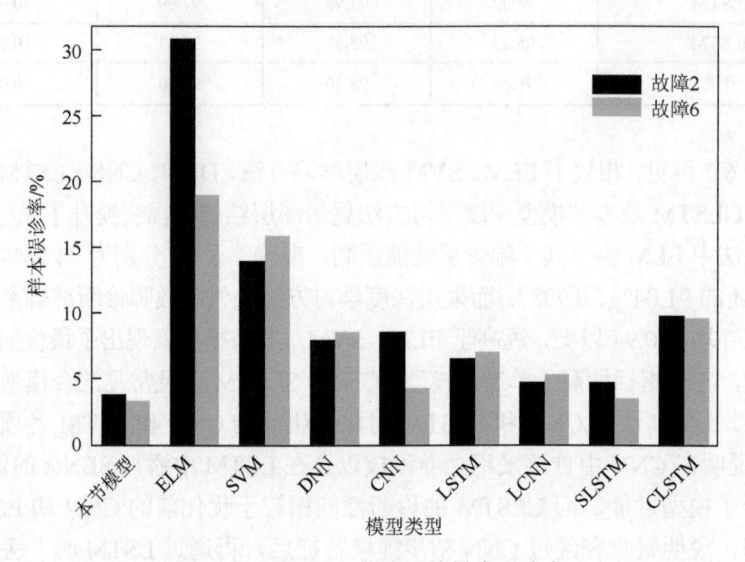

图 6.30　故障 2、故障 6 的样本误诊率

5. 特征提取可视化分析

为进一步研究本节模型对气路故障数据特征提取的能力，采用 t 分布随机邻域嵌入（t-distributed stochastic neighbor embedding，t-SNE）方法进行降维可视化分析，分别将测试集原始数据及本节模型输出数据进行降维，映射到二维空间，可视化结果如图 6.31 所示。

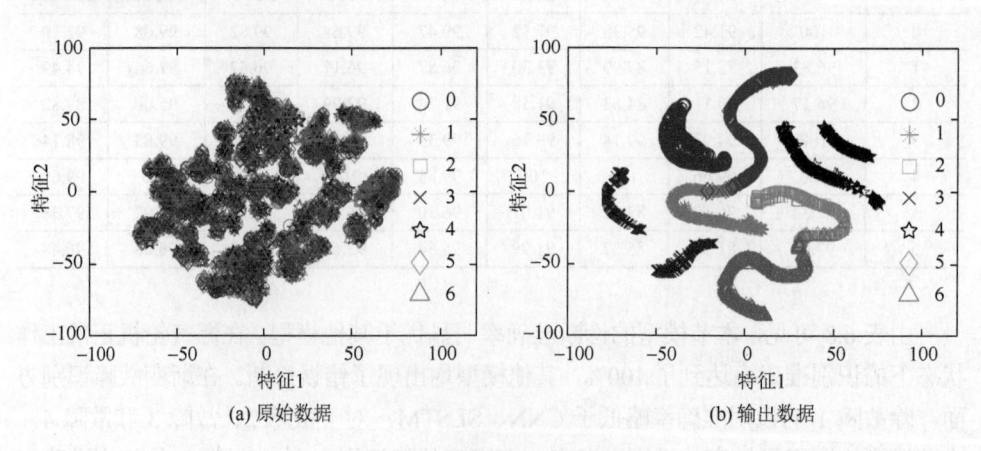

(a) 原始数据　　(b) 输出数据

图 6.31　数据特征分布可视化

图 6.31（a）显示的是原始数据特征分布，其中各类数据特征杂乱无序、相互重叠，无法直接进行区分；图 6.31（b）显示的是本节模型输出数据特征分布，可以看到各类数据聚类特征明显，可有效进行区分。由图 6.31（b）可见，压气机积垢和压气机内物损伤、透平积垢与透平内物损伤的数据特征出现部分重叠，说明压气机、透平在发生性能衰退和突然损伤时，燃气轮机测量参数出现相似的变化情况，即模型在已检测出压气机、透平发生故障后，在区分部件发生的是渐变故障还是突变故障时产生了一定的错误识别。但压气机故障及透平故障的诊断准确率仍在 96%及以上，对模型整体诊断性能影响较小。

针对非线性、强耦合的燃气轮机气路故障数据，结合不同深度学习方法的优势，本节提出了一种双通道特征融合并行优化的气路故障诊断方法。通过分析和研究得出以下结论。

（1）本节所提出的深度学习模型采用并行结构，使用 CNN、LSTM 双通道分别对气路故障数据进行特征提取，避免了常规混合模型中特征信息易丢失的情况，使得模型能够从两方面综合识别气路故障类型。

（2）在双通道中采用首层大卷积核及 SENet 的优化方法能够有效提升模型的空间、时序特征提取能力，提高了模型的气路故障诊断性能。

（3）与传统机器学习及深度学习的气路故障诊断方法相比，本节所提出的深度学习模型表现出最佳的诊断性能，平均诊断准确率达到 98.24%，各类气路故障诊断准确率均大于等于 96%，具有较大的应用潜力。

6.4 基于机器学习的重型燃气轮机全通流部件性能诊断方法

本节结合基于热力模型和基于人工智能的气路诊断方法的优点，首次提出基于机器学习的重型燃气轮机全通流部件气路故障方法，主要贡献如下。

（1）基于已建立的高精度燃气轮机热力模型，通过全通流部件（包括进气系统、压气机、燃烧室、透平和排气系统）的故障模拟（包括不同故障类型和故障严重程度），全面建立了通流部件内在气路故障模式与外在气路可测参数故障征兆的关系规则库。

（2）通过重型燃气轮机全通流部件的故障模式与故障征兆的知识挖掘，从传统非线性气路故障诊断原理出发，建立了适用于机器学习框架的重型燃气轮机全通流部件气路故障诊断数学模型。

（3）首次提出了基于机器学习的重型燃气轮机全通流部件性能诊断方法，所提方法可用于对燃气轮机机组并网后全工况（从 IGV 最小开度负荷至 IGV 全开基本负荷）全通流部件（进气系统、压气机、燃烧室、透平和排气系统）的不同故障类型和故障严重程度进行全面诊断，并通过仿真测试验证了本节所提出方法的可靠性和有效性。

6.4.1 高精度重型燃气轮机热力模型

本节所建立的高精度燃气轮机热力模型并不直接作为燃气轮机机组通流部件性能诊断的驱动求解模型,而主要作为挖掘通流部件故障模式与气路可测参数故障征兆关系规则库的辅助机理模型。这可以节省通过历史运行维护经验和现场监测数据来积累故障模式与故障征兆之间关系规则库的巨大人力和时间成本。详细的燃气轮机热力建模过程（包括进气系统、可变几何压气机、燃烧室、排气系统及整机系统）可以参考 4.2 节,并通过设计工况的性能参数自适应和变工况的部件特性线自适应使整机热力模型各通流部件的非线性特性与机组实际部件的非线性特性相匹配。

6.4.2 故障模式与故障征兆知识库

在重型燃气轮机整机系统中,进气系统、压气机、燃烧室、透平和排气系统协同工作,形成一个强非线性耦合热力系统。因此,燃气轮机运行状态除了受环境条件和控制条件影响外,还受各个通流部件因发生性能衰退或损伤而导致特性偏移的作用影响。

燃气轮机气路可测参数向量 z 与部件性能参数向量 x、环境和控制条件向量 u 之间的热力学关系可由式(6.30)表示：

$$z = f_1(x, u) + v \tag{6.30}$$

式中, v 是传感器测量噪声向量; x 是部件性能参数向量,包括质量流量、压比、等熵效率等; u 是环境和控制条件向量,其中,环境条件包括大气温度 t_0、大气压力 P_0 和大气相对湿度 RH,控制条件包括 IGV 开度、燃料温度 t_f、转速 n 和天然气燃料质量流量 G_f。

对于进气系统,其健康状态与进口滤网堵塞等管路状况变化有关,从而影响进气系统的压力损失,定义压损特性指数 SF_{IN} 为进气系统健康特征参数,作为表征进气系统存在结垢、积尘的量化指标。对于排气系统,其健康状态主要与积灰等管路状况变化有关,从而影响排气系统的压力损失,同理,定义压损特性指数 SF_{EX} 为排气系统健康特征参数,作为表征排气通道存在积灰、积焦的量化指标。对于燃烧室,其健康状态主要与燃料气管路阻塞、燃烧室头部燃料泄漏、喷嘴燃料孔阻塞等管路状况变化有关,从而导致各个周向分布燃烧室单元当量比分配不均,燃烧效率降低,并表现在透平排温周向温度分布不均。定义燃烧室燃烧效率特性指数 SF_{EB} 为燃烧室健康特征参数,作为表征燃烧室管路状况变化的量化指标。对于压气机,其健康状态主要与积垢、侵蚀、腐蚀和内物损伤等有关,定义流量特性指数 SF_{FC} 和效率特性指数 SF_{EC} 为压气机健康特征参数,作为表征压气机通流能力和运行效率变化的量化指标。对于透平,其健康状态主要与积垢、侵蚀和腐蚀等有关,定义流量特性指数 SF_{FT} 和效率特性指数 SF_{ET} 为透平健康特征参数,作为表征透平通流能力和运行效率变化的量化指标。则部件性能参数向量 x 可以由式(6.31)表示:

$$x = f_2(\text{map}, \text{SF}) \quad (6.31)$$

式中,map 是各个气路部件健康时的非线性特性;SF 是所有气路部件的健康参数向量,即 $\text{SF}=[SF_{IN}, SF_{FC}, SF_{EC}, SF_{EB}, SF_{FT}, SF_{ET}, SF_{EX}]$。

此时,式(6.30)可以进一步由式(6.32)表示:

$$z = f_3(\text{map}, \text{SF}, u) + v \quad (6.32)$$

为了建立内在气路部件故障模式与外在气路可测参数故障征兆之间关系的规则库,基于所建立的高精度燃气轮机热力模型开展所有气路部件(包括进气系统、压气机、燃烧室、透平和排气系统)不同故障类型与故障严重程度的故障模拟。

进、排气系统都是燃气-蒸汽联合循环电厂重型燃气轮机的重要气路部件。当进气系统的管路状况由于积灰而改变时,进气系统的压力损失会增大,从而导致燃气轮机的输出功率和效率降低。同样,当排气系统的管路状况由于积灰而改变时,排气系统的压力损失会增大,从而导致燃气轮机的输出功率和效率降低。当进气系统的压损特性指数 SF_{IN} 等于 1 时,表示进气系统处于健康基准状态;当 SF_{IN} 大于 1 时,表示进气系统存在积灰等管路状况,并且 SF_{IN} 越大表示积灰越严重。同样,当排气系统的压损特性指数 SF_{EX} 等于 1 时,表示排气系统处于健康基准状态;当 SF_{EX} 大于 1 时,表示排气系统存在积灰等管路状况,并且 SF_{EX} 越大表示积灰越严重。

在进气系统的故障仿真模拟中,保持环境条件和控制参数条件不变,将 SF_{IN} 分别取为 1.5、2 和 2.5 来模拟不同故障的严重程度,可以得到气路可测参数的相对百分比变化(相较于机组健康时的气路可测参数)如图 6.32 所示。

如图 6.32 所示,当压气机入口压力损失增大时,压气机入口压力 P_1 降低,并导致入口空气密度减小。燃气轮机输出功率 N_e、透平排烟质量流量和燃气轮机效率都较小,而透平排温 t_5 增大。

在排气系统的故障仿真模拟中,保持环境条件和控制参数条件不变,将 SF_{EX} 分别取为 1.5、2 和 2.5 来模拟不同故障的严重程度,可以得到气路可测参数的相对百分比变化(相较于机组健康时的气路可测参数)如图 6.33 所示。

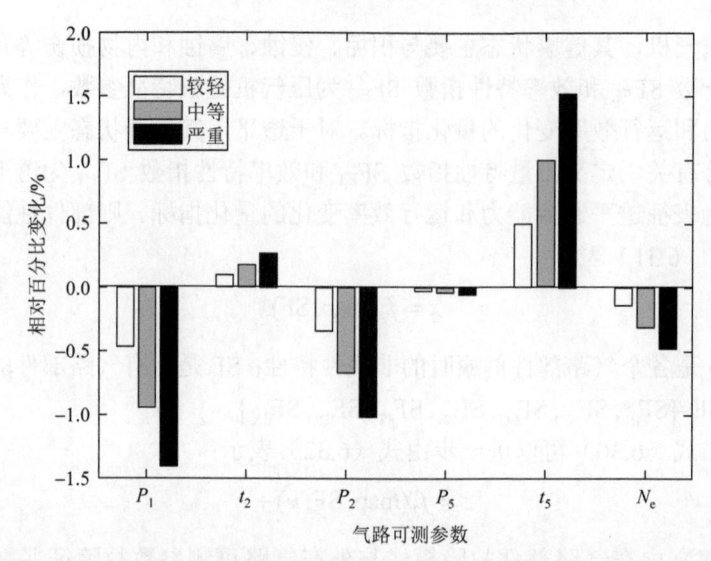

图 6.32 当进气系统性能衰退或损伤时气路可测参数的相对百分比变化

P_1 为压气机入口压力；t_2 为压气机出口温度；P_2 为压气机出口压力；P_5 为透平出口压力；t_5 为透平排温；N_e 为燃气轮机输出功率

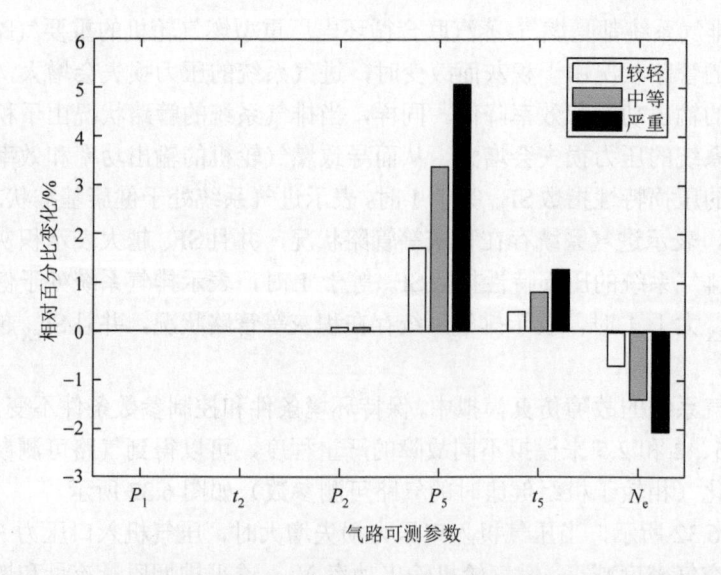

图 6.33 当排气系统性能衰退或损伤时气路可测参数的相对百分比变化

如图 6.33 所示，当透平出口压力损失增大时，燃气轮机输出功率 N_e 和燃气轮机效率降低，而透平排温 t_5 增大。由于压气机入口压力 P_1 保持不变，透平排烟质量流量保持不变。

重型燃气轮机的压力机最容易发生积垢现象。压气机积垢是指污染物黏附在压气机前几级叶片表面上，使压气机叶片表面粗糙度增大以及翼型变化，导致压气机通流能力与运行效率降低，即压气机流量特性指数 SF_{FC} 和效率特性指数 SF_{EC} 减小，并且压气机积垢对流量特性指数 SF_{FC} 的影响要大于效率特性指数 SF_{EC}。

在压气机的故障仿真模拟中，保持环境条件和控制参数条件不变，将 SF_{FC} 分别取为 0.98、0.96 和 0.94 以及 SF_{EC} 分别取为 0.99、0.98 和 0.97 来模拟不同故障严重程度，可以得到气路可测参数的相对百分比变化（相较于机组健康时的气路可测参数）如图 6.34 所示。

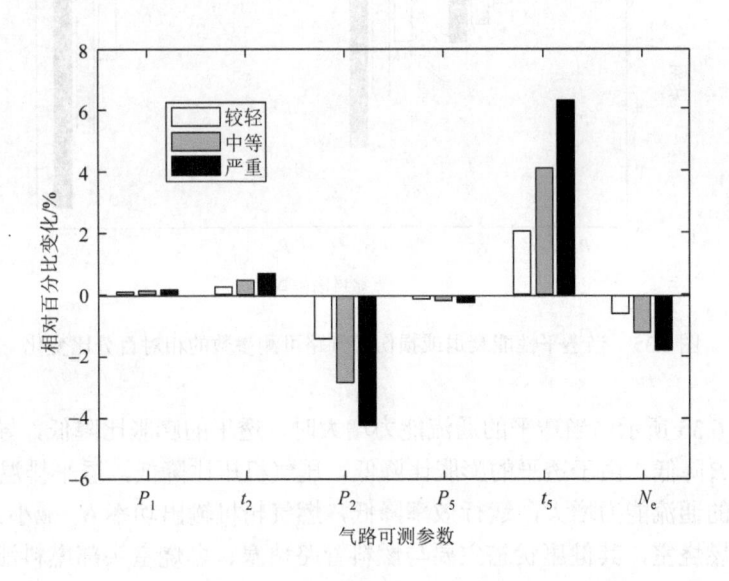

图 6.34 当压气机性能衰退或损伤时气路可测参数的相对百分比变化

如图 6.34 所示，压气机的通流能力降低，压气机的压比降低，导致压气机出口压力 P_2 降低。由于压气机压比降低，透平的膨胀比降低，透平排温 t_5 增大。由于压气机通流能力与运行效率降低，燃气轮机输出功率 N_e 降低。

重型燃气轮机的透平最容易发生侵蚀和腐蚀现象。透平侵蚀是指由于吸入灰尘、污垢、碳颗粒等污染物，部件表面材料逐渐磨损，引起叶片表面粗糙度增大，导致透平流量特性指数 SF_{FT} 增大，效率特性指数 SF_{ET} 减小，透平膨胀比降低，透平排温 t_5 增大。透平腐蚀是指由于燃烧气体中存在某些污染物或熔盐而发生的热腐蚀，导致透平流量特性指数 SF_{FT} 增大，效率特性指数 SF_{ET} 减小。

在透平的故障仿真模拟中，保持环境条件和控制参数条件不变，将 SF_{FT} 分别取为 1.02、1.04 和 1.06 以及 SF_{ET} 分别取为 0.99、0.98 和 0.97 来模拟不同故障的严重程度，可以得到气路可测参数的相对百分比变化（相较于机组健康时的气路可测参数）如图 6.35 所示。

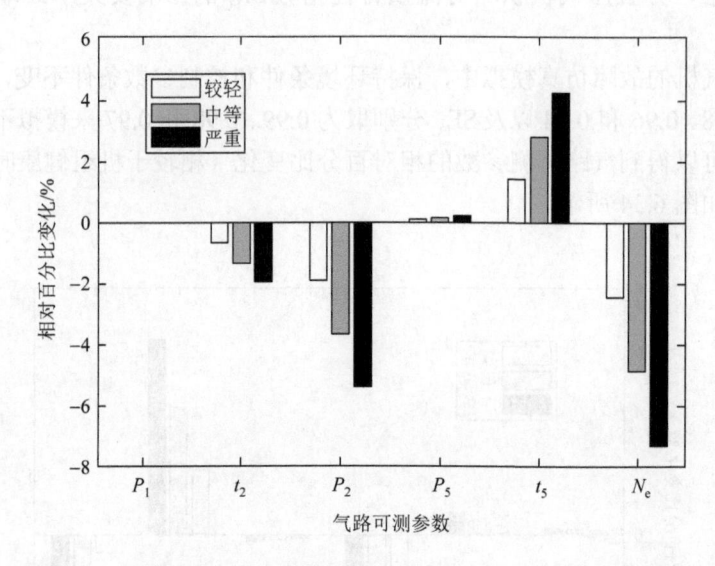

图 6.35 当透平性能衰退或损伤时气路可测参数的相对百分比变化

如图 6.35 所示，当透平的通流能力增大时，透平的膨胀比降低，导致压气机出口压力 P_2 降低。由于透平的膨胀比降低，压气机压比降低，透平排温 t_5 增大。由于透平的通流能力增大，运行效率降低，燃气轮机输出功率 N_e 减小。

对于燃烧室，其健康状态主要与燃料管路堵塞、燃烧室头部燃料泄漏、喷嘴燃料孔堵塞等管路状况变化有关，会导致燃烧效率的降低。

在燃烧室的故障仿真模拟中，保持环境条件和控制参数条件不变，将 SF_{EB} 分别取为 0.99、0.98 和 0.97 来模拟不同故障的严重程度，可以得到气路可测参数的相对百分比变化（相较于机组健康时的气路可测参数）如图 6.36 所示。

如图 6.36 所示，由于天然气燃料质量流量保持不变，燃烧效率降低，透平排温 t_5 降低，燃气轮机输出功率 N_e 减小。

综上可知，若保持环境条件和控制参数条件 u 不变，当不同类型故障发生时，气路可测参数（即 P_1、t_2、P_2、P_5、t_5 和 N_e）的相对变化值呈现出不同大小以及不同正负变化关系。然而，当相同类型不同严重程度故障发生时，气路可测参数（即 P_1、t_2、P_2、P_5、t_5 和 N_e）的相对变化值呈现出不同大小以及相同正负变化关系。这也表明了内在气路部件故障模式与外在气路可测参数故障征兆之间存在一一对应关系。此外，透平的气路故障对燃气轮机的功率损失影响最大，其次是燃烧室。进气系统对燃气轮机功率损失的影响最小。

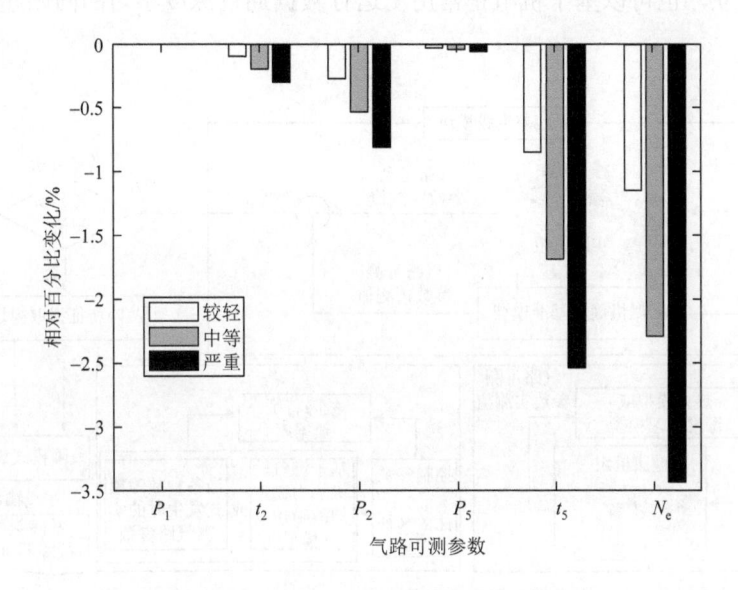

图 6.36　当燃烧室性能衰退或损伤时气路可测参数的相对百分比变化

因此，式（6.32）可以进一步扩展为

$$[P_1, t_2, P_2, P_5, t_5, N_e] = f_4([\text{SF}_{\text{IN}}, \text{SF}_{\text{FC}}, \text{SF}_{\text{EC}}, \text{SF}_{\text{EB}}, \text{SF}_{\text{FT}}, \text{SF}_{\text{ET}}, \text{SF}_{\text{EX}}],$$
$$[t_0, P_0, \text{RH}, \text{IGV}, t_f, n, G_f]) \quad (6.33)$$

通过上述重型燃气轮机全通流部件故障模式与故障征兆的知识挖掘，基于典型的非线性气路故障诊断原理，建立了适用于机器学习框架的全通流部件的气路故障诊断数学模型。所提出的气路故障诊断数学模型是基于现有的安萨尔多、西门子、GE 和三菱等的重型燃气轮机机组的实际可测气路参数情况所建立的，具有高度的泛化和广泛的适用性。

6.4.3　诊断策略

本节首次提出了一种基于机器学习的重型燃气轮机全通流部件性能诊断方法，其原理图如图 6.37 所示。

具体的诊断步骤如下。

（1）建立待诊断对象的燃气轮机健康基准模型。该健康基准模型主要用于监测实际燃气轮机的运行状态，并实时获取气路可测参数[$P_1, t_2, P_2, P_5, t_5, N_e$]的残差向量。重型燃气轮机的健康基准模型可以通过自适应热力建模方法（如 4.2 节所述）来建立，也可以基于机组正常历史运行数据通过深度学习的回归建模方法来建立。

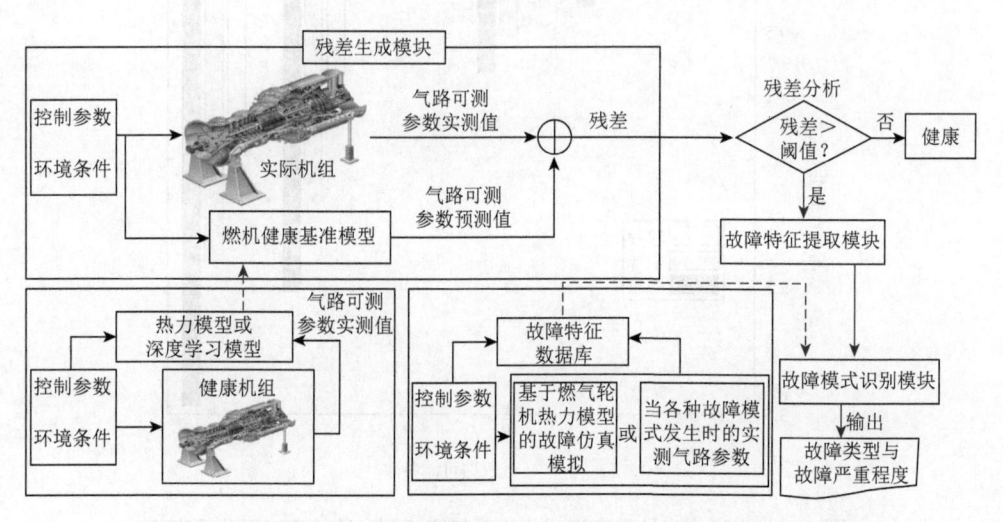

图 6.37　基于机器学习的重型燃气轮机全通流部件性能诊断方法原理图

（2）提取故障特征。如果在相同环境和控制参数条件 u 下，实际燃气轮机机组观测得到的气路可测参数与健康基准模型预测得到的气路可测参数之间的残差小于等于阈值，这表明实际燃气轮机机组处于健康状态。否则，残差向量将进一步整理成相对百分比变化的形式（如式（6.34）所示），作为从实际燃气轮机机组气路可测参数提取得到的故障特征向量。具体的阈值取值可以根据实际机组现场传感器测量噪声水平来设置，并且设置阈值的主要目的是过滤传感器测量噪声对气路故障诊断可靠性的影响。

$$\frac{z_{act} - z_{pre}}{\vec{z}_{pre}} \times 100\% = \left[\frac{P_{1,act} - P_{1,pre}}{P_{1,pre}}, \frac{t_{2,act} - t_{2,pre}}{t_{2,pre}}, \frac{P_{2,act} - P_{2,pre}}{P_{2,pre}}, \right.$$
$$\left. \frac{P_{5,act} - P_{5,pre}}{P_{5,pre}}, \frac{t_{5,act} - t_{5,pre}}{t_{5,pre}}, \frac{N_{e,act} - N_{e,pre}}{N_{e,pre}} \right] \times 100\% \quad (6.34)$$

式中，下角标 act 表示从实际燃气轮机机组观测得到的气路可测参数；下角标 pre 表示从健康基准模型预测得到的气路可测参数。

（3）建立故障特征数据库。由于实际燃气轮机电厂中已标签的故障数据样本是极少的，并且通过历史运行维护经验和现场监测数据来积累故障模式与故障征兆之间关系知识库是一项极为费时费力的困难任务，因此，基于高精度的燃气轮机热力模型通过故障仿真模拟来生成大量高价值的带标签故障数据样本是行之有效的技术手段。

（4）设计故障模式分类器。对于一台设计优良的重型燃气轮机机组，通流部件发生故障是小概率事件，因此故障数据样本通常也是小样本。在小样本情况下开展故障诊断，可以选择支持向量机、灰色关联度分析法等机器学习算法作为通流部件气路故障模式识别的分类器。

上述所提出的诊断方法可用于重型燃气轮机全运行工况（从 IGV 最小开度负荷至 IGV 全开基本负荷）全通流部件（包括进气系统、压气机、燃烧室、透平和排气系统）不同故障类型及故障严重程度的综合诊断。

6.4.4 应用与分析

为了测试所提出诊断方法的有效性，选择安萨尔多生产的 AE94.3A F 级重型燃气轮机为诊断对象。该款 AE94.3A 重型燃气轮机已在国内电厂广泛应用，其压气机为 15 级大流量、轴流式压气机，并配备有 2 级 IGV。燃烧室为环形燃烧室，并配备有 24 个低 NO_x 燃烧器。该重型燃气轮机详细的环境和控制参数条件以及气路可测参数如表 6.9 所示。

表 6.9　环境和控制参数条件以及气路可测参数

参数		符号	单位
环境条件	大气压力	P_0	bar
	大气温度	t_0	℃
	大气相对湿度	RH	%
控制条件	转速	n	r/min
	天然气燃料质量流量	G_f	kg/s
	燃料温度	t_f	℃
	IGV 开度	IGV	%
气路可测参数	压气机入口压力	P_1	bar
	压气机入口温度	t_1	℃

续表

参数		符号	单位
气路可测参数	压气机出口压力	P_2	bar
	压气机出口温度	t_2	℃
	透平出口压力	P_5	bar
	透平排温	t_5	℃
	输出功率	N_e	kW

注：若燃气轮机进气系统配备有进气空调系统，则压气机入口温度 t_1 需要作为气路可测参数用于气路诊断。

待诊断对象的重型燃气轮机健康基准模型可以通过自适应热力建模方法来建模，或者基于机组正常历史运行数据通过深度学习来回归建模。AE94.3A 燃气轮机的热力模型已经在前期研究工作中通过自适应热力建模方法建立。通过将热力模型计算值与实际机组在不同环境与控制参数条件下的气路可测参数进行对比，得到的热力模型计算准确性如图 6.38～图 6.41 所示。

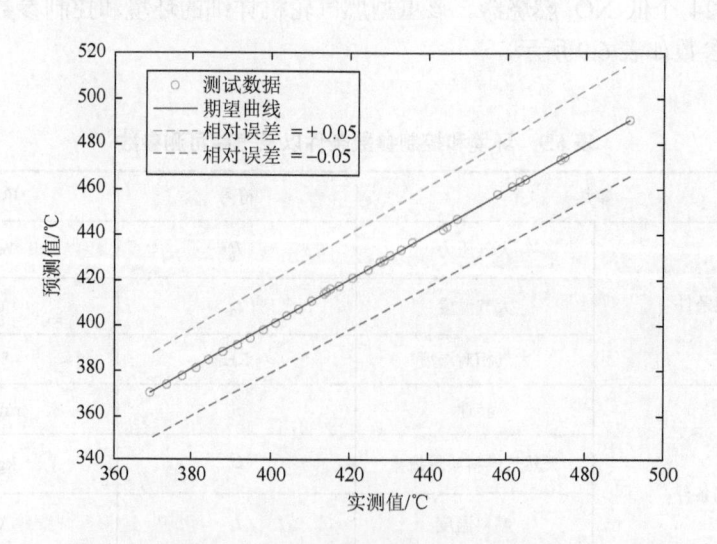

图 6.38 压气机出口温度的计算准确性

由图 6.38～图 6.41 可知，热力模型的计算值与实际机组的测量值基本一致。其中，压气机出口温度计算值的均方根误差不超过 0.15%，压气机出口压力计算值的均方根误差不超过 0.12%，透平排温计算值的均方根误差不超过 0.34%，燃气轮机输出功率计算值的均方根误差不超过 0.28%，这表明了所建立的热力模型具有极高的精度。所建立的健康基准模型进一步用于监测实际燃气轮机机组的运行状态，并实时计算得到气路可测参数 $[P_1, t_2, P_2, P_5, t_5, N_e]$ 的残差向量。

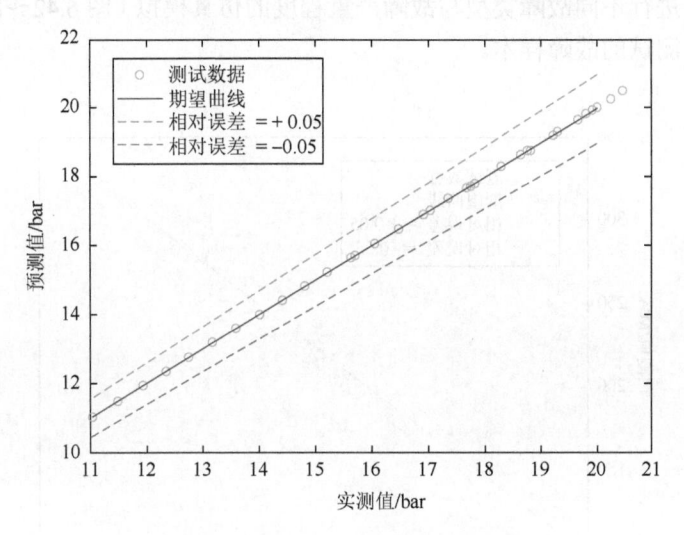

图 6.39 压气机出口压力的计算准确性

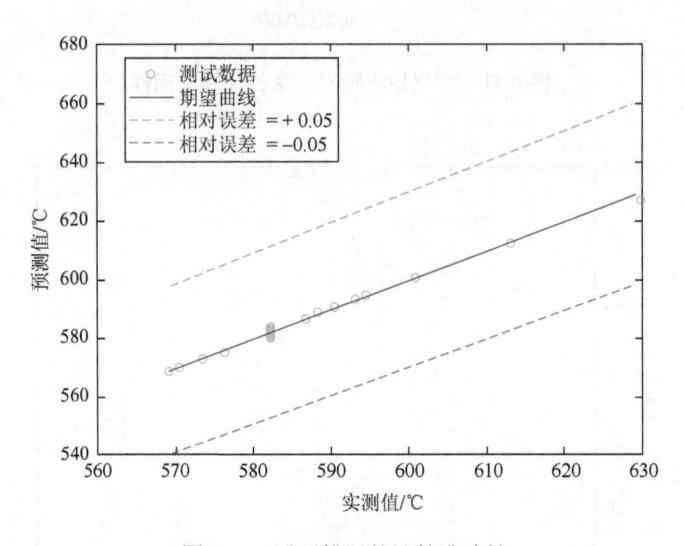

图 6.40 透平排温的计算准确性

由于气路部件发生故障是小概率事件，故障数据样本通常是小样本。且电厂用户对数据保密的原因，使得故障样本数据的获取极为困难。为了测试本节所提出方法对重型燃气轮机全工况（并网后 IGV 最小开度负荷至 IGV 全开基本负荷）

全通流部件进行气路故障诊断的有效性，我们使用已建立的高精度燃气轮机热力模型，通过改变部件健康参数 $[SF_{IN}, SF_{EX}, SF_{FC}, SF_{EC}, SF_{EB}, SF_{FT}, SF_{ET}]$ 数值来对全通流部件（包括进气系统、压气机、燃烧室、透平和排气系统）在不同环境条件与控制条件下进行不同故障类型与故障严重程度的仿真模拟（图 6.42～图 6.44），从而生成用于测试的故障样本。

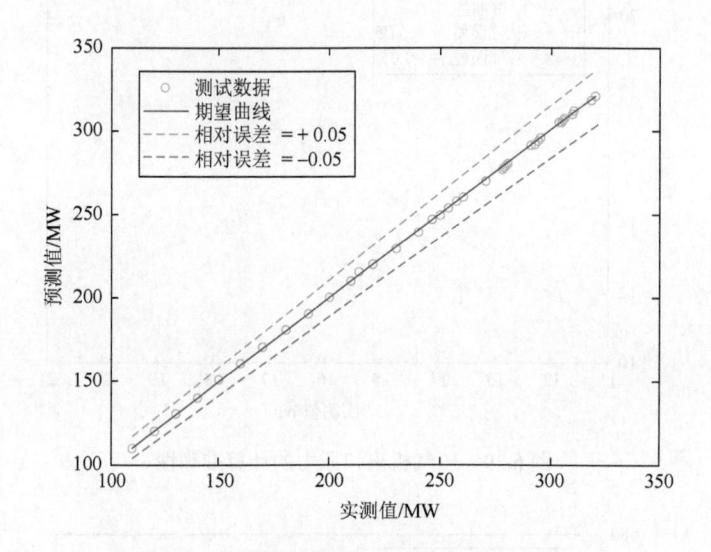

图 6.41 燃气轮机输出功率的计算准确性

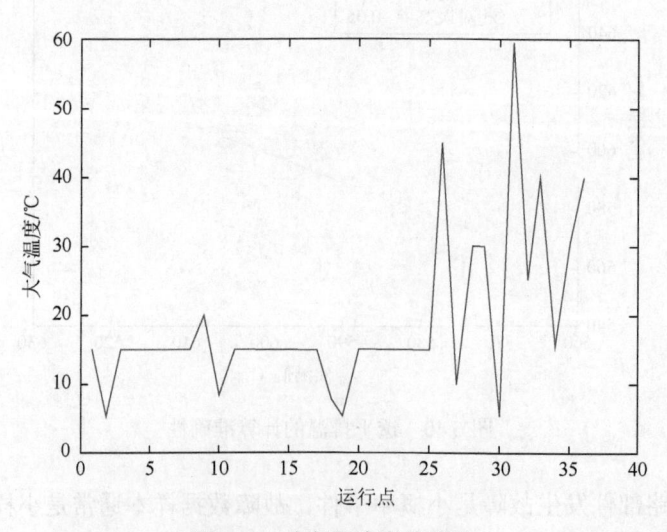

图 6.42 大气温度变化情况

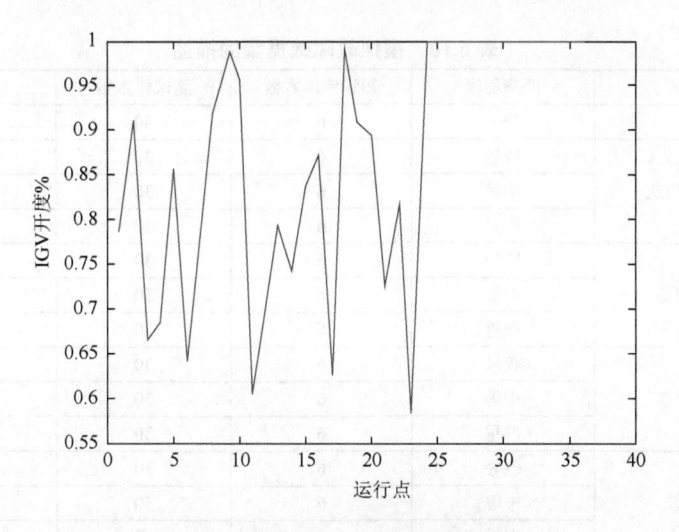

第 6 章 基于机器学习的燃气轮机气路故障诊断方法研究

图 6.43 IGV 开度变化情况

由于在燃气轮机实际运行过程中，发生单部件故障是最常见的，因此仿真模拟得到了 5 种最常见的气路部件故障（包括进气系统积灰、排气系统积灰、压气机积垢、透平侵蚀以及燃烧室损伤）及其不同故障严重程度，如表 6.10 所示，共计 16 类标签 576 个数据样本。根据实际情况，故障数据样本为小样本，因此，我们随机选取每类标签 6 个样本用于建立故障特征数据库，每类标签剩下的 30 个样本作为测试样本。

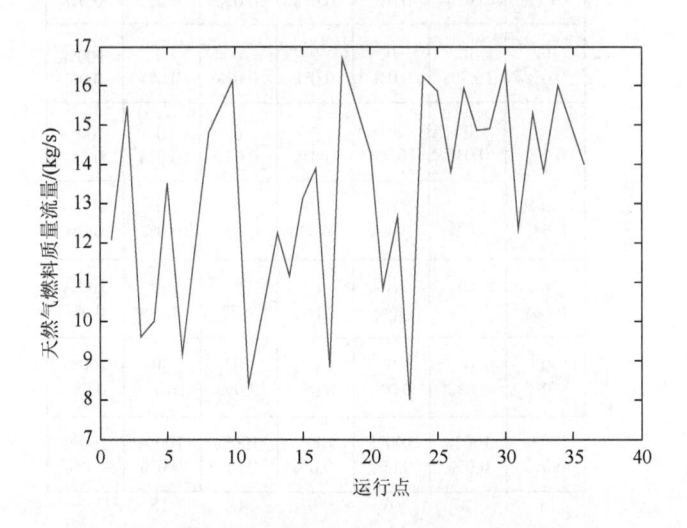

图 6.44 天然气燃料质量流量变化情况

表 6.10　模拟故障数据集的描述

健康状态	严重程度	知识库样本数	测试样本数	分类标签
正常	—	6	30	1
进气系统积灰	较轻	6	30	2
	中等	6	30	3
	严重	6	30	4
压气机积垢	较轻	6	30	5
	中等	6	30	6
	严重	6	30	7
燃烧室损伤	较轻	6	30	8
	中等	6	30	9
	严重	6	30	10
透平侵蚀	较轻	6	30	11
	中等	6	30	12
	严重	6	30	13
排气系统积灰	较轻	6	30	14
	中等	6	30	15
	严重	6	30	16

首先，测试本节所提方法对不同故障类型诊断的有效性。当使用支持向量机作为分类器时，不同故障类型中等故障严重程度下测试样本的诊断结果如图 6.45 所示。

	1	3	6	9	12	15	
1	30 16.7%	0 0.0%	0 0.0%	0 0.0%	0 0.0%	0 0.0%	100% 0.0%
3	0 0.0%	30 16.7%	0 0.0%	0 0.0%	0 0.0%	0 0.0%	100% 0.0%
6	0 0.0%	0 0.0%	30 16.7%	0 0.0%	0 0.0%	0 0.0%	100% 0.0%
9	0 0.0%	0 0.0%	0 0.0%	30 16.7%	0 0.0%	0 0.0%	100% 0.0%
12	0 0.0%	0 0.0%	0 0.0%	0 0.0%	30 16.7%	0 0.0%	100% 0.0%
15	0 0.0%	0 0.0%	0 0.0%	0 0.0%	0 0.0%	30 16.7%	100% 0.0%
	100% 0.0%	100% 0.0%	100% 0.0%	100% 0.0%	100% 0.0%	100% 0.0%	

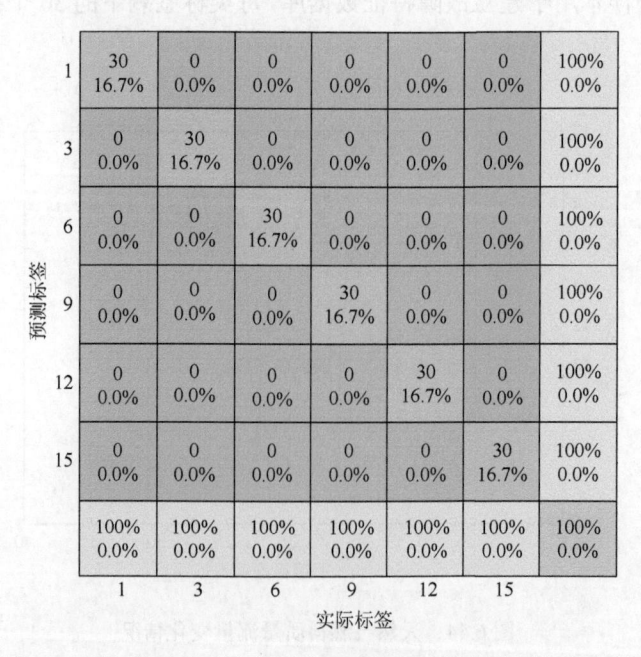

图 6.45　不同故障类型中等故障严重程度下测试样本的诊断结果

所提取的故障特征向量经过 t-SNE 算法降维后，在二维平面上的特征聚类情况如图 6.46 所示。

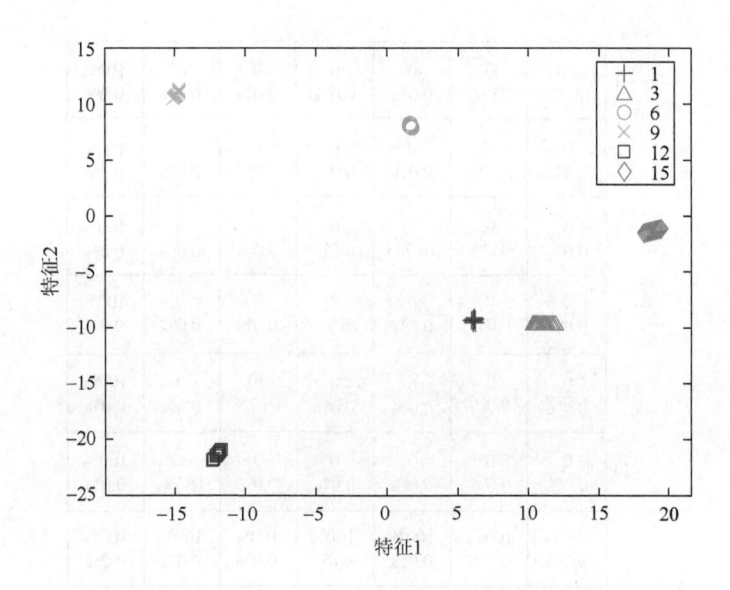

图 6.46 经过 t-SNE 算法降维后的二维特征聚类情况

由图 6.45 和图 6.46 可知，在不同故障类型中等故障严重程度下所提取的故障特征具有显著的类间分离度和类内聚合度，并且诊断结果的混淆矩阵表明取得了 100%的诊断成功率。

接着，继续测试所提出方法对不同故障类型诊断的有效性。使用支持向量机作为分类器，不同故障类型较轻故障严重程度下测试样本的诊断结果如图 6.47 所示。

所提取的故障特征向量经过 t-SNE 算法降维后，在二维平面上的特征聚类情况如图 6.48 所示。

由图 6.47 和图 6.48 可知，在不同故障类型较轻故障严重程度下所提取的故障特征仍然具有显著的类间分离度和类内聚合度，并且诊断结果的混淆矩阵表明取得了 100%的诊断成功率。

其次，测试所提出方法对不同故障类型不同故障严重程度诊断的有效性。当使用支持向量机作为分类器时，不同故障类型不同故障严重程度下测试样本的诊断结果如图 6.49 和图 6.50 所示。

由图 6.49 和图 6.50 可知，由于在识别进气系统故障严重程度时发生了分类错误，诊断结果的混淆矩阵表明诊断成功率在 97.1%～97.3%波动。这是因为相较于其他通流部件，进气系统故障严重程度的变化对气路可测参数的相对百分比变化影响最小,其次是排气系统。并且当知识库样本数增加时,测试样本数减少,识别成功率增大,如图 6.51 所示。

1	30 16.7%	0 0.0%	0 0.0%	0 0.0%	0 0.0%	0 0.0%	100% 0.0%
2	0 0.0%	30 16.7%	0 0.0%	0 0.0%	0 0.0%	0 0.0%	100% 0.0%
5	0 0.0%	0 0.0%	30 16.7%	0 0.0%	0 0.0%	0 0.0%	100% 0.0%
8	0 0.0%	0 0.0%	0 0.0%	30 16.7%	0 0.0%	0 0.0%	100% 0.0%
11	0 0.0%	0 0.0%	0 0.0%	0 0.0%	30 16.7%	0 0.0%	100% 0.0%
14	0 0.0%	0 0.0%	0 0.0%	0 0.0%	0 0.0%	30 16.7%	100% 0.0%
	100% 0.0%	100% 0.0%	100% 0.0%	100% 0.0%	100% 0.0%	100% 0.0%	100% 0.0%
	1	2	5	8	11	14	

预测标签 / 实际标签

图 6.47 不同故障类型较轻故障严重程度下测试样本的诊断结果

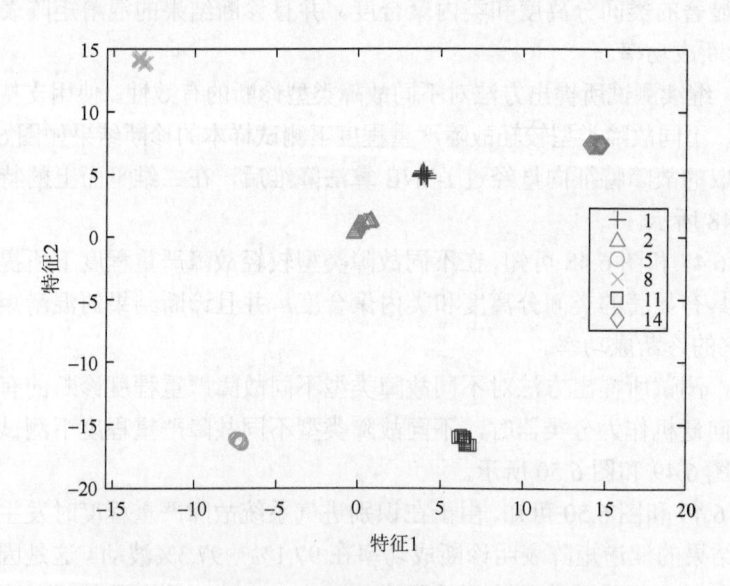

图 6.48 经过 t-SNE 算法降维后的二维特征聚类情况

第6章 基于机器学习的燃气轮机气路故障诊断方法研究 ·153·

最后，测试选用不同分类器时本节所提方法对不同故障类型不同故障严重程度诊断的有效性，诊断结果如表6.11和表6.12所示。

	1	2	3	4	5	6	7	8	9	10	11	12	13	14	15	16	
1	30 6.3%	0 0.0%	0 0.0%	0 0.0%	0 0.0%	0 0.0%	0 0.0%	0 0.0%	0 0.0%	0 0.0%	0 0.0%	0 0.0%	0 0.0%	0 0.0%	0 0.0%	0 0.0%	100% 0.0%
2	0 0.0%	30 6.3%	5 1.0%	0 0.0%	0 0.0%	0 0.0%	0 0.0%	0 0.0%	0 0.0%	0 0.0%	0 0.0%	0 0.0%	0 0.0%	0 0.0%	0 0.0%	0 0.0%	85.7% 14.3%
3	0 0.0%	0 0.0%	23 4.8%	7 1.5%	0 0.0%	0 0.0%	0 0.0%	0 0.0%	0 0.0%	0 0.0%	0 0.0%	0 0.0%	0 0.0%	0 0.0%	0 0.0%	0 0.0%	76.7% 23.3%
4	0 0.0%	0 0.0%	2 0.4%	23 4.8%	0 0.0%	0 0.0%	0 0.0%	0 0.0%	0 0.0%	0 0.0%	0 0.0%	0 0.0%	0 0.0%	0 0.0%	0 0.0%	0 0.0%	92.0% 8.0%
5	0 0.0%	0 0.0%	0 0.0%	0 0.0%	30 6.3%	0 0.0%	0 0.0%	0 0.0%	0 0.0%	0 0.0%	0 0.0%	0 0.0%	0 0.0%	0 0.0%	0 0.0%	0 0.0%	100% 0.0%
6	0 0.0%	0 0.0%	0 0.0%	0 0.0%	0 0.0%	30 6.3%	0 0.0%	0 0.0%	0 0.0%	0 0.0%	0 0.0%	0 0.0%	0 0.0%	0 0.0%	0 0.0%	0 0.0%	100% 0.0%
7	0 0.0%	0 0.0%	0 0.0%	0 0.0%	0 0.0%	0 0.0%	30 6.3%	0 0.0%	0 0.0%	0 0.0%	0 0.0%	0 0.0%	0 0.0%	0 0.0%	0 0.0%	0 0.0%	100% 0.0%
8	0 0.0%	0 0.0%	0 0.0%	0 0.0%	0 0.0%	0 0.0%	0 0.0%	30 6.3%	0 0.0%	0 0.0%	0 0.0%	0 0.0%	0 0.0%	0 0.0%	0 0.0%	0 0.0%	100% 0.0%
9	0 0.0%	0 0.0%	0 0.0%	0 0.0%	0 0.0%	0 0.0%	0 0.0%	0 0.0%	30 6.3%	0 0.0%	0 0.0%	0 0.0%	0 0.0%	0 0.0%	0 0.0%	0 0.0%	100% 0.0%
10	0 0.0%	0 0.0%	0 0.0%	0 0.0%	0 0.0%	0 0.0%	0 0.0%	0 0.0%	0 0.0%	30 6.3%	0 0.0%	0 0.0%	0 0.0%	0 0.0%	0 0.0%	0 0.0%	100% 0.0%
11	0 0.0%	0 0.0%	0 0.0%	0 0.0%	0 0.0%	0 0.0%	0 0.0%	0 0.0%	0 0.0%	0 0.0%	30 6.3%	0 0.0%	0 0.0%	0 0.0%	0 0.0%	0 0.0%	100% 0.0%
12	0 0.0%	0 0.0%	0 0.0%	0 0.0%	0 0.0%	0 0.0%	0 0.0%	0 0.0%	0 0.0%	0 0.0%	0 0.0%	30 6.3%	0 0.0%	0 0.0%	0 0.0%	0 0.0%	100% 0.0%
13	0 0.0%	0 0.0%	0 0.0%	0 0.0%	0 0.0%	0 0.0%	0 0.0%	0 0.0%	0 0.0%	0 0.0%	0 0.0%	0 0.0%	30 6.3%	0 0.0%	0 0.0%	0 0.0%	100% 0.0%
14	0 0.0%	0 0.0%	0 0.0%	0 0.0%	0 0.0%	0 0.0%	0 0.0%	0 0.0%	0 0.0%	0 0.0%	0 0.0%	0 0.0%	0 0.0%	30 6.3%	0 0.0%	0 0.0%	100% 0.0%
15	0 0.0%	0 0.0%	0 0.0%	0 0.0%	0 0.0%	0 0.0%	0 0.0%	0 0.0%	0 0.0%	0 0.0%	0 0.0%	0 0.0%	0 0.0%	0 0.0%	30 6.3%	0 0.0%	100% 0.0%
16	0 0.0%	0 0.0%	0 0.0%	0 0.0%	0 0.0%	0 0.0%	0 0.0%	0 0.0%	0 0.0%	0 0.0%	0 0.0%	0 0.0%	0 0.0%	0 0.0%	0 0.0%	30 6.3%	100% 0.0%
	100% 0.0%	100% 0.0%	76.7% 23.3%	76.7% 23.3%	100% 0.0%	100% 0.0%	100% 0.0%	100% 0.0%	100% 0.0%	100% 0.0%	100% 0.0%	100% 0.0%	100% 0.0%	100% 0.0%	100% 0.0%	100% 0.0%	97.1% 2.9%

预测标签 / 实际标签

图6.49 不同故障类型不同故障严重程度下测试样本的诊断结果（随机测试结果一）

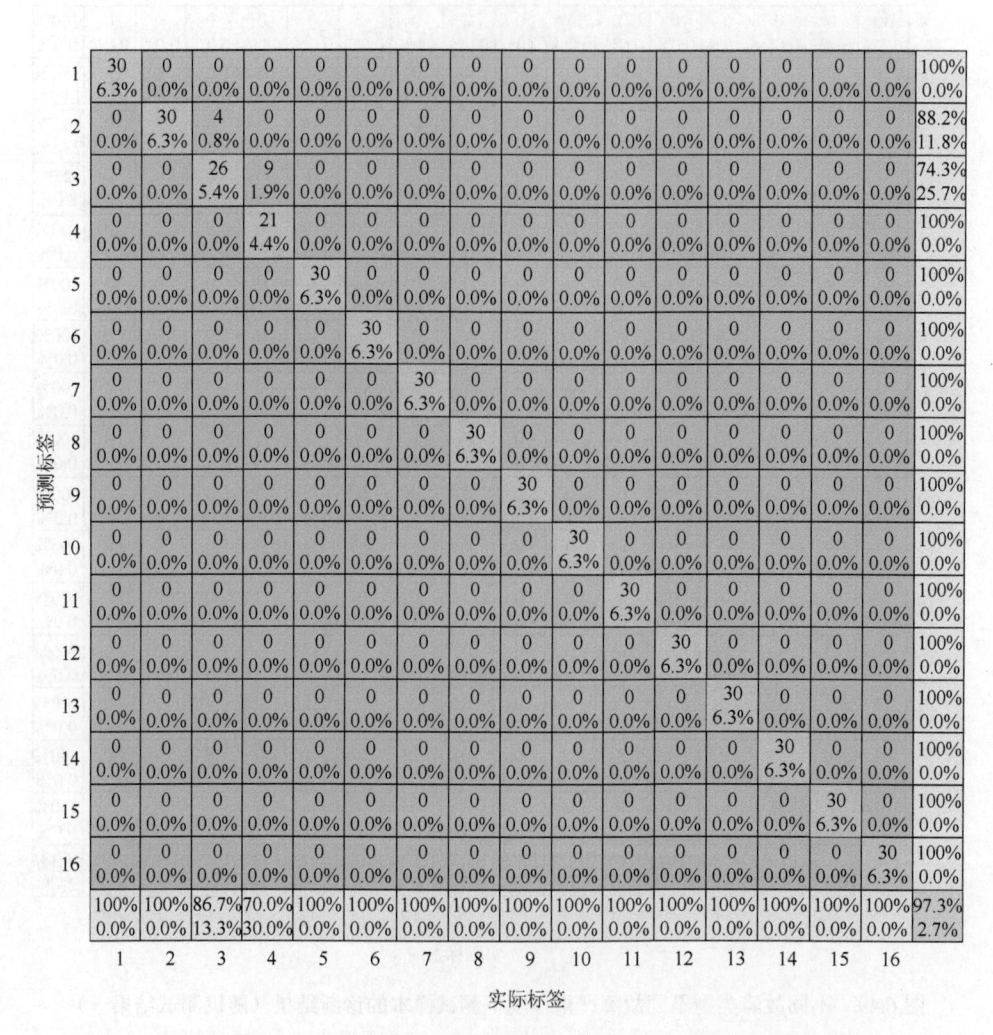

图 6.50 不同故障类型不同故障严重程度下测试样本的诊断结果（随机测试结果二）

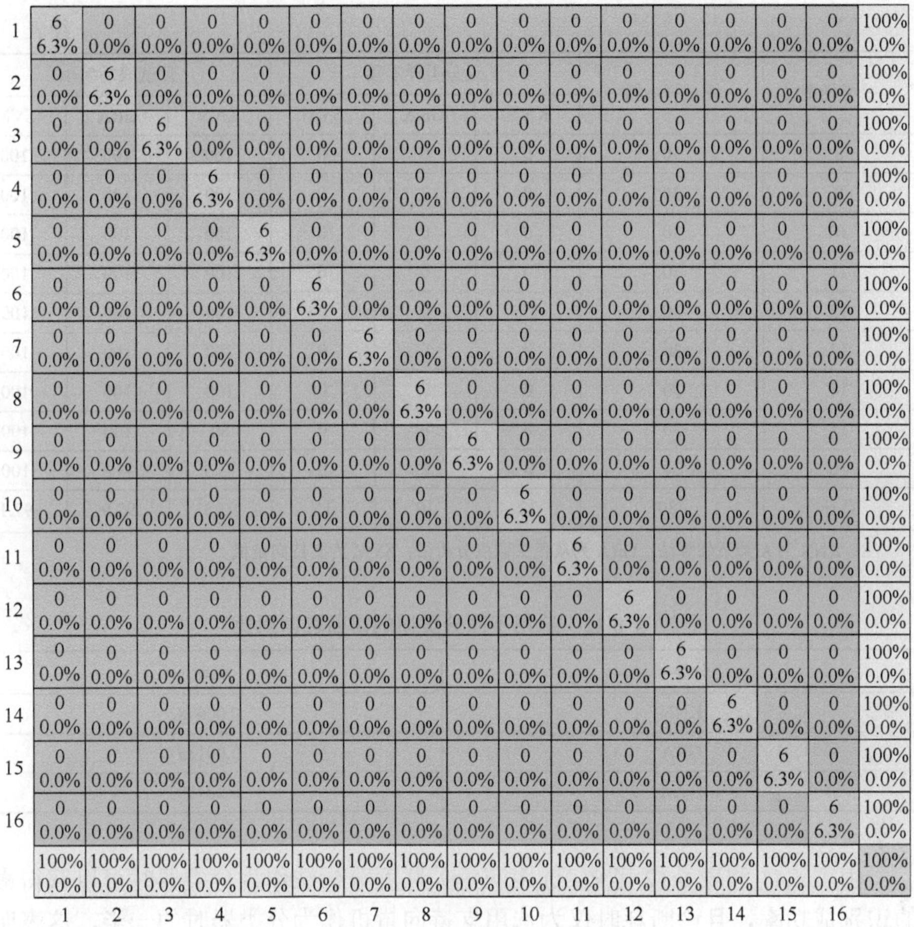

第 6 章 基于机器学习的燃气轮机气路故障诊断方法研究

图 6.51 不同故障类型不同故障严重程度下测试样本的诊断结果（知识库样本数增加）

表 6.11 选用不同分类器的诊断结果

分类标签	测试样本数	误分类样本数			测试成功率/%		
		KNN	GRA	SVM	KNN	GRA	SVM
1	30	0	0	0	100	100	100
2	30	2	0	0	93.3	100	100
3	30	6	5	7	80	83.3	76.6
4	30	10	3	7	66.7	90	76.7
5	30	0	0	0	100	100	100
6	30	0	0	0	100	100	100
7	30	0	0	0	100	100	100

续表

分类标签	测试样本数	误分类样本数			测试成功率/%		
		KNN	GRA	SVM	KNN	GRA	SVM
8	30	0	0	0	100	100	100
9	30	0	0	0	100	100	100
10	30	0	0	0	100	100	100
11	30	0	0	0	100	100	100
12	30	0	0	0	100	100	100
13	30	0	0	0	100	100	100
14	30	0	0	0	100	100	100
15	30	6	0	0	80	100	100
16	30	8	2	0	73.3	93.3	100
总计	480	32	10	15	93.3	97.9	97.1

注：KNN 为 K 最近邻算法；GRA 为灰色关联度分析法；SVM 为支持向量机。

表 6.12　选用不同分类器的诊断耗时对比

分类器	耗时/s
KNN	0.006982
GRA	0.091357
SVM	0.207503

由表 6.11 和表 6.12 可知，选用灰色关联度分析法作为分类器时可以获得最高的识别成功率，且诊断耗时仅为选用支持向量机作为分类器时的一半，这表明了实时在线诊断应用的潜力。

参 考 文 献

[1] Zhou H Y, Ying Y L, Li J C, et al. Long-short term memory and gas path analysis based gas turbine fault diagnosis and prognosis[J]. Advances in Mechanical Engineering, 2021, 13（8）: 1-12.

[2] Li J C, Ying Y L, Wang S H, et al. Slice combination convolutional neural network based radio frequency fingerprint identification for internet of things[J]. Wireless Networks, 2023, 29: 2953-2966.

[3] 应雨龙, 李靖超, 庞景隆, 等. 基于热力模型的燃气轮机气路故障预测诊断研究综述[J]. 中国电机工程学报, 2019, 39（3）: 731-743, 952.

[4] 靳尧飞, 应雨龙, 李靖超, 等. 基于模型与数据混合驱动的燃气轮机气路故障诊断方法[J]. 热力发电, 2021, 50（9）: 66-71, 93.

[5] 应雨龙, 李靖超. 一种基于知识+数据的燃气轮机气路故障预测诊断方法: CN112052628A[P]. 2022-09-16.

[6] Zhao J, Li Y G. Abrupt fault detection and isolation for gas turbine components based on a 1D convolutional neural

network using time series data[C]. AIAA Propulsion and Energy 2020 Forum,2020.
[7] Zhou D J,Yao Q B,Wu H,et al. Fault diagnosis of gas turbine based on partly interpretable convolutional neural networks[J]. Energy,2020,200：117467.1-117467.17.
[8] Hochreiter S,Schmidhuber J. Long short-term memory[J]. Neural Computation,1997,9（8）：1735-1780.
[9] 刘利军,雷宇,余臻. 双向 LSTM 模型在航空发动机气路故障诊断的应用[J]. 航天控制,2020,38（5）：67-72.
[10] 姚钦博,陈金伟,张会生,等. 基于注意力机制的燃气轮机故障诊断方法研究[J].热能动力工程,2021,36（9）：221-227.
[11] 张菲菲,应雨龙,李靖超. 基于双通道特征融合并行优化的燃气轮机气路故障诊断方法[J]. 热力发电,2022,51（12）：30-38.

第7章 重型燃气轮机进、排气系统性能诊断方法研究

重型燃气轮机的进、排气系统作为燃气-蒸汽联合循环电厂中重要的通流部件，其管路状况的改变，会导致机组的功率和效率下降。本章针对现有重型燃气轮机进、排气系统状态监测技术仅从压差来判断工质流经的管路性能状况变化过于片面的问题，设计无量纲化的压损特性指数作为重型燃气轮机的进、排气系统的性能健康量化指标，提出一种基于压损特性指数的重型燃气轮机进、排气系统性能诊断方法[1]。用压损特性指数来表征进气系统管路状况变化的量化指标，从数学本质上诊断流经的管路状况变化，为制定恰当合理的维修策略提供理论指导。

7.1 进、排气系统健康特征参数

7.1.1 进气系统健康特征参数

进气系统的空气工质流经粗滤、精滤、进气弯道等过程中，由流体力学可知，会产生沿程阻力损失和局部阻力损失，如下所示：

$$\Delta P_{in} = \Delta P_l + \Delta P_\xi = \frac{\lambda}{d} l \frac{\rho_0 c_0^2}{2} + \xi \frac{\rho_0 c_0^2}{2} = \left(\frac{\lambda}{d} l + \xi \right) \frac{\rho_0 c_0^2}{2} \tag{7.1}$$

式中，ΔP_{in} 为进气系统的压损；ΔP_l 为沿程阻力损失；ΔP_ξ 为局部阻力损失；λ 为沿程阻力摩擦系数，ξ 为局部阻力损失系数，λ 和 ξ 的数值由流经管段的物理状况决定；d 为管段当量直径；l 为管段长度；ρ_0 为进气系统的入口工质密度；c_0 为进气系统的入口工质速度。

进气系统进口气流状态随着环境条件和机组工况变化而变化，而进气系统的尺寸和管路状况在健康情况下不随环境条件和机组工况而变化，因此 $\frac{\lambda}{d} l + \xi$ 不变。此时，空气工质流经进气系统产生的流动阻力损失 ΔP_{in} 与 $\rho_0 c_0^2$ 成正比。由 $c_0 = G_0 / \rho_0 A$（由工质质量流量可知，其中 A 为进气系统的入口截面积），进气系统压损与入口空气参数的关系式如下：

$$\frac{\Delta P_{\text{in}}}{\Delta P_{\text{in, de}}} = \frac{\dfrac{\rho_0 c_0^2}{2}\left(\dfrac{\lambda}{d}l+\xi\right)}{\left[\dfrac{\rho_0 c_0^2}{2}\left(\dfrac{\lambda}{d}l+\xi\right)\right]_{\text{de}}} = \frac{\left(\dfrac{\rho_0 c_0^2}{2}\right)}{\left(\dfrac{\rho_0 c_0^2}{2}\right)_{\text{de}}} = \frac{v_0 G_0^2}{v_{0,\text{de}} G_{0,\text{de}}^2} = \frac{\rho_{0,\text{de}} G_0^2}{\rho_0 G_{0,\text{de}}^2} \quad (7.2)$$

式中，下角标 de 表示设计工况；G_0 为进气系统的入口空气质量流量；v_0 为进气系统的入口工质比容 $\left(v_0 = \dfrac{1}{\rho_0}\right)$。只要知道当前工况下与设计工况下的入口空气质量流量的相对值 $\dfrac{G_0}{G_{0,\text{de}}}$ 和比容的相对值 $\dfrac{v_0}{v_{0,\text{de}}}$ 以及设计工况下的进气系统压损值 $\Delta P_{\text{in, de}}$，就可以求得当前计算工况下的进气系统压损 ΔP_{in}。

进气系统的健康状态主要与管路状况 $\dfrac{\lambda}{d}l+\xi$ 改变有关，当进气系统存在结垢、积灰等管路状况时，进气系统的 $\dfrac{\lambda}{d}l+\xi$ 相较于无结垢、无积灰等管路状况时变大，从而影响进气系统的压损 ΔP_{in}。因此，定义压损特性指数 SF_{IN} 作为进气系统健康特征参数，来表征进气系统管路状况变化的量化指标。此时，进气系统压损与入口空气参数的关系如下：

$$\frac{\Delta P_{\text{in}}}{\Delta P_{\text{in, de}}} = \frac{\dfrac{\rho_0 c_0^2}{2}\left(\dfrac{\lambda}{d}l+\xi\right)}{\left[\dfrac{\rho_0 c_0^2}{2}\left(\dfrac{\lambda}{d}l+\xi\right)\right]_{\text{de}}} = \text{SF}_{\text{IN}} \frac{v_0 G_0^2}{v_{0,\text{de}} G_{0,\text{de}}^2} = \text{SF}_{\text{IN}} \frac{\rho_{0,\text{de}} G_0^2}{\rho_0 G_{0,\text{de}}^2} \quad (7.3)$$

$$\text{SF}_{\text{IN}} = \left(\frac{\lambda}{d}l+\xi\right) \Big/ \left(\frac{\lambda}{d}l+\xi\right)_{\text{de}} \quad (7.4)$$

因此，只要知道当前工况下与设计工况下的入口气体质量流量的相对值 $\dfrac{G_0}{G_{0,\text{de}}}$、密度的相对值 $\dfrac{\rho_0}{\rho_{0,\text{de}}}$ 和压差的相对值 $\dfrac{\Delta P_{\text{in}}}{\Delta P_{\text{in, de}}}$，就可以求得当前计算工况下的进气系统压损特性指数 SF_{IN}，即

$$\text{SF}_{\text{IN}} = \frac{\Delta P_{\text{in}}}{\Delta P_{\text{in, de}}} \frac{\rho_0 G_{0,\text{de}}^2}{\rho_{0,\text{de}} G_0^2} \quad (7.5)$$

当 SF_{IN} 为 1 时，表示进气系统处于基准健康状态；而当 SF_{IN} 大于 1 时，表示存在结垢、积灰等管路状况，且数值越大越严重。

因此，从数学本质上讲，进气系统的压差不仅和气体工质的质量流量、比容等有关，还和流经的管路状况有关。则进气系统实际出口总压为

$$P_1 = P_0 - \Delta P_{in} = f(G_0, t_0, P_0, R_{g,air}, SF_{IN}) \tag{7.6}$$

式中，P_1 为压气机入口压力；P_0 为大气压力；t_0 为大气温度；$R_{g,air}$ 为大气的气体常数；G_0 为进气系统的入口空气质量流量。

7.1.2 排气系统健康特征参数

对于排气系统，排气系统的烟气在流经余热锅炉的省煤器、蒸发器、过热器、再热器等过程中，也会产生沿程阻力损失和局部阻力损失。排气系统的健康状态主要与管路状况改变有关，从而影响排气系统的压力损失 ΔP_{ex}，同理，定义压损特性指数 SF_{EX} 作为排气系统健康特征参数，来表征排气系统管路状况变化的量化指标。此时排气系统压损 ΔP_{ex} 与入口气体参数的关系如下：

$$\frac{\Delta P_{ex}}{\Delta P_{ex,de}} = SF_{EX} \frac{v_5 G_5^2}{v_{5,de} G_{5,de}^2} = SF_{EX} \frac{\rho_{5,de} G_5^2}{\rho_5 G_{5,de}^2} \tag{7.7}$$

式中，G_5 为排气系统入口烟气的质量流量；ρ_5 为排气系统入口烟气的密度。

因此，只要知道当前工况下与设计工况下的排气系统入口烟气的质量流量的相对值 $\dfrac{G_5}{G_{5,de}}$、密度的相对值 $\dfrac{\rho_5}{\rho_{5,de}}$ 和压差的相对值 $\dfrac{\Delta P_{ex}}{\Delta P_{ex,de}}$，就可以求得当前计算工况下的排气系统压损特性指数 SF_{EX}，即

$$SF_{EX} = \frac{\Delta P_{ex}}{\Delta P_{ex,de}} \frac{\rho_5 G_{5,de}^2}{\rho_{5,de} G_5^2} \tag{7.8}$$

当 SF_{EX} 为 1 时，表示排气系统处于基准健康状态；而当 $SF_{EX} > 1$ 时，表示存在结垢、积焦等管路状况，且数值越大越严重。

排气系统实际进口总压为

$$P_5 = P_0 + \Delta P_{ex} = f(G_5, t_5, P_0, R_{g,gas}, SF_{EX}) \tag{7.9}$$

式中，P_5 为透平出口压力；G_5 为透平出口烟气质量流量；t_5 为透平排温；$R_{g,gas}$ 为透平出口烟气的气体常数。

7.2 进、排气系统性能诊断方法

当前燃气轮机电厂对进、排气系统的性能健康监测主要是通过对进、排气系统的压差信号来判断的。例如，当进气系统的压差信号大于某一监测阈值时，判断是否需要更换进气滤清装置；当排气系统的压差信号过大时，则判断余热锅炉侧是否存在严重的结垢、积焦等问题。然而，从数学本质上讲，进、排气系统的

第 7 章 重型燃气轮机进、排气系统性能诊断方法研究

压差大小不仅和流经的管路状况有关，还和气体工质的质量流量、比容等有关，当流经管路的气体工质的质量流量、比容等参数因机组运行工况变化而发生变化时，进、排气系统的压差也会相应改变，因此仅从压差来判断流经的管路状况过于片面，很容易出现误导性的诊断结果，应该综合气体工质的质量流量、比容等因素来进行更为准确的诊断。

本章定义了无量纲化的压损特性指数作为重型燃气轮机的进、排气系统的性能健康量化指标，所提出的进、排气系统性能诊断方法原理图如图 7.1 所示。所提出的压损特性指数只与进、排气系统的管路状况（如结垢、积灰、脏污等）改变有关，而与环境条件、操作控制条件改变无关，能从物理本质上真正反映重型燃气轮机的进、排气系统的性能健康状况。

图中公式：
$$\mathrm{SF_{IN}} = \frac{\Delta P_{\mathrm{in}}}{\Delta P_{\mathrm{in,de}}} \frac{\rho_0 G_{0,\mathrm{de}}^2}{\rho_{0,\mathrm{de}} G_0^2}$$

$$\mathrm{SF_{EX}} = \frac{\Delta P_{\mathrm{ex}}}{\Delta P_{\mathrm{ex,de}}} \frac{\rho_5 G_{5,\mathrm{de}}^2}{\rho_{5,\mathrm{de}} G_5^2}$$

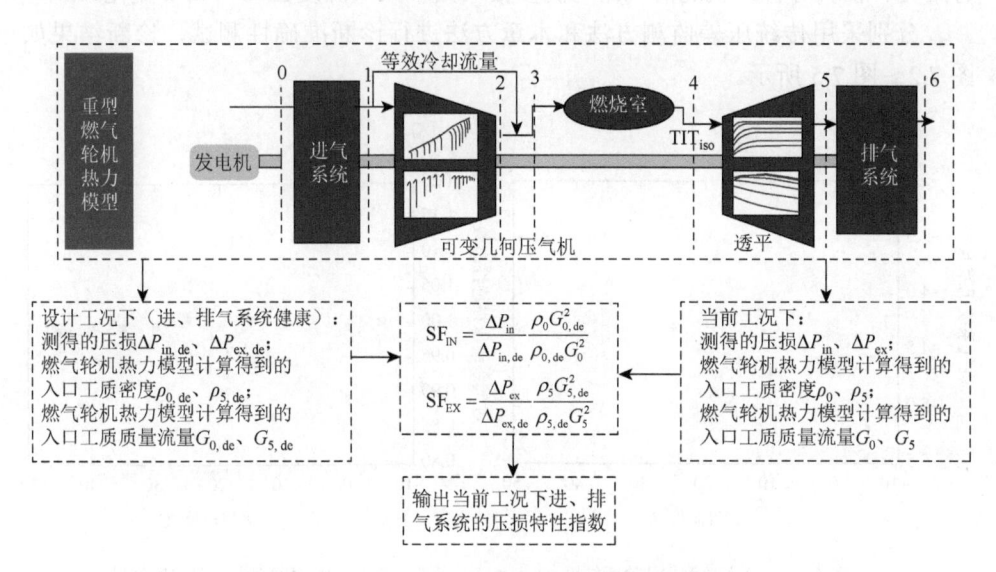

图 7.1　进、排气系统性能诊断方法原理图

如图 7.1 所示，首先，选取重型燃气轮机设计工况点，再计算设计工况点下的进气系统压损 $\Delta P_{\mathrm{in,de}}$ 和排气系统压损 $\Delta P_{\mathrm{ex,de}}$；其次，在设计工况点下，基于燃气轮机整机热力模型计算得到进气系统的入口空气密度 $\rho_{0,\mathrm{de}}$、入口空气质量流量 $G_{0,\mathrm{de}}$ 以及排气系统的入口烟气密度 $\rho_{5,\mathrm{de}}$ 和入口烟气质量流量 $G_{5,\mathrm{de}}$；再次，监测当前运行工况下的进气系统压损 ΔP_{in} 和排气系统压损 ΔP_{ex}，并基于燃气轮机整机热力模型计算当前运行工况下进气系统的入口空气密度 ρ_0、入口空气质量流量 G_0 以及排气系统的入口烟气密度 ρ_5、入口烟气质量流量 G_5；最后，基于上述参数计算得到当前运行工况下进气系统的压损特性指数 $\mathrm{SF_{IN}}$ 和排气系统的压损特性指数 $\mathrm{SF_{EX}}$。

7.3 应用与分析

7.3.1 仿真实验测试

为验证本章方法相对传统压差监测方法具有较高的诊断准确性和抗干扰性，本例中将分别采用传统方法和本章方法对重型燃气轮机的进、排气系统性能进行诊断准确性对比。

仿真测试环境：采集某电厂 F 级重型燃气轮机进、排气系统无结垢、积灰和有结垢、积灰等管路状况的气路可测参数（其中大气温度在 $-5\sim45$ ℃变化）。

分别采用传统压差监测方法和本章方法进行诊断准确性测试，诊断结果如图 7.2～图 7.5 所示。

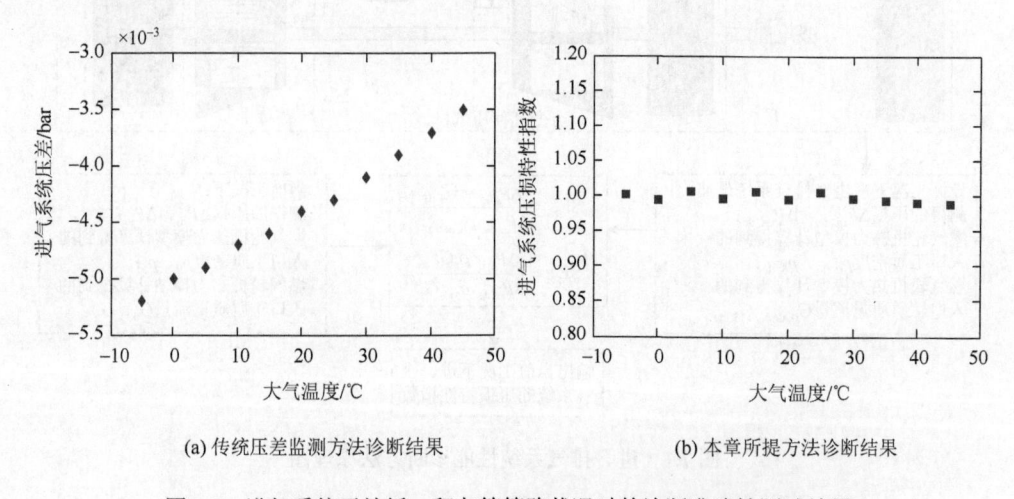

(a) 传统压差监测方法诊断结果   (b) 本章所提方法诊断结果

图 7.2 进气系统无结垢、积灰等管路状况时的诊断准确性测试结果

由图 7.2（a）可以看出，当进气系统无结垢、积灰等管路状况时，大气温度变化导致机组运行工况变化，引起流经进气系统管路的空气工质的质量流量、比容等参数因机组运行工况变化而发生变化，此时监测得到的进气系统压差也随着大气温度升高而显著上升，出现误导性的诊断结果；由图 7.2（b）可以看出，通过本章所提方法诊断得到的进气系统压损特性指数则基本维持在数值 1 附近（数值等于 1 表示基准健康状态），并未受到机组运行工况变化的干扰，说明本章所提方法具有更高的诊断准确性和抗干扰性（鲁棒性）。

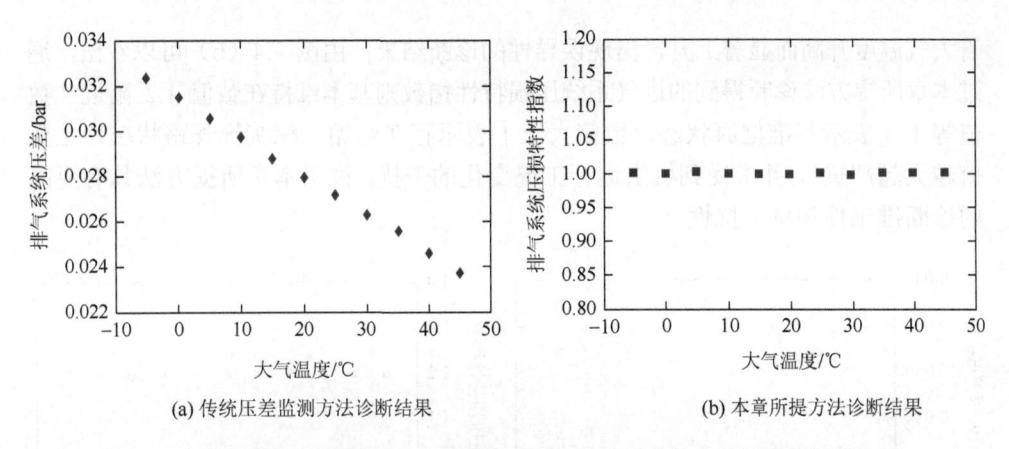

(a) 传统压差监测方法诊断结果 (b) 本章所提方法诊断结果

图 7.3 排气系统无结垢、积灰等管路状况时的诊断准确性测试结果

由图 7.3（a）可以看出，当排气系统无结垢、积灰等管路状况时，由大气温度变化导致机组运行工况变化，引起流经排气系统管路的烟气工质的质量流量、比容等参数因机组运行工况变化而发生变化，此时监测得到的排气系统压差也随着大气温度升高而显著下降，出现误导性的诊断结果；由图 7.3（b）可以看出，通过本章所提方法诊断得到的排气系统压损特性指数基本维持在数值 1 附近（数值等于 1 表示基准健康状态），并未受到机组运行工况变化的干扰，说明本章所提方法具有更高的诊断准确性和抗干扰性（鲁棒性）。

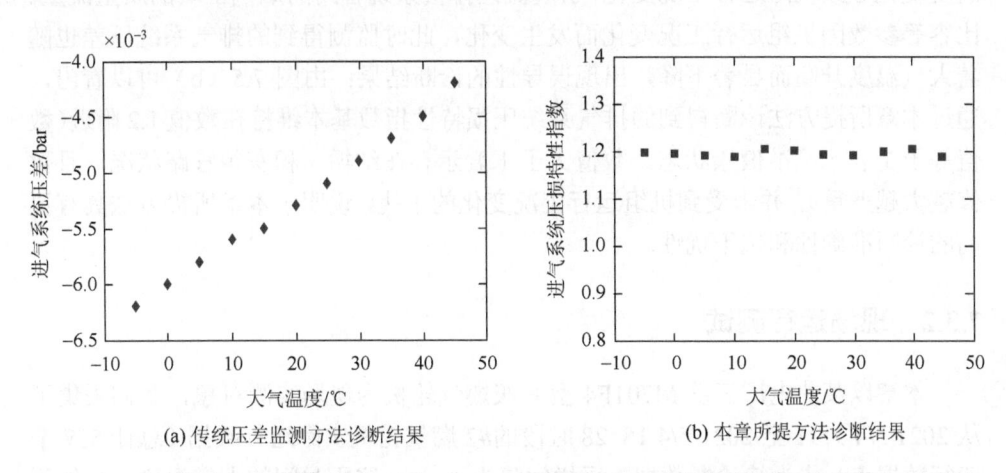

(a) 传统压差监测方法诊断结果 (b) 本章所提方法诊断结果

图 7.4 进气系统存在结垢、积灰等管路状况时的诊断准确性测试结果

由图 7.4（a）可以看出，当进气系统存在结垢、积灰等管路状况时，由大气温度变化导致机组运行工况变化，引起流经进气系统管路的空气工质的质量流量、比容等参数因机组运行工况变化而发生变化，此时监测得到的进气系统压差也随

着大气温度升高而显著上升,出现误导性的诊断结果;由图 7.4(b)可以看出,通过本章所提方法诊断得到的进气系统压损特性指数则基本维持在数值 1.2 附近(数值等于 1 表示基准健康状态,数值大于 1 表示存在结垢、积灰等管路状况,且数值越大越严重),并未受到机组运行工况变化的干扰,说明本章所提方法具有更高的诊断准确性和抗干扰性。

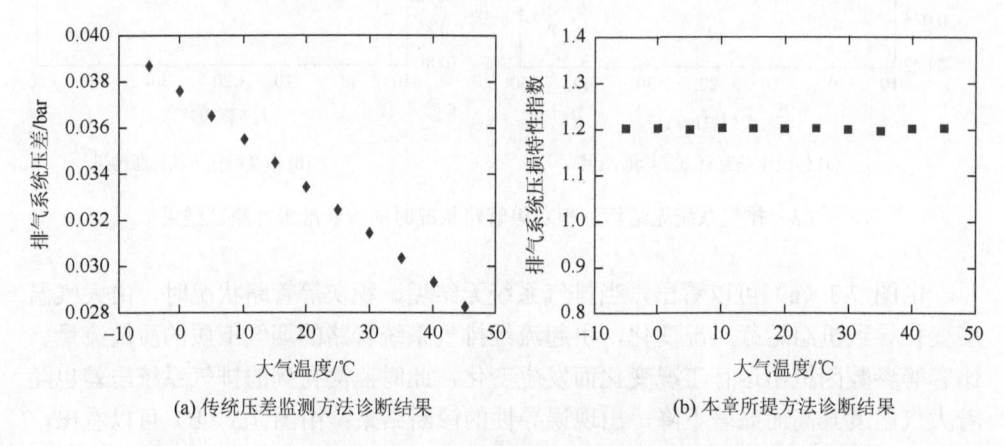

(a) 传统压差监测方法诊断结果　　　　　(b) 本章所提方法诊断结果

图 7.5　排气系统存在结垢、积灰等管路状况时的诊断准确性测试结果

由图 7.5(a)可以看出,当排气系统存在结垢、积灰等管路状况时,由大气温度变化导致机组运行工况变化,引起流经排气系统管路的烟气工质的质量流量、比容等参数因机组运行工况变化而发生变化,此时监测得到的排气系统压差也随着大气温度升高而显著下降,出现误导性的诊断结果;由图 7.5(b)可以看出,通过本章所提方法诊断得到的排气系统压损特性指数基本维持在数值 1.2 附近(数值等于 1 表示基准健康状态,数值大于 1 表示存在结垢、积灰等管路状况,且数值越大越严重),并未受到机组运行工况变化的干扰,说明了本章所提方法具有更高的诊断准确性和抗干扰性。

7.3.2　现场运行测试

本章以某热电厂三菱 M701F4 型 F 级燃气轮机为现场实测对象,我们采集了从 2021/5/4 9:11 至 2021/5/4 18:28 时段的#2 燃气轮机实际运行数据(总计 557 个运行数据点)作为待诊断数据,采样间隔为 1min,这段时间的大气温度、大气压力、燃气轮机输出功率和压气机 IGV 开度位置变化情况如图 7.6～图 7.9 所示。

通过对采集的从 2021/5/4 9:11 至 2021/5/4 18:28 时段的#2 燃气轮机实际运行数据(总计 557 个运行数据点)进行诊断,得到进、排气系统的健康参数如图 7.10 和图 7.11 所示。

第 7 章 重型燃气轮机进、排气系统性能诊断方法研究

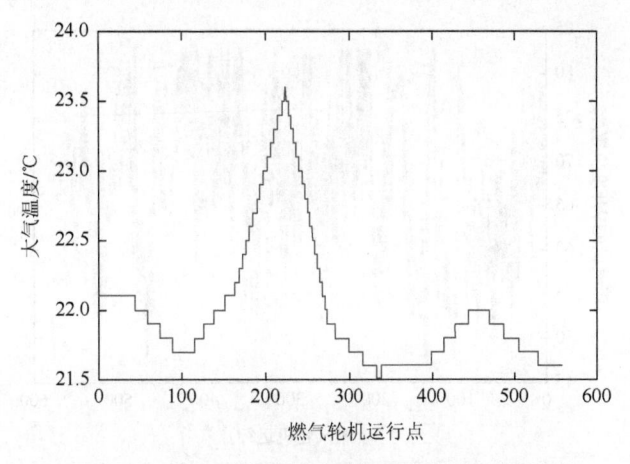

图 7.6 大气温度随燃气轮机运行的变化情况

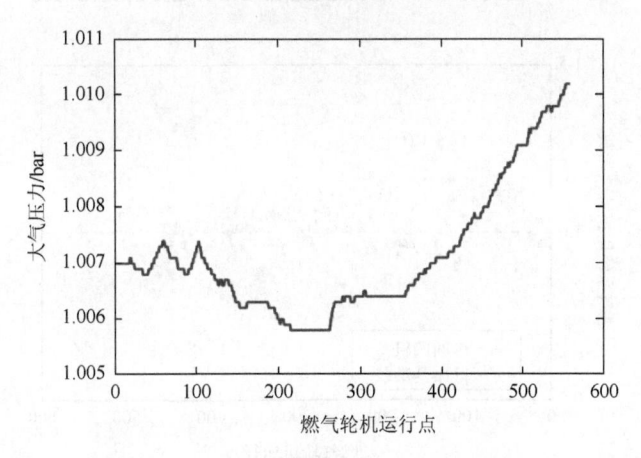

图 7.7 大气压力随燃气轮机运行的变化情况

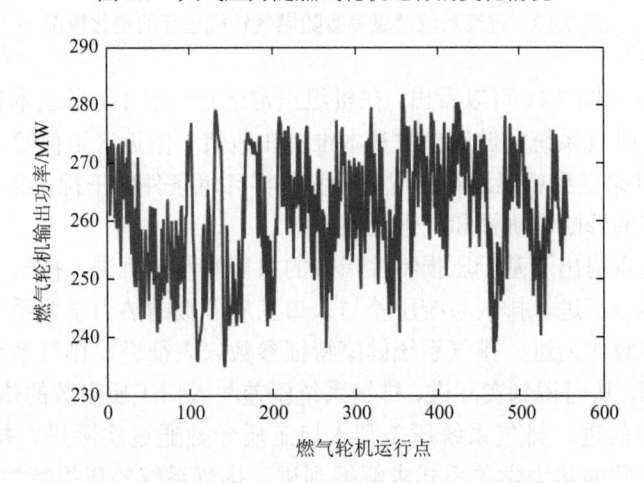

图 7.8 燃气轮机输出功率随燃气轮机运行的变化情况

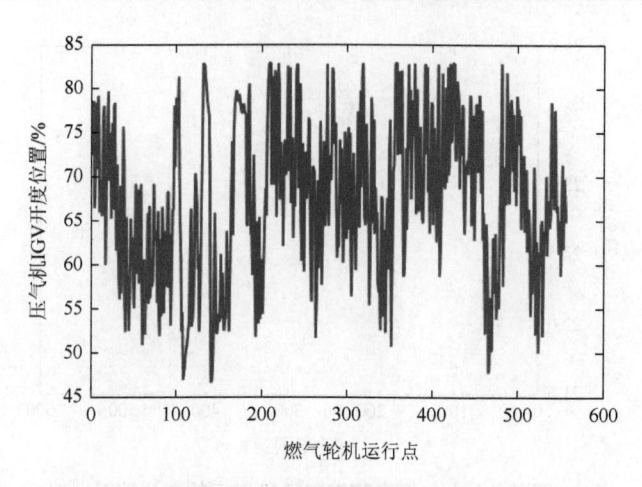

图 7.9 压气机 IGV 开度位置随燃气轮机运行的变化情况

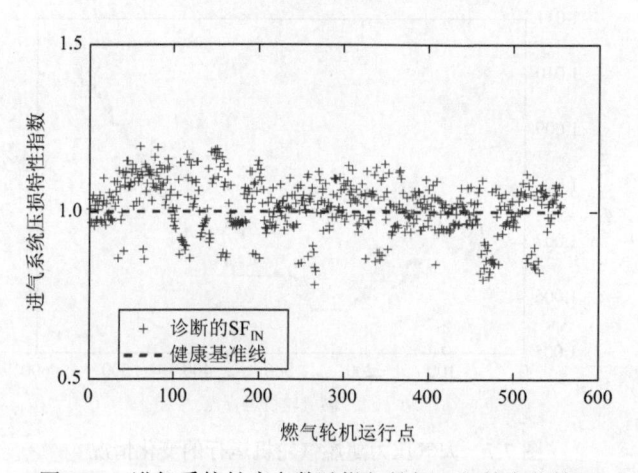

图 7.10 进气系统健康参数随燃气轮机运行的变化情况

由图 7.10 和图 7.11 可以看出,在机组正常运行情况下,通过本章所提方法诊断得到的进、排气系统的健康参数基本维持在数值 1 附近(数值等于 1 表示基准健康状态),并未受到机组运行工况变化和外界环境条件的干扰,说明了本章所提方法具有较高的诊断准确性和抗干扰性。

综上,本章提出了基于压损特性指数的重型燃气轮机进、排气系统性能诊断方法。首先推导了进、排气系统压差与入口工质参数的热力学关系式;其次定义了压损特性指数作为进、排气系统健康特征参数来表征进、排气系统管路状况变化的量化指标,从而得到实际进、排气系统压差与入口工质参数的热力学关系式;最后基于实测的进、排气系统压差和入口工质参数通过实际进、排气系统压差与入口工质参数的热力学关系式求解得到进、排气系统的压损特性指数,即进、

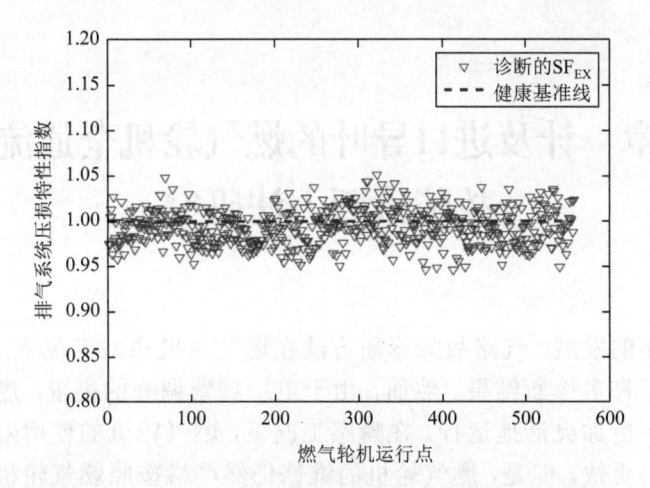

图 7.11 排气系统健康参数随燃气轮机运行的变化情况

排气系统管路状况变化的量化指标，为制定恰当合理的维修策略提供理论指导。

参 考 文 献

[1] Ying Y L, Li J C. An improved performance diagnostic method for industrial gas turbines with consideration of intake and exhaust system[J]. Applied Thermal Engineering, 2023, 222: 119907.

第8章　计及进口导叶的燃气轮机全通流气路故障诊断方法研究

经过多年的发展，气路故障诊断方法在燃气轮机稳态工况下，通过理论仿真手段得出了许多诊断结果。然而，由于电厂频繁调峰的需求，燃气轮机需要在瞬态工况下更加灵活地运行。在瞬态工况下，燃气轮机的使用寿命比基本负荷工况消耗得更快。但是，燃气轮机的维修仍然严格按照燃气轮机制造商提供的技术文件和相关规范要求的时间间隔进行，维修成本极高。此外，变几何压气机的广泛应用在实际诊断过程中引入了新的不确定因素，使得原有气路诊断方法的适用边界越来越窄。另外，机组抽气冷却技术的进步以及日益复杂的控制系统增加了热力建模的复杂度。为延长燃气轮机的使用寿命，提高可用性，降低维护成本，应高度重视电厂燃气轮机在瞬态工况下故障诊断的研究。虽然已有少数学者开展了相关研究，但他们的研究主要集中在仿真测试上，且没有考虑变几何压气机的影响。

针对上述问题，本章提出一种适用于瞬态变工况且包含可调静叶压气机的电厂燃气轮机全通流气路故障诊断方法[1, 2]，主要研究内容如下。

（1）推导压气机 IGV 的开度位置对压气机流量特性和效率特性影响的数学关系式，拓宽原有气路故障诊断方法的适用边界。

（2）所提出的方法可以在瞬态工况下，对包含可变几何压气机的电厂燃气轮机进行气路故障诊断，得到量化的部件健康参数。

（3）通过仿真实验测试和现场实际机组运行测试，验证本章所提方法的有效性与可靠性。

8.1　计及进口导叶的燃气轮机全通流热力建模

燃气轮机通流部件多级健康特征参数从数学本质上讲是气路可测参数与各通流部件基准特性的非线性函数。为去除上述运行工况、环境条件、可变几何、抽气冷却等各种干扰因素，同时既能有效利用气路可测参数前后时间关系，避免数据在时间上的割裂，又能有效利用不同气路可测参数之间非线性耦合关系，剥离出真正的通流部件多级健康特征参数，本章在综合考虑上述各种干扰因素

第 8 章 计及进口导叶的燃气轮机全通流气路故障诊断方法研究

且包含通流部件多级健康特征参数的基础上建立电厂燃气轮机整机数学模型及热力模型。

本节以 AE94.3A 燃气轮机（是意大利 Ansaldo Energia 公司生产的 F 级重型燃气轮机）为例，如图 5.7 和图 8.1 所示。

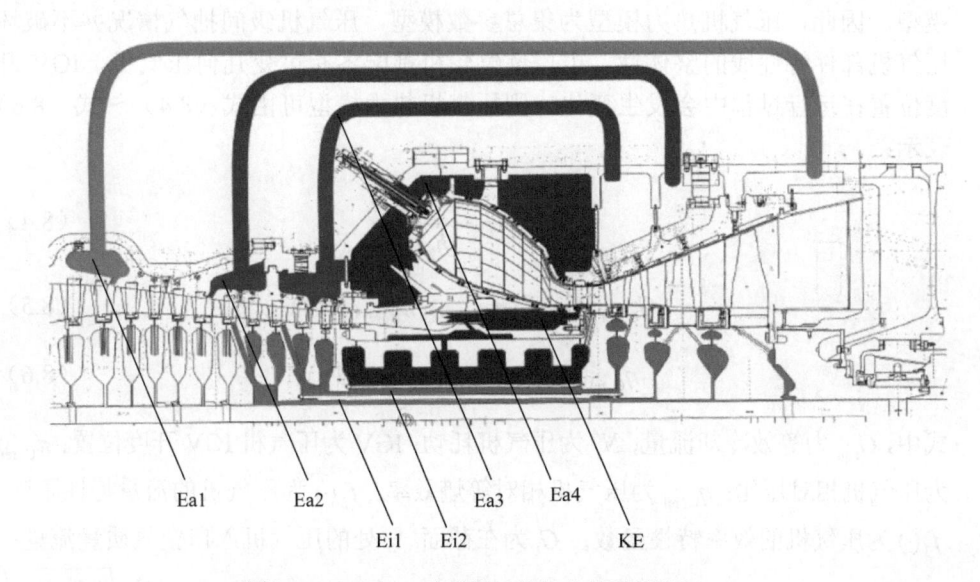

Ea1 Ea2 Ea3 Ea4
　　　Ei1 Ei2　　　KE

图 8.1 AE94.3A 重型燃气轮机总体通流情况

为便于燃气轮机通流部件多级健康特征参数数学建模，参照 ISO 2314 准则，本章采用等效冷却流量处理方法进行燃气轮机热力建模，如 5.2.1 节中所述。

进气系统热力模型及其健康特征参数的详细建模过程参考 7.1.1 节，进气系统的压损计算公式如下所示：

$$\Delta P_{in} = \Delta P_l + \Delta P_\xi = \frac{\lambda}{d} l \frac{\rho_0 c_0^2}{2} + \xi \frac{\rho_0 c_0^2}{2} = \left(\frac{\lambda}{d}l + \xi\right)\frac{\rho_0 c_0^2}{2} \tag{8.1}$$

进气系统的健康状况主要与滤清系统积灰等管路状况改变有关，定义压损特性指数 SF_{IN} 作为进气系统健康特征参数来表征进气系统管路状况变化的量化指标，此时进气系统压损与入口空气参数的关系如下：

$$\frac{\Delta P_{in}}{\Delta P_{in, de}} = \frac{\left(\frac{\lambda}{d}l + \xi\right)\frac{\rho_0 c_0^2}{2}}{\left[\left(\frac{\lambda}{d}l + \xi\right)\frac{\rho_0 c_0^2}{2}\right]_{de}} = SF_{IN}\frac{v_0 G_0^2}{v_{0, de} G_{0, de}^2} = SF_{IN}\frac{\rho_{0, de} G_0^2}{\rho_0 G_{0, de}^2} \tag{8.2}$$

进气系统实际出口总压 P_1 为

$$P_1 = P_0 - \Delta P_{in} = f_1(G_0, t_0, P_0, R_{g,air}, SF_{IN}) \tag{8.3}$$

对于压气机,此时压气机的热力模型可以从 1 维热力模型简化为 0 维热力模型。因此,压气机热力模型为集总参数模型,压气机级间抽气情况并不破坏压气机部件特性线的整体性。电厂燃气轮机都配备有可变几何压气机,IGV 开度位置在运行过程中会发生变化。则压气机热力模型可由式(8.4)~式(8.6)表示:

$$G_{equ} = G_1 - \frac{N_C}{h_2 - h_1} \tag{8.4}$$

$$G_{C,cor,rel} = f_2(n_{C,cor,rel}, \pi_{C,rel}, IGV) \tag{8.5}$$

$$\eta_{C,rel} = f_3(n_{C,cor,rel}, \pi_{C,rel}, IGV) \tag{8.6}$$

式中,G_{equ} 为等效冷却流量;N_C 为压气机耗功;IGV 为压气机 IGV 开度位置;$\pi_{C,rel}$ 为压气机相对压比;$\eta_{C,rel}$ 为压气机相对等熵效率;$f_2(\cdot)$ 为压气机的流量特性函数;$f_3(\cdot)$ 为压气机的效率特性函数;G_1 为在截面 1 处的压气机入口空气质量流量;$n_{C,cor,rel} = \dfrac{n}{\sqrt{T_1 R_{g,air}}} \Big/ \dfrac{n_{de}}{\sqrt{T_{1,de} R_{g,air,de}}}$ 为压气机相对折合转速;$G_{C,cor,rel} = \dfrac{G_2 \sqrt{T_1 R_{g,air}}}{P_1} \Big/ \dfrac{G_{2,de} \sqrt{T_{1,de} R_{g,air,de}}}{P_{1,de}}$ 为压气机相对折合质量流量,G_2 为截面 2 处的压气机出口空气质量流量;h_2 为截面 2 处的压气机出口空气比焓;h_1 为截面 1 处的压气机入口空气比焓。

压气机的第 1 级或前几级的 IGV 通常根据机组运行工况条件的变化而关小或打开。例如,E 级燃气轮机 AE94.2 的压气机第 1 级 IGV 是可调节的,而 F 级燃气轮机 AE94.3A 的压气机的前两级 IGV 是可调的。IGV 开度位置变化主要影响进入压气机的轴向气流速度,即进入压气机的空气体积流量,则压气机的流量特性函数式(8.5)可以进一步简化为

$$\begin{aligned} G_{C,cor,rel} &= f_2(n_{C,cor,rel}, \pi_{C,rel}, IGV) \approx G_{C,cor,rel,IGV=100\%}(n_{C,cor,rel}, \pi_{C,rel}) \times f_4(IGV \times \rho_1) \\ &= G_{C,cor,rel,IGV=100\%} \times \varphi_{IGV} \end{aligned}$$

$$\tag{8.7}$$

式中,定义 $\varphi_{IGV} = f_4(IGV \times \rho_1)$ 为 IGV 开度调节下的质量流量修正系数;ρ_1 为压

第 8 章　计及进口导叶的燃气轮机全通流气路故障诊断方法研究

气机入口空气密度；$G_{C,\,cor,\,rel,\,IGV=100\%}(n_{C,\,cor,\,rel},\,\pi_{C,\,rel})$ 为 IGV 全开时的压气机流量特性函数。

此外，通常压气机的级效率 η 和动叶出口相对气流角 β_2 近似仅是气流进入动叶冲角的函数，此时级的流量系数 ϕ 与压力系数 ψ 满足以下关系式：

$$\frac{\psi}{\phi} = (\tan\beta_1 - \tan\beta_2)\cdot\eta = 常数 \tag{8.8}$$

式中，$\psi = \dfrac{h_{out,s} - h_{in}}{u^2}$ 为级的压力系数，$h_{out,s}$ 为级的出口等熵比焓，h_{in} 为级的入口比焓，u 为轮周速度；$\eta = \psi/\zeta$ 为级的等熵效率，$\zeta = \dfrac{h_{out} - h_{in}}{u^2}$ 为级的温升系数，h_{out} 为级的出口比焓。

由式（8.8）可知，IGV 开度位置变化对压气机的等熵效率影响相对较小，则压气机的效率特性函数式（8.6）可以进一步简化为

$$\eta_{C,\,rel} = f_3(n_{C,\,cor,\,rel},\,\pi_{C,\,rel},\,IGV) \approx f_5(n_{C,\,cor,\,rel},\,\pi_{C,\,rel}) \tag{8.9}$$

方程式（8.8）可以根据压气机级的速度三角形推导出，如图 8.2 所示。

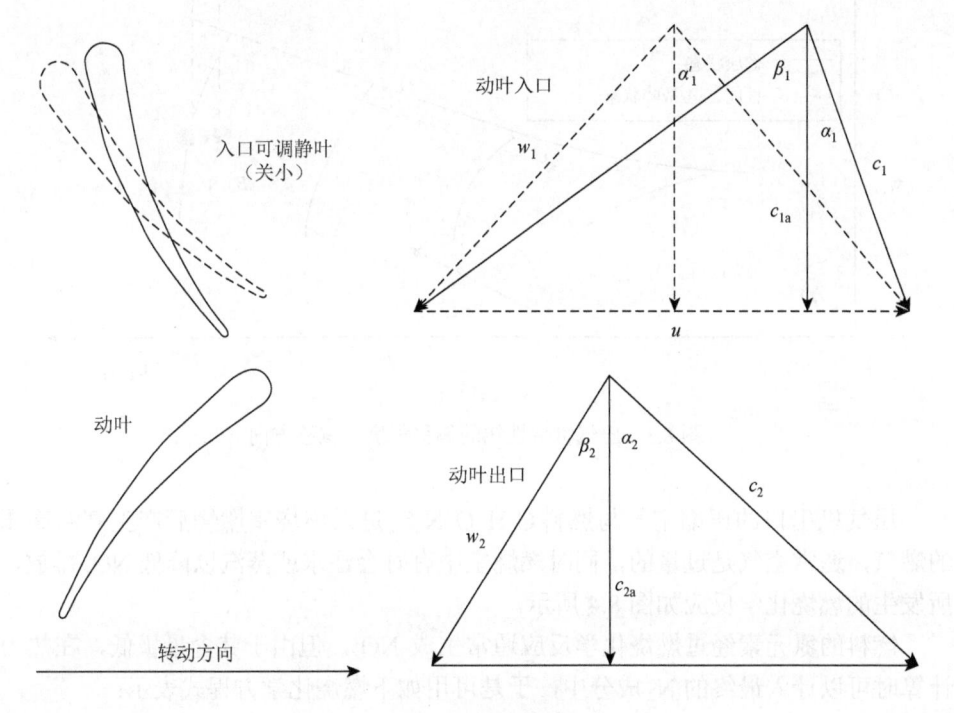

图 8.2　压气机级的速度三角形

压气机的健康状态主要与积垢、磨损、腐蚀等有关，从而影响部件通流能力和部件运行效率，因此，定义流量特性指数 SF_{FC} 和效率特性指数 SF_{EC} 作为压气机基因特征（本质上反映部件特性线的偏移程度和偏移方向，如图 8.3 所示）来表征压气机通流能力与运行效率改变的量化指标，此时压气机的实际流量特性函数和效率特性函数为

$$G_{C,\,cor,\,rel} = f_6(n_{C,\,cor,\,rel}, \pi_{C,\,rel}, \text{IGV}, SF_{FC}) \tag{8.10}$$

$$\eta_{C,\,rel} = f_7(n_{C,\,cor,\,rel}, \pi_{C,\,rel}, \text{IGV}, SF_{EC}) \tag{8.11}$$

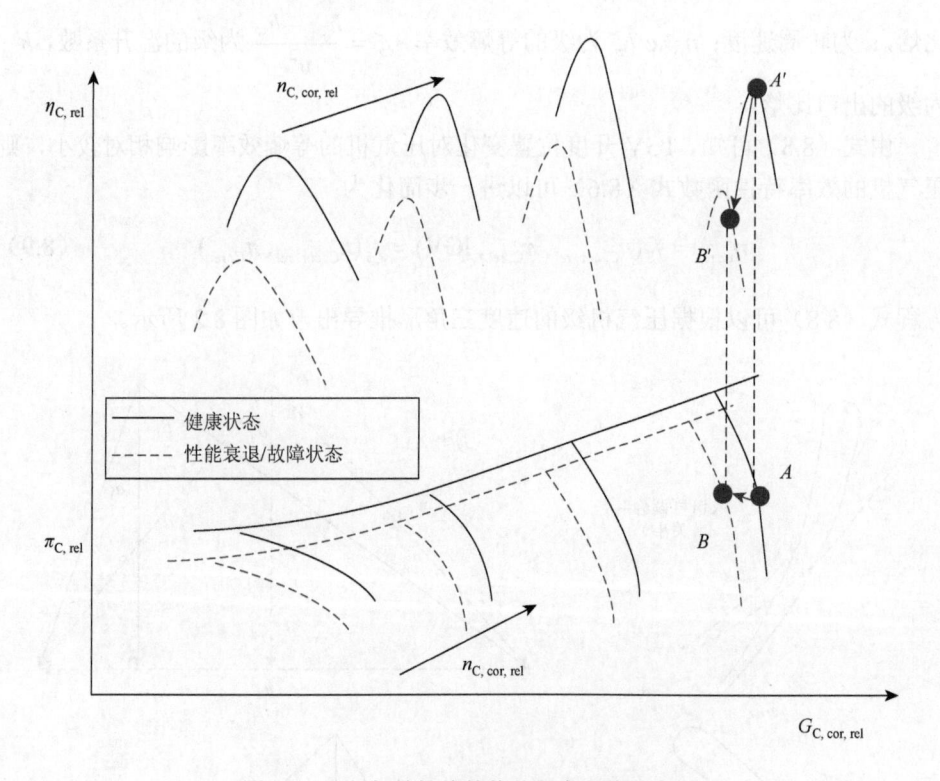

图 8.3 压气机特性线的偏移程度和偏移方向

压气机出口的压缩空气与燃料 $C_xH_yO_zN_uS_v$ 进入燃烧室燃烧后产生高温高压的燃气，通常空气是过量的，同时燃烧室中有时会注水或蒸汽以降低 NO_x 排放，所发生的燃烧化学反应如图 8.4 所示。

燃料的氮元素经过燃烧化学反应通常生成 NO_x，但由于其含量极低，在热力计算时可以计入最终的 N_2 成分中，于是可用如下燃烧化学方程式表示：

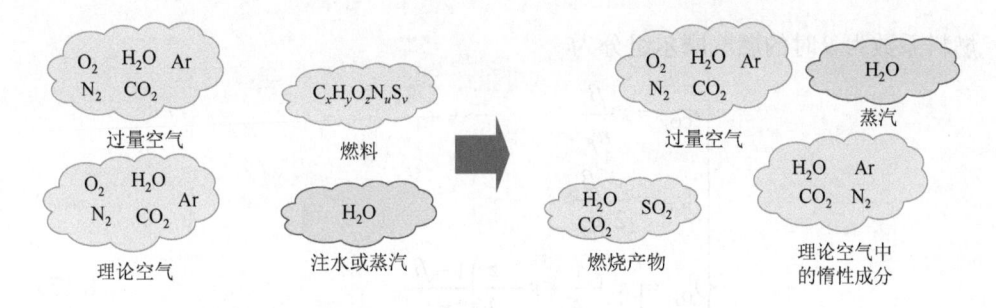

图 8.4 燃烧室中的燃烧化学反应过程

$$\beta C_x H_y O_z N_u S_v + \left(x + \frac{y}{4} + v - \frac{z}{2}\right)O_2 + d\left(x + \frac{y}{4} + v - \frac{z}{2}\right)N_2'$$
$$\longrightarrow \beta\left(xCO_2 + \frac{y}{2}H_2O + vSO_2\right) + (1-\beta)\left(x + \frac{y}{4} + v - \frac{z}{2}\right)O_2$$
$$+ d\left(x + \frac{y}{4} + v - \frac{z}{2}\right)N_2' + \frac{u}{2}\beta N_2 \qquad (8.12)$$

式中，β 为燃料系数；d 为空气中氮气与氧气的摩尔比；N_2' 为原本空气中的氮气；N_2 为燃料中的氮元素计入最终的氮气的部分。

由上述燃烧化学方程式可以得出任意燃料的理论消耗空气摩尔量、理论生成燃气摩尔量、燃料系数 β 的燃气摩尔量和相应的燃气摩尔组分等。其中，理论消耗空气摩尔量（即 1mol 燃料完全燃烧时消耗的空气摩尔量）为

$$n_{\beta=0} = (1+d)\left(x + \frac{y}{4} + v - \frac{z}{2}\right) \qquad (8.13)$$

理论生成燃气摩尔量（即 1mol 燃料完全燃烧时生成的燃气摩尔量）为

$$n_{\beta=1} = n_{\beta=0} + \frac{y}{4} + \frac{z}{2} + \frac{u}{2} \qquad (8.14)$$

理论消耗空气质量（即 1kg 燃料完全燃烧时消耗的空气质量）为

$$L_0 = \frac{n_{\beta=0} \cdot M_{\text{air}(N_2+O_2)}}{M_{\text{fuel}}} \qquad (8.15)$$

燃料系数为 β 时生成燃气摩尔量为

$$n_\beta = n_{\beta=0} + \beta\left(\frac{y}{4} + \frac{z}{2} + \frac{u}{2}\right) \qquad (8.16)$$

燃料系数为 β 时的燃气摩尔组分为

$$\begin{cases} r_{CO_2} = x\dfrac{\beta}{n_\beta} \\ r_{H_2O} = \dfrac{y}{2}\dfrac{\beta}{n_\beta} \\ r_{O_2} = \left(x+\dfrac{y}{4}+v-\dfrac{z}{2}\right)\dfrac{1-\beta}{n_\beta} \\ r_{N_2'+N_2} = \left[d\left(x+\dfrac{y}{4}+v-\dfrac{z}{2}\right)+\dfrac{u}{2}\beta\right]\dfrac{1}{n_\beta} \\ r_{SO_2} = v\dfrac{\beta}{n_\beta} \end{cases} \qquad (8.17)$$

得到燃料系数为 β 时的燃气摩尔质量为

$$M_{gas} = \sum_{i=1}^{5} M_i r_i \qquad (8.18)$$

式中，M_{gas} 为燃气的摩尔质量；r_i 为燃气中各组分的摩尔分数；M_i 为燃气中各组分的摩尔质量。

通过以上燃烧化学方程式，可以由已知组分和质量流量的压缩空气 G_3 和已知组分和质量流量 G_f 的任意燃料 $C_xH_yO_zN_uS_v$，计算得到燃烧后的燃气组分，再计及燃烧室中有无注水或蒸汽情况以及过量空气和理论空气中未参与燃烧化学方程式的 H_2O、CO_2、Ar，即可得到最终的实际燃气组分。此外，燃烧室出口总压 P_4 为

$$P_4 = P_3 - \Delta P_{CC} = f_8(G_3, G_f, t_4, P_3, R_{g,gas}) \qquad (8.19)$$

式中，ΔP_{CC} 为燃烧室压力损失；t_4 为燃烧室出口温度。

此时透平的热力模型可以从 1 维热力模型简化为 0 维热力模型。因此，透平热力模型为集总参数模型，透平级间冷却情况并不破坏透平部件特性线的整体性，则透平热力模型可由式（8.20）和式（8.21）表示：

$$G_{T, cor, rel} = f_9(n_{T, cor, rel}, \pi_{T, rel}) \qquad (8.20)$$

$$\eta_{T, rel} = f_{10}(n_{T, cor, rel}, \pi_{T, rel}) \qquad (8.21)$$

式中，$f_9(\cdot)$ 为透平的流量特性函数；$f_{10}(\cdot)$ 为透平的效率特性函数；$n_{T, cor, rel} = \dfrac{n}{\sqrt{T_4 R_{g,gas}}} \bigg/ \dfrac{n_{de}}{\sqrt{T_{4,de} R_{g,gas,de}}}$ 为透平相对折合转速；$\pi_{T, rel} = \dfrac{\pi_T}{\pi_{T,de}}$ 为透平相对膨胀比；$G_{T, cor, rel} = \dfrac{G_4\sqrt{T_4 R_{g,gas}}}{P_4} \bigg/ \dfrac{G_{4,de}\sqrt{T_{4,de} R_{g,gas,de}}}{P_{4,de}}$ 为透平相对折合流量。

透平的健康状态主要与积垢、磨损、腐蚀等有关，从而影响部件通流能力和部件运行效率，因此，定义流量特性指数SF_{FT}和效率特性指数SF_{ET}作为透平健康特征，来表征透平通流能力和运行效率变化的量化指标，此时透平的实际流量特性函数和效率特性函数为

$$G_{T, cor, rel} = f_{11}(n_{T, cor, rel}, \pi_{T, rel}, SF_{FT}) \quad (8.22)$$

$$\eta_{T, rel} = f_{12}(n_{T, cor, rel}, \pi_{T, rel}, SF_{ET}) \quad (8.23)$$

对于排气系统，排气系统热力模型及其健康特征参数的详细建模过程参考7.1.2节，压损特性指数SF_{EX}作为排气系统健康特征参数，来表征排气系统管路状况变化的量化指标，此时排气系统压损ΔP_{ex}与入口气体参数的关系如下：

$$\frac{\Delta P_{ex}}{\Delta P_{ex, de}} = SF_{EX} \frac{v_5 G_5^2}{v_{5, de} G_{5, de}^2} = SF_{EX} \frac{\rho_{5, de} G_5^2}{\rho_5 G_{5, de}^2} \quad (8.24)$$

排气系统实际进口总压P_5为

$$P_5 = P_0 + \Delta P_{ex} = f_{13}(G_4, t_5, P_0, R_{g, gas}, SF_{EX}) \quad (8.25)$$

式中，t_5为透平排温。

由此，可以建立综合考虑上述各种干扰因素且包含通流部件多级健康特征的电厂燃气轮机整机数学模型及其热力模型，如图8.5所示。此时，整机热力模型

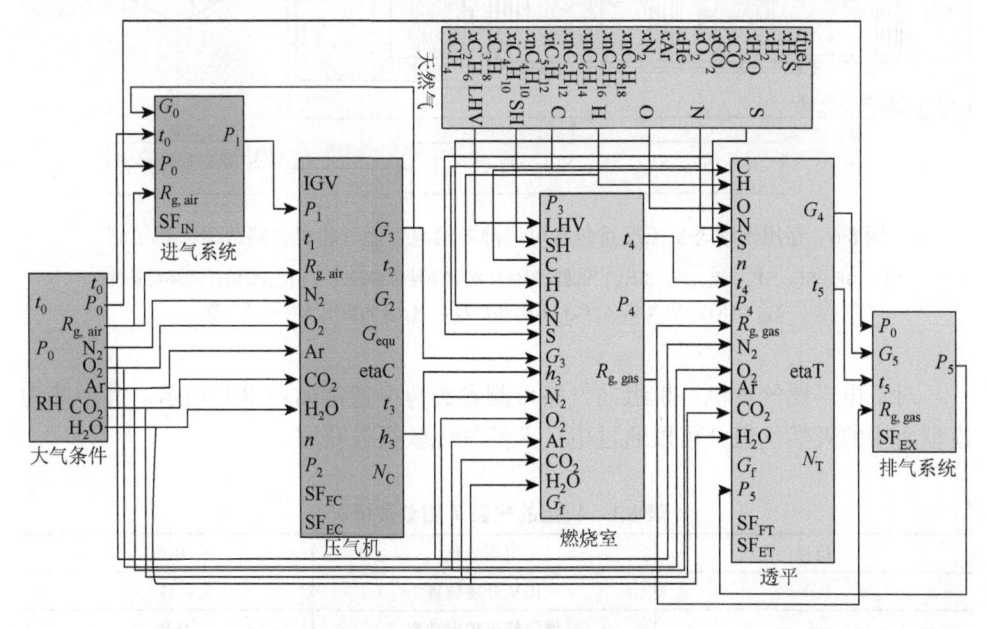

图8.5 综合考虑上述各种干扰因素且包含通流部件多级健康特征的电厂燃气轮机整机数学模型及其热力模型

中截面 0、1、2、5 和 6 处的工质组分、温度、压力和工质质量流量与实际燃气轮机机组情况相同。

8.2 燃气轮机全通流气路故障诊断方法

本章以解决电厂燃气轮机瞬态变工况下气路故障诊断的基础问题为研究目的，研究适用于瞬态变工况且包含可变几何压气机的燃气轮机气路诊断的新方法。建立上述燃气轮机热力模型之后，提出适用于瞬态变工况且包含可调静叶的电厂燃气轮机气路故障诊断策略，如图 8.6 所示。

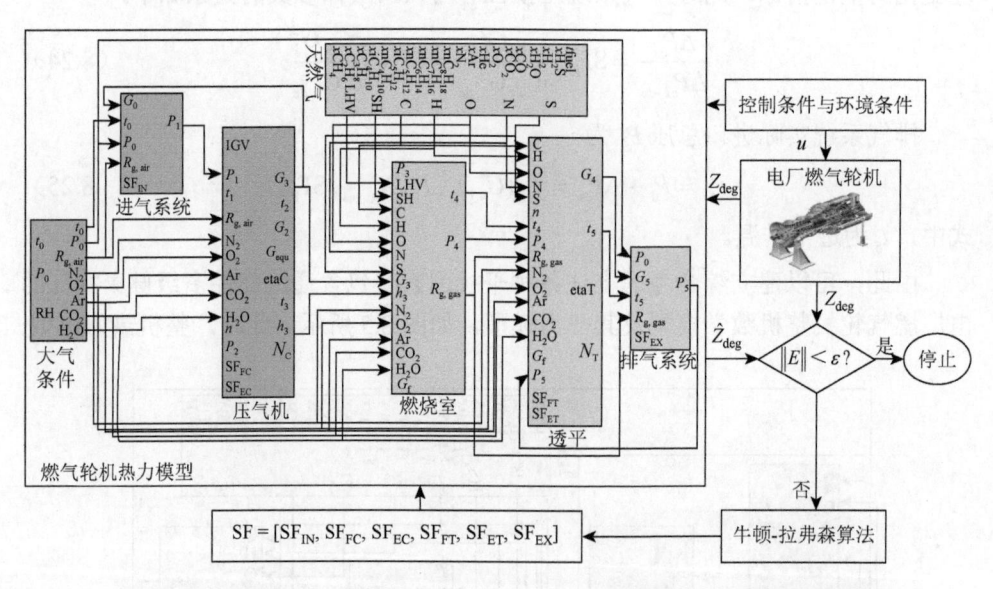

图 8.6 适用于瞬态变工况且包含可调静叶的电厂燃气轮机气路故障诊断策略

$SF = [SF_{IN}, SF_{FC}, SF_{EC}, SF_{FT}, SF_{ET}, SF_{EX}]$ 为通流部件多级健康特征参数；$u = [t_0, P_0, RH]$ 为环境条件；$Z_{deg} = [IGV, N_e, n, G_f, t_f, P_0, t_0, RH, P_1, t_1, P_2, t_2, P_5, t_5]$ 为机组气路可测参数

对于电厂燃气轮机，机组的气路可测参数情况通常如表 8.1 所示。其中热力模型所需的天然气组分可以通过电厂天然气化验报告获取。

表 8.1 机组的气路可测参数情况

符号	可测参数	单位
IGV	IGV 开度位置	%
N_e	燃气轮机输出功率	kW
n	转速	r/min

第 8 章　计及进口导叶的燃气轮机全通流气路故障诊断方法研究　　·177·

续表

符号	可测参数	单位
G_f	天然气质量流量	kg/s
t_f	天然气入口温度	℃
P_0	大气压力	bar
t_0	大气温度	℃
RH	大气相对湿度	%
P_1	压气机入口压力	bar
t_1	压气机入口温度	℃
P_2	压气机出口压力	bar
t_2	压气机出口温度	℃
P_5	透平出口压力	bar
t_5	透平排温	℃

机组的气路可测参数部分传感器安装位置如图 8.7 所示。

(a) 压气机入口压力测点　　(b) 压气机出口压力测点

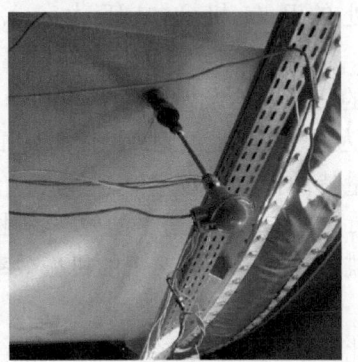

(c) 透平出口压力测点　　(d) 透平排温测点

图 8.7　燃气轮机气路可测参数部分传感器安装位置

利用燃气轮机机组实测气路参数 Z_{deg}，通过本章所提出的气路故障诊断方法（基于部件特性线自适应修正）实时诊断输出各个通流部件的健康参数 SF，同时使燃气轮机热力模型中各个通流部件的非线性特性实时匹配实际机组中各个通流部件的非线性特性。一方面，诊断驱动算法需要在部件性能恶化或故障的较大范围内保持准确性和可靠性；另一方面，要求诊断驱动算法能够实时动态跟踪燃气轮机运行工况的频繁变化，并诊断输出各个通流部件的健康参数。本章采用牛顿-拉弗森算法作为诊断驱动算法，详细的诊断驱动求解过程如下。

对于一个已知的残差方程组 $E = f(\text{SF})$，当各个部件的健康参数向量（即方程组的自变量向量）$\text{SF} \in \mathbf{R}^6$ 变化一个微小量 ΔSF 时，对应的残差向量 E 也会改变一个微小量 ΔE。若 ΔSF 足够小，则 ΔE 与 ΔSF 的数学关系可以足够精确地表示为

$$\Delta E = J(E, \text{SF}) \cdot \Delta\text{SF} \tag{8.26}$$

式中，

$$E = \begin{bmatrix} E_1 = P_{1,\text{meas}} - P_{1,\text{pred}} \\ E_2 = t_{2,\text{meas}} - t_{2,\text{pred}} \\ E_3 = G_{3,\text{pred}} + G_{f,\text{meas}} - G_{4,\text{pred}} \\ E_4 = t_{5,\text{meas}} - t_{5,\text{pred}} \\ E_5 = P_{5,\text{meas}} - P_{5,\text{pred}} \\ E_6 = (N_T \eta_{T,m} - N_C / \eta_{C,m}) \eta_{\text{gen}} - N_{e,\text{meas}} \end{bmatrix}$$

$$\text{SF} = [\text{SF}_{\text{IN}}, \text{SF}_{\text{FC}}, \text{SF}_{\text{EC}}, \text{SF}_{\text{FT}}, \text{SF}_{\text{ET}}, \text{SF}_{\text{EX}}]$$

其中，下角标 meas 表示实测值；下角标 pred 表示燃气轮机热力模型计算值；P_1 为截面 1 处的压气机入口压力；t_2 为截面 2 处的压气机出口温度；$\text{SF}_{\text{FC}} = G_{C,\text{cor,rel,deg}} / G_{C,\text{cor,rel}}$ 为压气机的流量特性指数，$G_{C,\text{cor,rel,deg}}$ 为压气机性能衰退或故障时的相对折合质量流量；$\text{SF}_{\text{EC}} = \eta_{C,\text{rel,deg}} / \eta_{C,\text{rel}}$ 为压气机的效率特性指数，$\eta_{C,\text{rel,deg}}$ 为压气机性能衰退或故障时的相对等熵效率；$\text{SF}_{\text{FT}} = G_{T,\text{cor,rel,deg}} / G_{T,\text{cor,rel}}$ 为透平的流量特性指数，$G_{T,\text{cor,rel,deg}}$ 为透平性能衰退或故障时的相对折合质量流量；$\text{SF}_{\text{ET}} = \eta_{T,\text{rel,deg}} / \eta_{T,\text{rel}}$ 为透平的效率特性指数，$\eta_{T,\text{rel,deg}}$ 为透平性能衰退或故障时的相对等熵效率；$\eta_{T,m}$ 为透平的机械效率；$\eta_{C,m}$ 为压气机的机械效率；η_{gen} 为发电机效率。

由此，

$$E_2 - E_1 = J(E, \text{SF})_{\text{SF}=\text{SF}_1} \cdot (\text{SF}_2 - \text{SF}_1) \tag{8.27}$$

式中，$J(E, \text{SF})$ 为雅可比矩阵，如下所示：

$$J(E, \text{SF}) = \begin{bmatrix} \dfrac{\partial E_1}{\partial \text{SF}_{\text{IN}}}, & \dfrac{\partial E_1}{\partial \text{SF}_{\text{FC}}}, & \dfrac{\partial E_1}{\partial \text{SF}_{\text{EC}}}, & \dfrac{\partial E_1}{\partial \text{SF}_{\text{FT}}}, & \dfrac{\partial E_1}{\partial \text{SF}_{\text{ET}}}, & \dfrac{\partial E_1}{\partial \text{SF}_{\text{EX}}} \\ \dfrac{\partial E_2}{\partial \text{SF}_{\text{IN}}}, & \dfrac{\partial E_2}{\partial \text{SF}_{\text{FC}}}, & \dfrac{\partial E_2}{\partial \text{SF}_{\text{EC}}}, & \dfrac{\partial E_2}{\partial \text{SF}_{\text{FT}}}, & \dfrac{\partial E_2}{\partial \text{SF}_{\text{ET}}}, & \dfrac{\partial E_2}{\partial \text{SF}_{\text{EX}}} \\ \dfrac{\partial E_3}{\partial \text{SF}_{\text{IN}}}, & \dfrac{\partial E_3}{\partial \text{SF}_{\text{FC}}}, & \dfrac{\partial E_3}{\partial \text{SF}_{\text{EC}}}, & \dfrac{\partial E_3}{\partial \text{SF}_{\text{FT}}}, & \dfrac{\partial E_3}{\partial \text{SF}_{\text{ET}}}, & \dfrac{\partial E_3}{\partial \text{SF}_{\text{EX}}} \\ \dfrac{\partial E_4}{\partial \text{SF}_{\text{IN}}}, & \dfrac{\partial E_4}{\partial \text{SF}_{\text{FC}}}, & \dfrac{\partial E_4}{\partial \text{SF}_{\text{EC}}}, & \dfrac{\partial E_4}{\partial \text{SF}_{\text{FT}}}, & \dfrac{\partial E_4}{\partial \text{SF}_{\text{ET}}}, & \dfrac{\partial E_4}{\partial \text{SF}_{\text{EX}}} \\ \dfrac{\partial E_5}{\partial \text{SF}_{\text{IN}}}, & \dfrac{\partial E_5}{\partial \text{SF}_{\text{FC}}}, & \dfrac{\partial E_5}{\partial \text{SF}_{\text{EC}}}, & \dfrac{\partial E_5}{\partial \text{SF}_{\text{FT}}}, & \dfrac{\partial E_5}{\partial \text{SF}_{\text{ET}}}, & \dfrac{\partial E_5}{\partial \text{SF}_{\text{EX}}} \\ \dfrac{\partial E_6}{\partial \text{SF}_{\text{IN}}}, & \dfrac{\partial E_6}{\partial \text{SF}_{\text{FC}}}, & \dfrac{\partial E_6}{\partial \text{SF}_{\text{EC}}}, & \dfrac{\partial E_6}{\partial \text{SF}_{\text{FT}}}, & \dfrac{\partial E_6}{\partial \text{SF}_{\text{ET}}}, & \dfrac{\partial E_6}{\partial \text{SF}_{\text{EX}}} \end{bmatrix} \quad (8.28)$$

当初始的部件健康参数 $\text{SF}_1 = [1,1,1,1,1,1]$（表征燃气轮机健康基准状态）选定后，通过残差方程组可以得到一个残差向量 E_1。我们希望当得到下一个迭代计算点 SF_2 时，对应的残差向量 E_2 接近于 0，则可以得到

$$\text{SF}_2 = \text{SF}_1 - J^{-1}(E, \text{SF})_{\text{SF}=\text{SF}_1} \cdot E_1 \quad (8.29)$$

将式（8.29）进行推广泛化，则牛顿-拉弗森算法可以表达为

$$\text{SF}_{k+1} = \text{SF}_k - J^{-1}(E, \text{SF})_{\text{SF}=\text{SF}_k} \cdot E_k \quad (8.30)$$

随着迭代计算，当满足残差准则 $\|E_{k+1}\| < \varepsilon$（$\varepsilon$ 为特定的迭代收敛阈值）时，就可以得到最终解 SF_{k+1}，如图 8.8 所示。

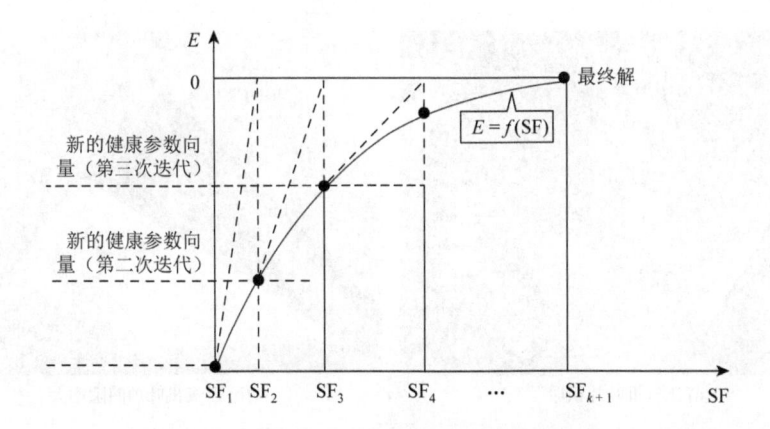

图 8.8 基于牛顿-拉弗森算法的迭代计算过程

通常，各类气路故障对通流部件多级健康特征的影响情况如表 8.2 所示。

表 8.2 各类气路故障对通流部件多级健康特征的影响情况

气路故障	通流部件多级健康特征		类别
进气系统积灰	SF_{IN} 增大	—	渐变
压气机积垢	SF_{FC} 减小	SF_{EC} 减小	渐变
压气机侵蚀	SF_{FC} 减小	SF_{EC} 减小	渐变
压气机腐蚀	SF_{FC} 减小	SF_{EC} 减小	渐变
压气机叶片摩擦	SF_{FC} 减小	SF_{EC} 减小	渐变
透平积垢	SF_{FT} 减小	SF_{ET} 减小	渐变
透平侵蚀	SF_{FT} 增大	SF_{ET} 减小	渐变
透平腐蚀	SF_{FT} 增大	SF_{ET} 减小	渐变
透平叶片摩擦	SF_{FT} 增大	SF_{ET} 减小	渐变
热畸变	SF_{FT} 增大	SF_{ET} 减小	渐变
内物损伤	SF_{FC} 减小或 SF_{FT} 减小	SF_{EC} 减小或 SF_{ET} 减小	突变
排气系统积灰	SF_{EX} 增大	—	渐变

燃气轮机通流部件常见气路故障情况如图 8.9 所示。

(a) 压气机叶片积垢　　　　　　　　(b) 压气机叶顶间隙增大

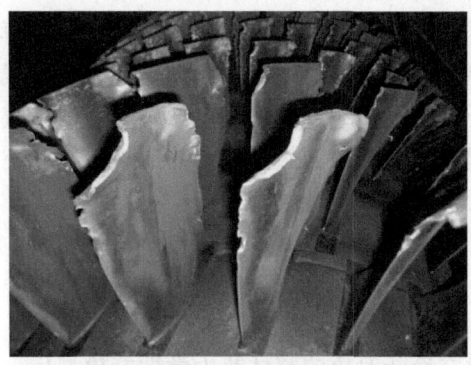

(c) 压气机叶片机械损伤　　　　　　　　(d) 透平叶片热腐蚀

(e) 透平叶片积垢　　　　　　　　(f) 透平叶片机械损伤

图 8.9　燃气轮机通流部件常见气路故障情况

8.3　应用与分析

为验证本章所提方法的有效性与可靠性，本节开展如下仿真实验测试和现场实际机组运行测试。

8.3.1　目标对象燃气轮机

本章以某热电厂 M701F4 型 F 级燃气轮机为诊断对象。该厂机组为三菱 M701F4 型燃气-蒸汽联合循环供热机组，全厂配置两套机组；每套机组的配置由一台燃气轮机、一台余热锅炉、一台蒸汽轮机和一台发电机组成。按燃气轮机、蒸汽轮机、发电机的顺序排列，从发电机端向燃气轮机端看，机组转向为顺时针方向，功率输出方式为冷端输出。空气经由燃气轮机的进气装置（内部设有过滤器和消声器）引入压气机压缩后，进入环绕在燃气轮机主轴上的分管式燃烧室。

天然气经过调压站分离、过滤和调压，再经过天然气前置模块的计量、加热、再过滤后，与进入燃烧室的压缩空气进行混合，通过燃料喷嘴喷入燃烧室燃烧后成为高温烟气进入透平膨胀做功，带动转子转动，拖动发电机发电。做功后的烟气温度依然很高，高温烟气进入余热锅炉烟道。烟气中的热量被余热锅炉各模块充分吸收和利用，再经余热锅炉的烟囱排入大气。

8.3.2 燃气轮机热力模型验证

基于 8.1 节所提出的热力建模方法建立诊断对象的整体热力学性能模型后，为有效提取燃气轮机的物理本质健康状态信息，需要利用机组刚投运或健康时的气路测量数据来自适应修正整机热力模型各通流部件设计工况的性能参数以及变工况的部件特性线，从而使整机热力模型各通流部件的初始特性与机组实际部件的健康基准特性相匹配。我们在第 4 章已经详细描述了电厂燃气轮机自适应热力建模方法，本章不再赘述。

我们采集了从 2019 年 2 月至 12 月的 M701F4 型燃气轮机的气路可测数据，用于自适应修正整机热力模型各通流部件设计工况的性能参数以及变工况的部件特性线。这段时间内燃气轮机大气温度、大气压力、大气相对湿度、IGV 开度位置和燃气轮机输出功率的变化情况如图 4.7～图 4.11 所示。

选择热力模型的透平排温计算值与实际燃气轮机排气温度的测量值进行比较，以测试所建热力学模型的准确性。经过热力模型设计工况以及变工况自适应修正后，所建燃气轮机热力模型在 IGV 最小开度负荷至 IGV 全开基本负荷瞬态变工况下的计算准确性如图 8.10 所示。

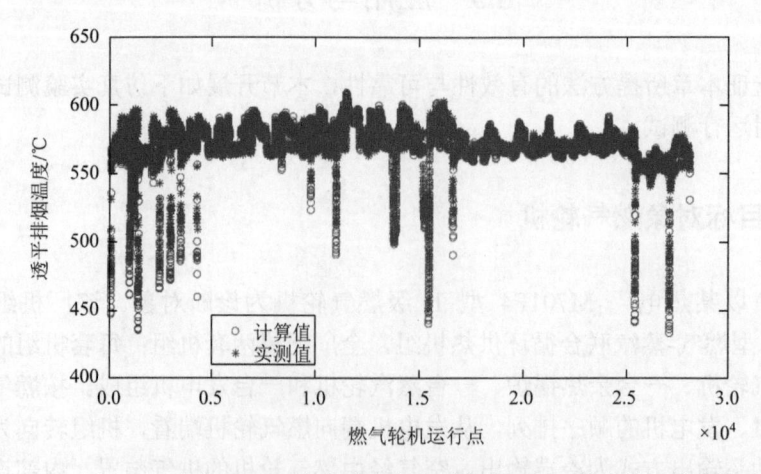

图 8.10 在 IGV 最小开度负荷至 IGV 全开基本负荷瞬态变工况下燃气轮机热力模型透平排烟温度计算值与实测值对比

自适应后的燃气轮机整机热力模型在 IGV 全开基本负荷瞬态变工况下的透平排烟温度计算值的相对误差不超过 0.61%,在 IGV 最小开度负荷至 IGV 全开基本负荷瞬态变工况下的透平排烟温度计算值的相对误差从大于 3.71%降低至不超过 1.14%。

8.3.3 气路诊断仿真测试

为了初步测试本章所提方法的可靠性,进行了如下气路故障诊断仿真测试。在仿真实验过程中,采用已建立的 M701F4 型燃气轮机热力模型,分别在 IGV 处于 80%开度位置和 IGV 处于 100%开度位置下通过植入如表 8.3 所示部件性能衰退或故障样本来模拟部件性能衰退或损伤情况,并且该热力模型作为待诊断对象。所建立的用于诊断目的的 M701F4 型燃气轮机热力模型作为燃气轮机性能模型。

表 8.3 植入的部件性能衰退或故障样本

部件	标识符	参数	案例 1	案例 2	案例 3	案例 4	案例 5	案例 6
进气系统	1	SF_{IN}	1	1.3	1	1	1	1.3
压气机	2	SF_{FC}	1	1	0.98	1	1	0.98
	3	SF_{EC}	1	1	0.98	1	1	0.98
透平	4	SF_{FT}	1	1	1	1.02	1	1.02
	5	SF_{ET}	1	1	1	0.98	1	0.98
排气系统	6	SF_{EX}	1	1	1	1	1.3	1.3

案例 1 用于测试所有气路通流部件都健康时获得准确健康参数的能力;案例 2~5 用于测试诊断单部件性能衰退或损伤的能力;案例 6 用于测试诊断多部件性能衰退或损伤的能力。将模拟的故障测试数据输入到本章所提出的诊断方法中,诊断输出全通流部件多级健康参数 SF。

在 IGV 处于 100%开度位置下的仿真测试结果如图 8.11~图 8.16 所示。

由图 8.11 可知,当燃气轮机正常运行时,诊断结果最大相对误差为 0.671%,诊断得到的全通流部件多级健康参数数值基本与植入的部件性能衰退或故障样本一致。

由图 8.12 可知,当燃气轮机进气系统结垢、积灰时,诊断结果最大相对误差为 0.168%,诊断得到的全通流部件多级健康参数结果基本与植入的部件性能衰退或故障样本一致。

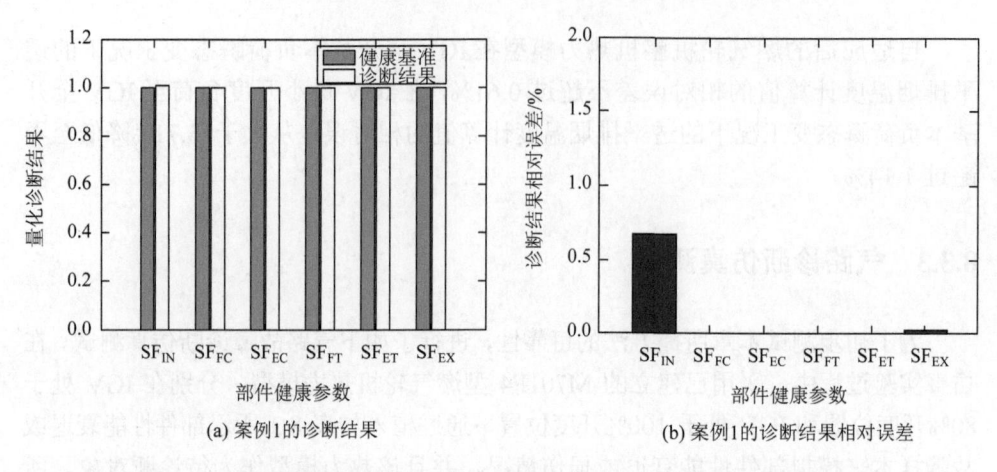

(a) 案例1的诊断结果 (b) 案例1的诊断结果相对误差

图 8.11　燃气轮机正常运行时的诊断结果（IGV 处于 100%开度位置）

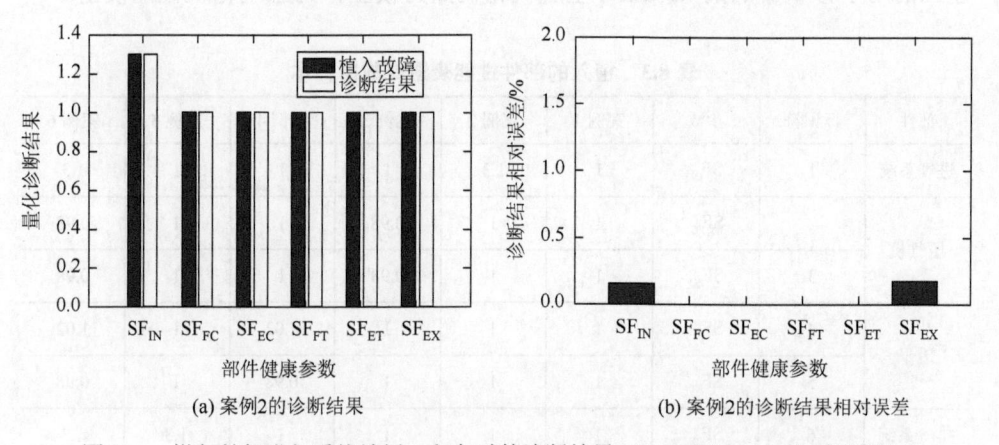

(a) 案例2的诊断结果 (b) 案例2的诊断结果相对误差

图 8.12　燃气轮机进气系统结垢、积灰时的诊断结果（IGV 处于 100%开度位置）

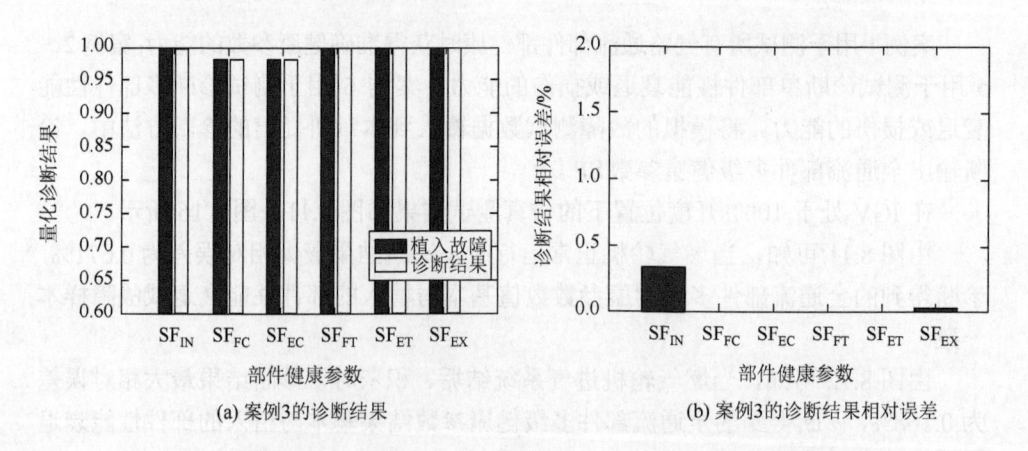

(a) 案例3的诊断结果 (b) 案例3的诊断结果相对误差

图 8.13　燃气轮机压气机积垢时的诊断结果（IGV 处于 100%开度位置）

第 8 章　计及进口导叶的燃气轮机全通流气路故障诊断方法研究

由图 8.13 可知,当燃气轮机压气机积垢时,诊断结果最大相对误差为 0.341%,诊断输出的全通流部件多级健康参数结果基本与植入的部件性能衰退或故障样本一致。

(a) 案例4的诊断结果

(b) 案例4的诊断结果相对误差

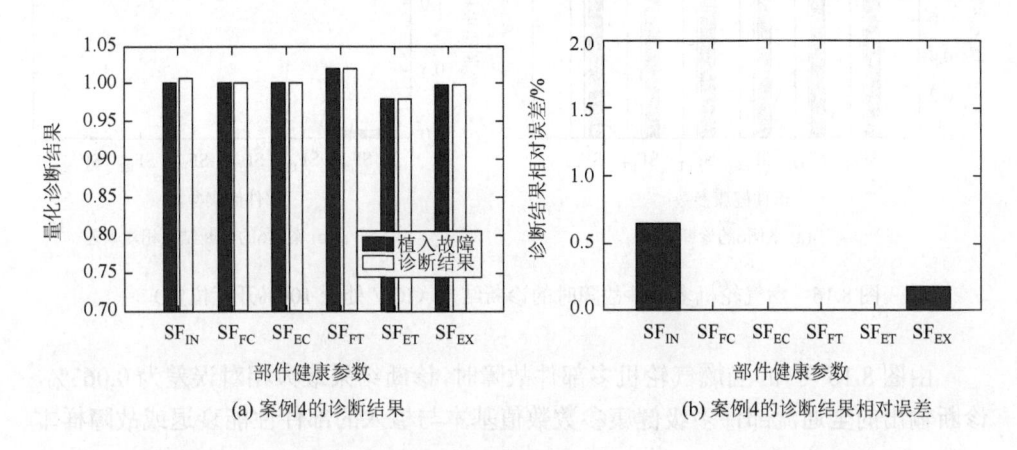

图 8.14　燃气轮机透平腐蚀时的诊断结果（IGV 处于 100%开度位置）

由图 8.14 可知,当燃气轮机透平腐蚀时,诊断结果最大相对误差为 0.645%,诊断输出的全通流部件多级健康参数基本与植入的部件性能衰退或故障样本一致。

由图 8.15 可知,当燃气轮机排气系统积灰时,诊断结果最大相对误差为 0.679%,诊断输出的全通流部件多级健康参数结果基本与植入的部件性能衰退或故障样本一致。

(a) 案例5的诊断结果

(b) 案例5的诊断结果相对误差

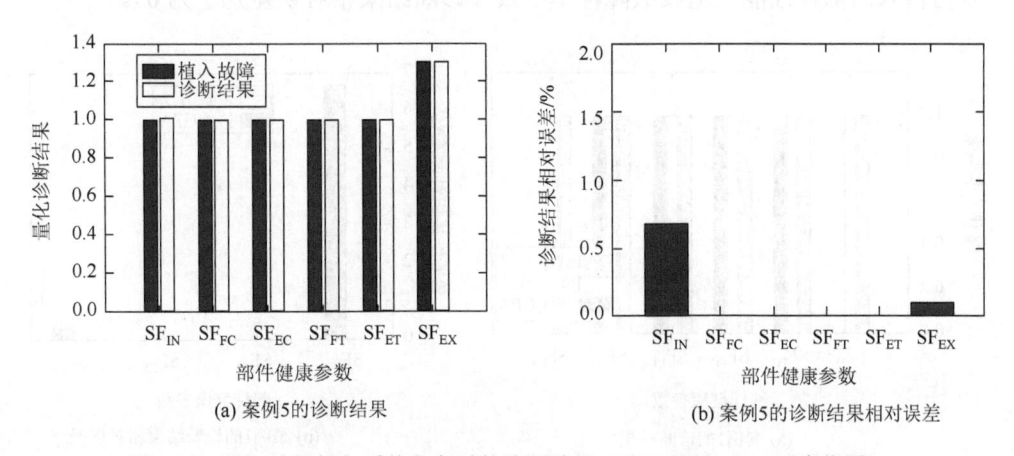

图 8.15　燃气轮机排气系统积灰时的诊断结果（IGV 处于 100%开度位置）

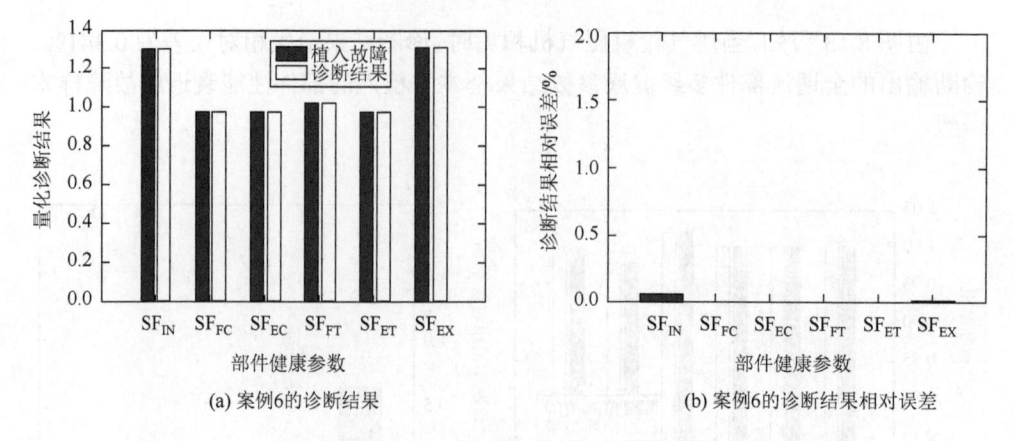

图 8.16 (a) 案例6的诊断结果　(b) 案例6的诊断结果相对误差

图 8.16　燃气轮机多部件故障时的诊断结果（IGV 处于 100%开度位置）

由图 8.16 可知，当燃气轮机多部件故障时，诊断结果最大相对误差为 0.063%，诊断输出的全通流部件多级健康参数数值基本与植入的部件性能衰退或故障样本一致。

在 IGV 处于 80%开度位置下的仿真测试结果[与传统气路分析（gas path analysis，GPA）[3]对比]如图 8.17~图 8.22 所示。

由图 8.17 可知，当燃气轮机正常运行时，传统 GPA 的诊断结果最大相对误差为 6.673%，而本章所提方法诊断输出的全通流部件多级健康参数基本与植入的部件性能衰退或故障样本一致（诊断结果相对误差几乎为 0）。

由图 8.18 可知，当燃气轮机进气系统结垢、积灰时，传统 GPA 的诊断结果最大相对误差为 6.680%，而本章所提方法诊断输出的全通流部件多级健康参数基本与植入的部件性能衰退或故障样本一致（诊断结果相对误差几乎为 0）。

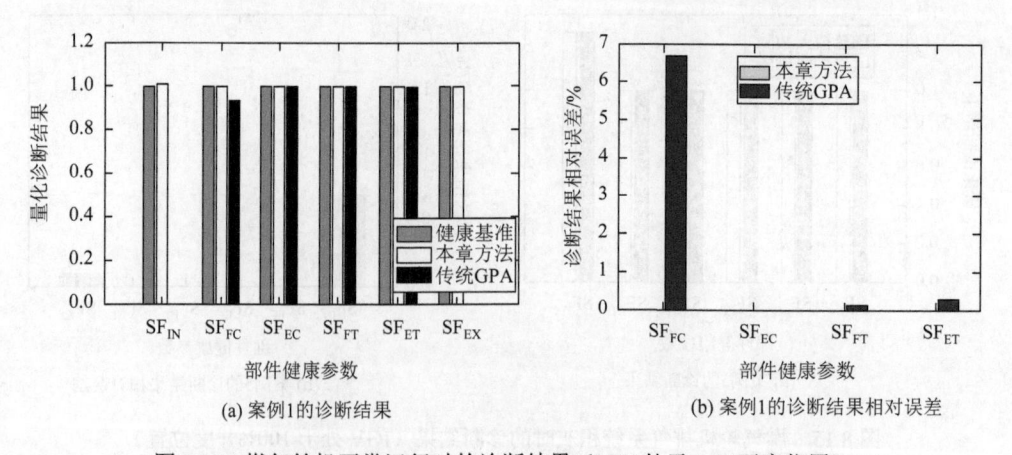

(a) 案例1的诊断结果　(b) 案例1的诊断结果相对误差

图 8.17　燃气轮机正常运行时的诊断结果（IGV 处于 80%开度位置）

(a) 案例2的诊断结果

(b) 案例2的诊断结果相对误差

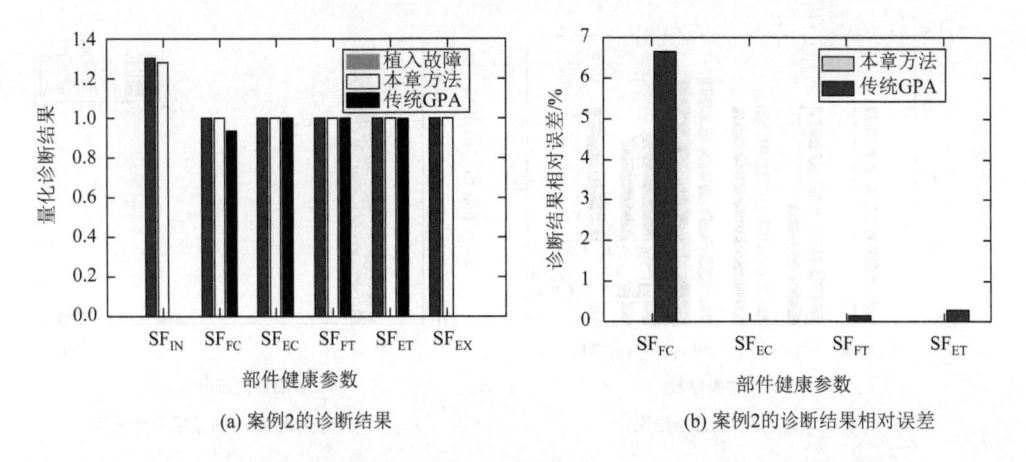

图 8.18　燃气轮机进气系统结垢、积灰时的诊断结果（IGV 处于 80%开度位置）

(a) 案例3的诊断结果

(b) 案例3的诊断结果相对误差

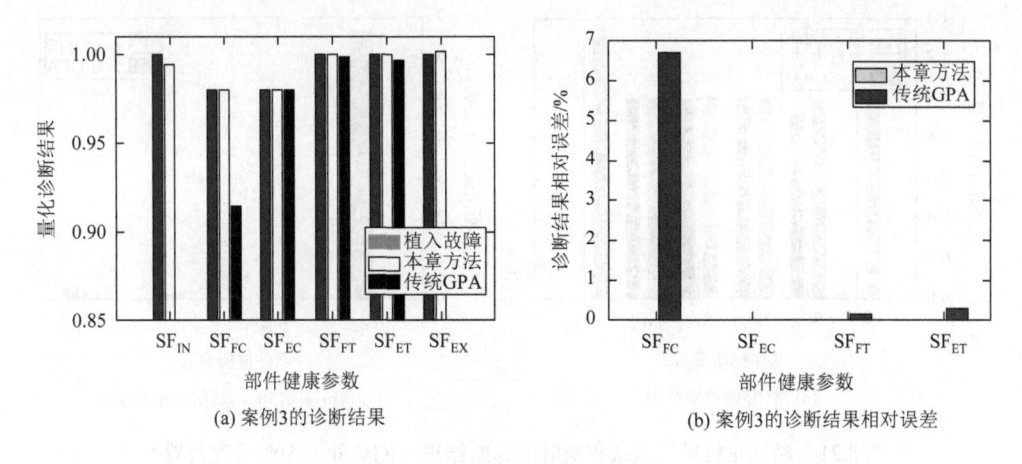

图 8.19　燃气轮机压气机积垢时的诊断结果（IGV 处于 80%开度位置）

由图 8.19 可知，当燃气轮机压气机积垢时，传统 GPA 的诊断结果最大相对误差为 6.697%，而本章所提方法诊断输出的全通流部件多级健康参数基本与植入的部件性能衰退或故障样本一致（诊断结果相对误差几乎为 0）。

由图 8.20 可知，当燃气轮机透平腐蚀时，传统 GPA 的诊断结果最大相对误差为 6.674%，而本章所提方法诊断输出的全通流部件多级健康参数结果基本与植入的部件性能衰退或故障样本一致（诊断结果相对误差几乎为 0）。

由图 8.21 可知，当燃气轮机排气系统积灰时，传统 GPA 的诊断结果最大相对误差为 6.673%，而本章所提方法诊断输出的全通流部件多级健康参数基本与植入的部件性能衰退或故障样本一致（诊断结果相对误差几乎为 0）。

(a) 案例4的诊断结果

(b) 案例4的诊断结果相对误差

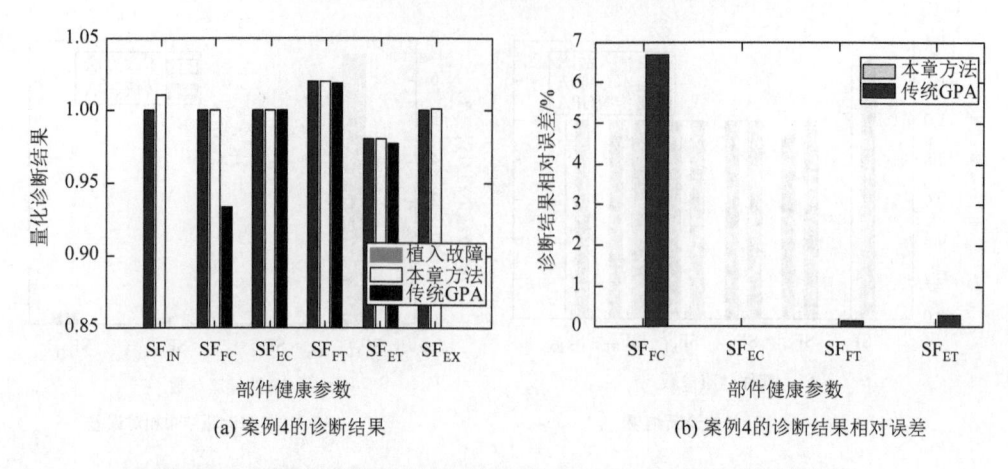

图 8.20　燃气轮机透平腐蚀时的诊断结果（IGV 处于 80%开度位置）

(a) 案例5的诊断结果

(b) 案例5的诊断结果相对误差

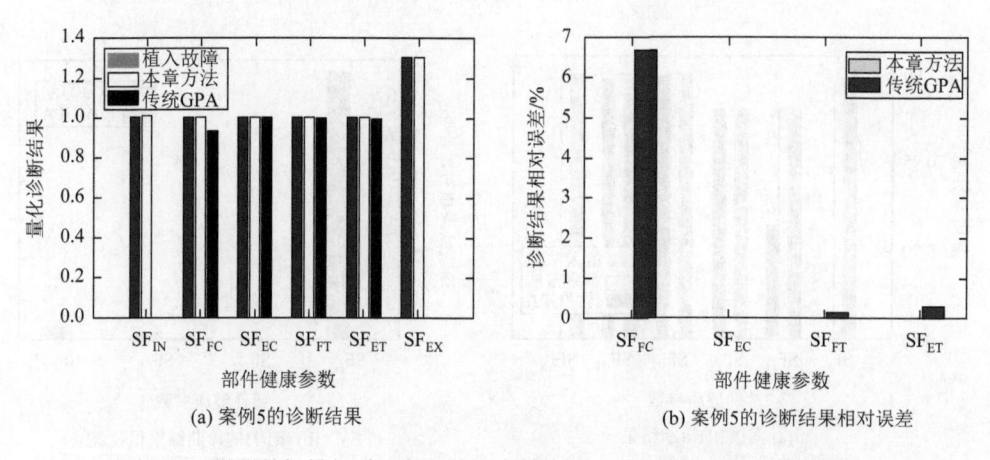

图 8.21　燃气轮机排气系统积灰时的诊断结果（IGV 处于 80%开度位置）

(a) 案例6的诊断结果

(b) 案例6的诊断结果相对误差

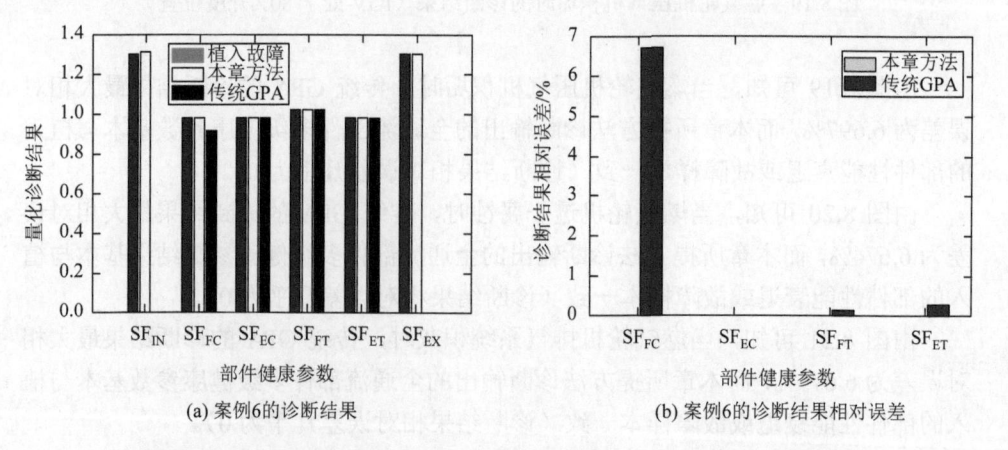

图 8.22　燃气轮机多部件故障时的诊断结果（IGV 处于 80%开度位置）

由图 8.22 可知，当燃气轮机多部件故障时，传统 GPA 的诊断结果最大相对误差为 6.686%，而本章所提方法诊断输出的全通流部件多级健康参数基本与植入的部件性能衰退或故障样本一致（诊断结果相对误差几乎为 0）。

从图 8.11~图 8.22 可以看出，与传统 GPA 方法[3]相比，本章所提出的改进的性能诊断方法可以有效地诊断包含进、排气系统的全通流部件性能健康状况，当 IGV 开度位置发生变化时，仍然可以准确地诊断全通流部件多级健康参数。

8.3.4 气路诊断现场测试

在仿真实验验证的基础上，采集某联合循环燃气轮机电厂的运行数据进行测试，对本章所提方法的性能进行评估。我们采集某热电厂的实测运行数据进行测试，该电厂机组为三菱 M701F4 型燃气-蒸汽联合循环机组。

该电厂 M701F4 型燃气轮机在 2021 年主要发生了压气机积垢和压气机旋转失速等状况，因此我们使用这一年的历史运行数据进行案例测试。案例 1 用于测试当所有气路通流部件都健康时获得准确的全通流部件多级健康参数的能力；案例 2 和案例 3 分别用于测试诊断通流部件缓变故障和突变故障的能力。

1. 正常运行的测试案例

案例 1 用于测试所有气路通流部件都健康时获得准确的全通流部件多级健康参数 SF 的能力，即不出现误诊断。我们采集了从 2021/5/4 9:11 至 2021/5/4 18:28 时段的#2 燃气轮机实际运行数据（总计 557 个运行数据点）作为待诊断数据，采样间隔为 1min，这段时间的大气温度、大气压力、燃气轮机输出功率和压气机 IGV 开度位置变化情况如图 8.23~图 8.26 所示（注：每一个燃气轮机运行点是一个采样记录）。

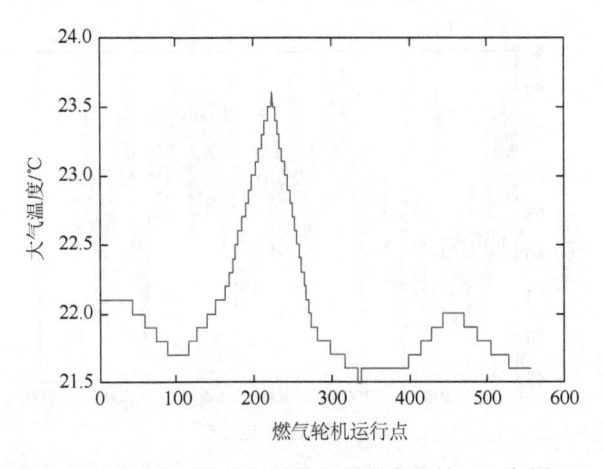

图 8.23 大气温度随燃气轮机运行的变化情况（案例 1）

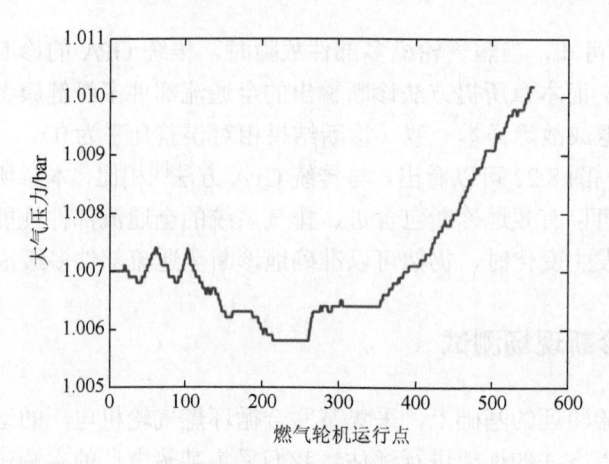

图 8.24 大气压力随燃气轮机运行的变化情况（案例 1）

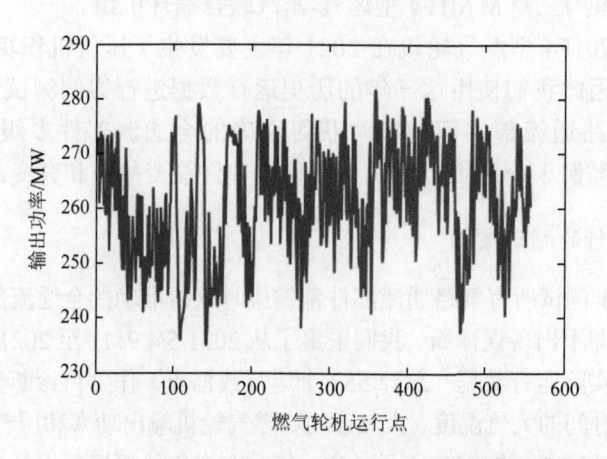

图 8.25 燃气轮机输出功率随燃气轮机运行的变化情况（案例 1）

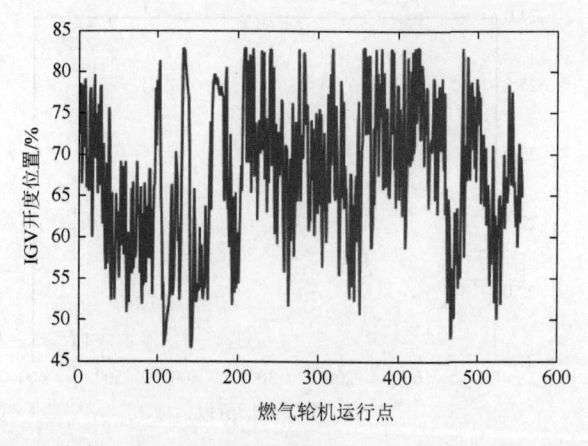

图 8.26 压气机 IGV 开度位置随燃气轮机运行的变化情况（案例 1）

通过对采集的从 2021/5/4 9:11 至 2021/5/4 18:28 时段的#2 燃气轮机实际运行数据（总计 557 个运行数据点）进行诊断，得到进气系统、压气机、透平和排气系统的健康参数如图 8.27～图 8.30 所示。

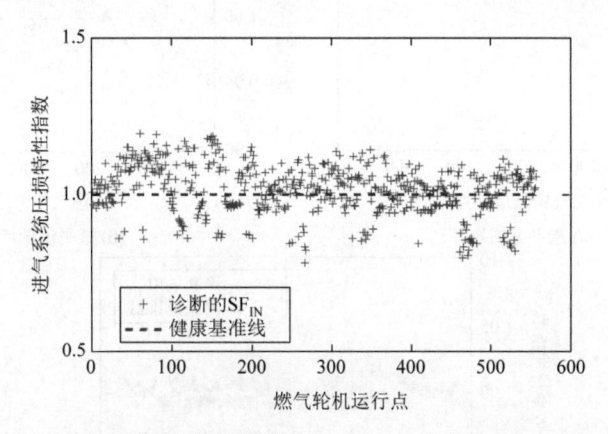

图 8.27 进气系统健康参数随燃气轮机运行的变化情况（案例 1）

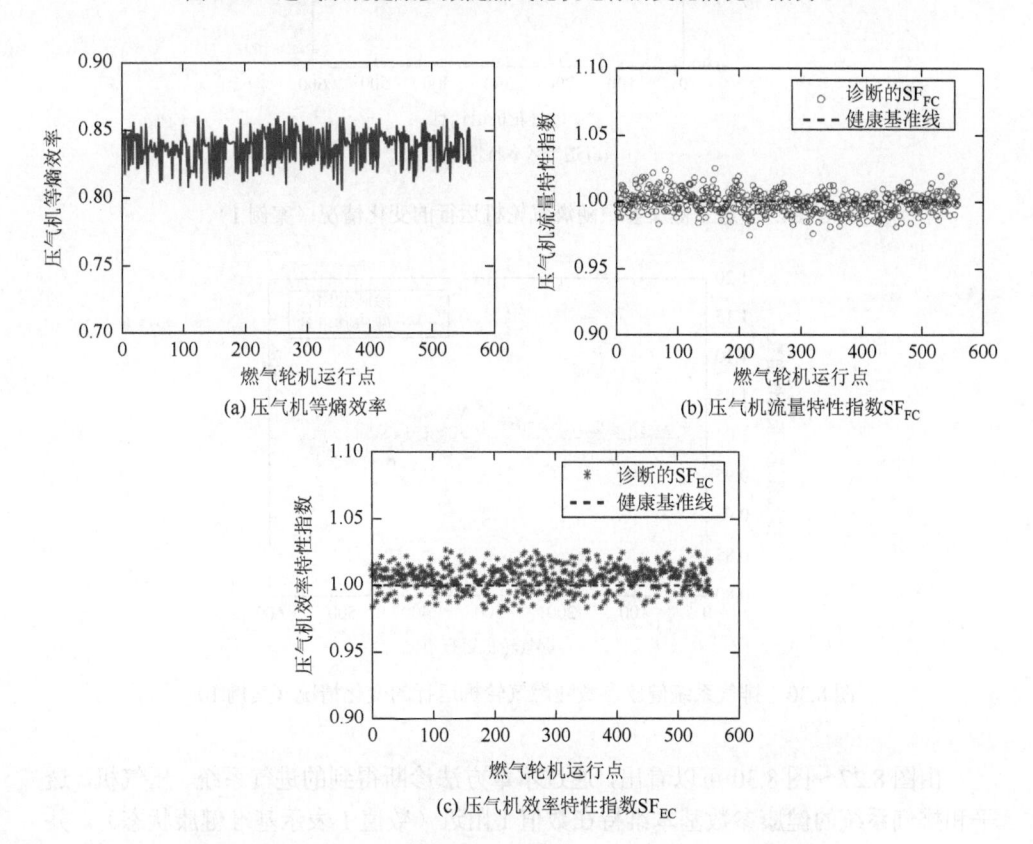

(a) 压气机等熵效率

(b) 压气机流量特性指数SF_{FC}

(c) 压气机效率特性指数SF_{EC}

图 8.28 压气机健康参数随燃气轮机运行的变化情况（案例 1）

(a) 透平等熵效率

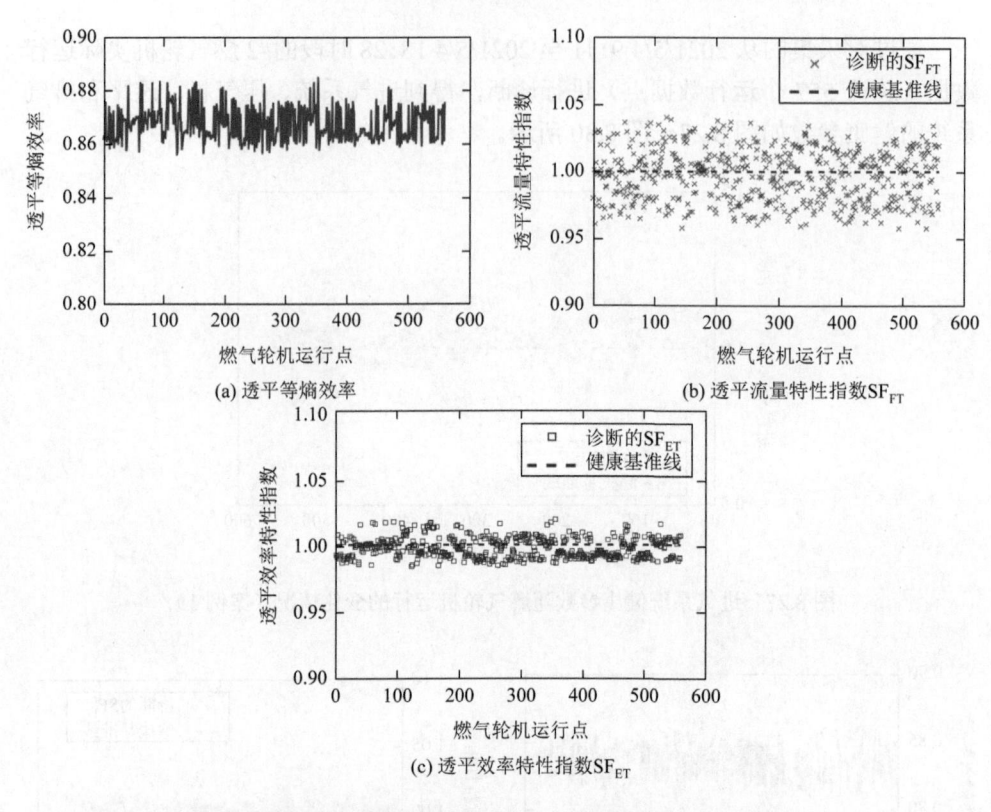

(b) 透平流量特性指数SF_{FT}

(c) 透平效率特性指数SF_{ET}

图 8.29 透平健康参数随燃气轮机运行的变化情况（案例 1）

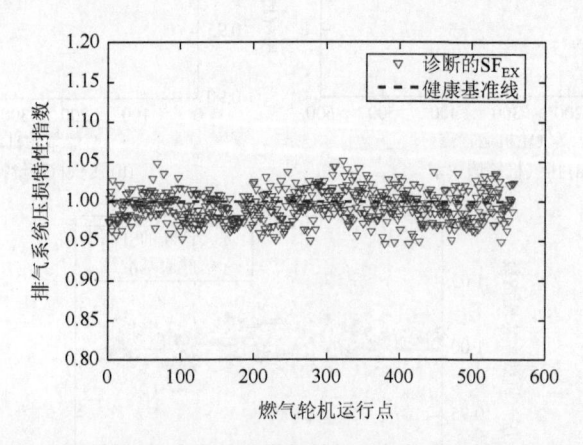

图 8.30 排气系统健康参数随燃气轮机运行的变化情况（案例 1）

由图 8.27～图 8.30 可以看出，通过本章方法诊断得到的进气系统、压气机、透平和排气系统的健康参数基本维持在数值 1 附近（数值 1 表示基准健康状态），并未受到机组运行工况变化的干扰，说明了本章方法较高的诊断准确性和抗干扰性。

2. 压气机积垢的测试案例

我们采集了从 2021/5/4 5:02 至 2021/5/18 0:47 时段的#2 燃气轮机实际运行数据（总计 19906 个运行数据点）作为待诊断数据，采样间隔为 1min，这段时间的大气温度、大气压力、大气相对湿度、燃气轮机输出功率以及压气机 IGV 开度位置变化情况如图 8.31～图 8.35 所示。

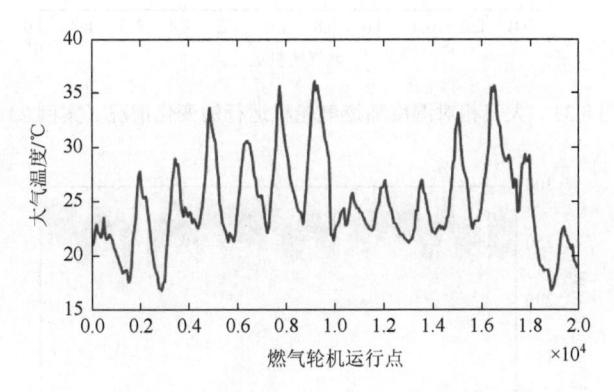

图 8.31 大气温度随燃气轮机运行的变化情况（案例 2）

通过对采集的从 2021/5/4 5:02 至 2021/5/18 0:47 时段的#2 燃气轮机实际运行数据（总计 19906 个运行数据点）进行诊断，得到压气机的健康参数如图 8.36 所示。

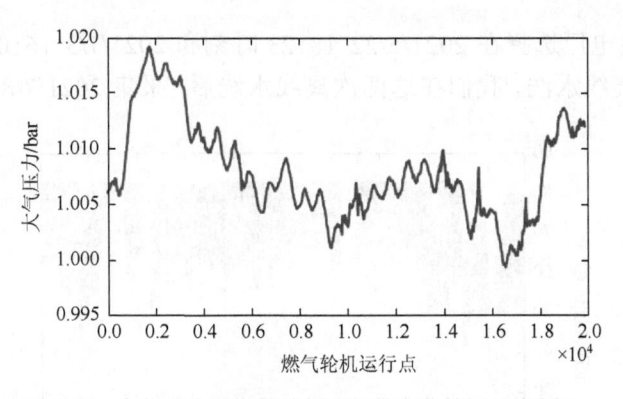

图 8.32 大气压力随燃气轮机运行的变化情况（案例 2）

由图 8.36 可知，压气机的 SF_{FC} 从 1.002 逐渐降低到了 0.9658，而 SF_{EC} 从 0.9989 逐渐降低到了 0.9924，即 $\Delta SF_{FC}:\Delta SF_{EC}$ 从约 1.003:1 逐渐增大到了 5.569:1，符合 $\Delta SF_{FC}:\Delta SF_{EC} \approx 3:1\sim8:1$ 的数值范围，表明压气机发生了典型的严重积垢现象。

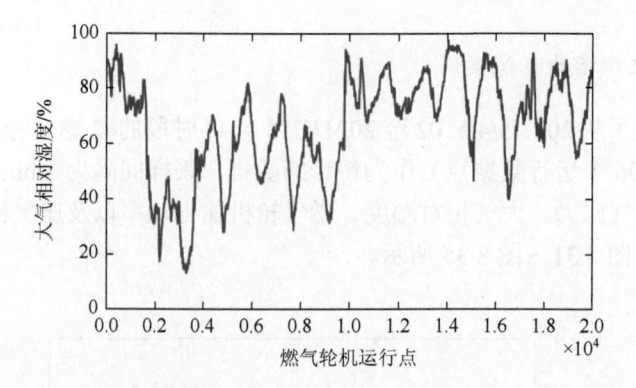

图 8.33 大气相对湿度随燃气轮机运行的变化情况（案例 2）

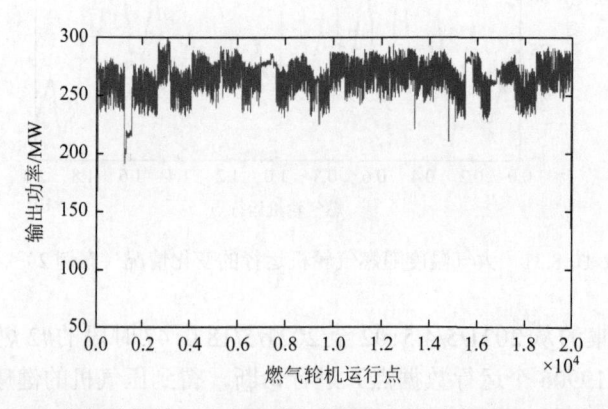

图 8.34 燃气轮机输出功率随燃气轮机运行的变化情况（案例 2）

之后，该电厂选择在 2021/5/22 18:23 时刻和 2021/7/3 16:00 时刻开展两次#2 压气机离线水洗，我们在这两次离线水洗后，采集 2021/7/8 8:00 至 2021/

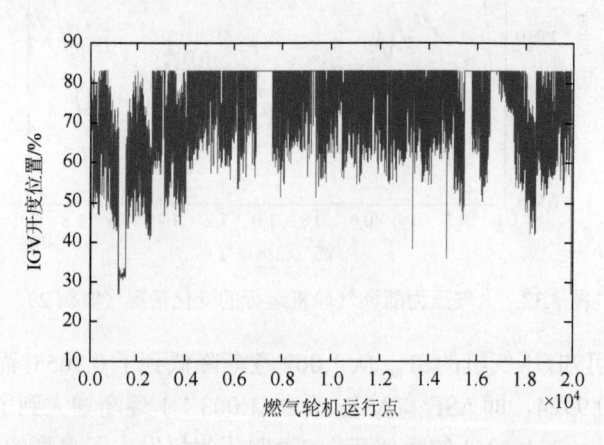

图 8.35 压气机 IGV 开度位置随燃气轮机运行的变化情况（案例 2）

(a) 压气机流量特性指数SF_{FC}

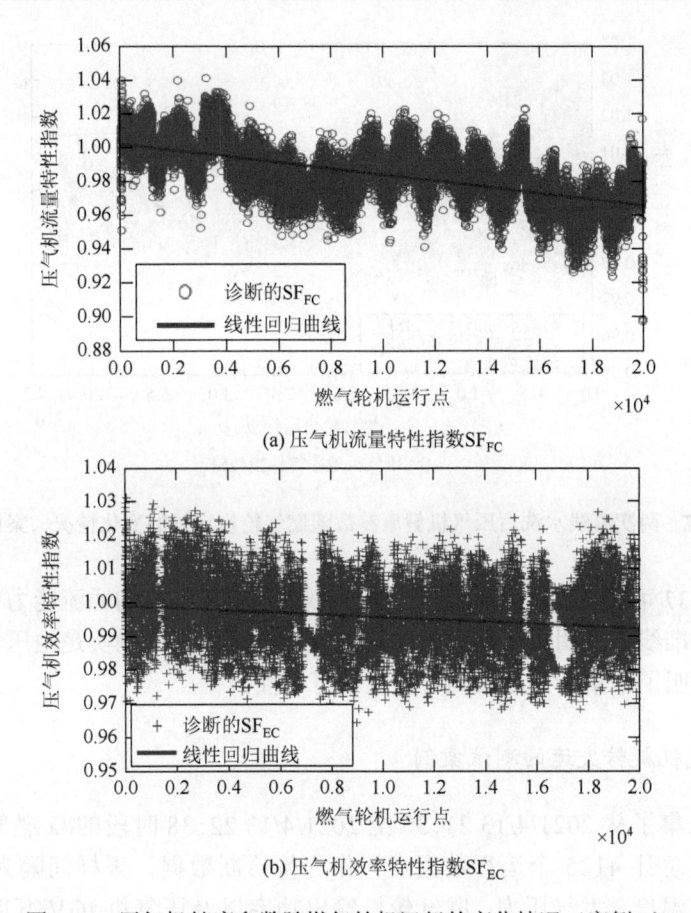

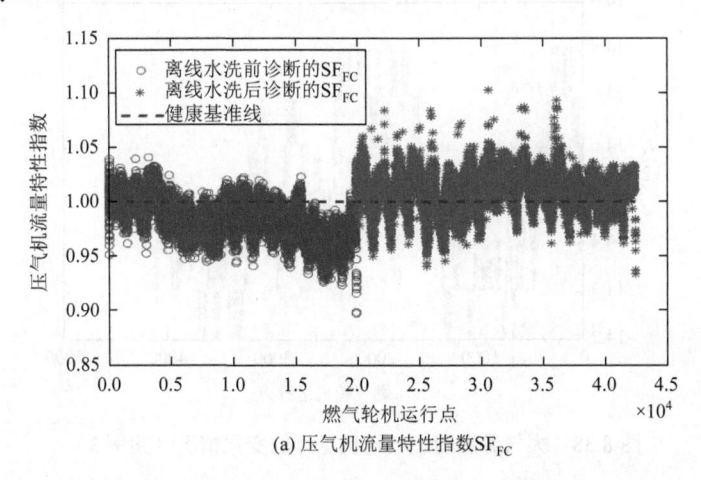

(b) 压气机效率特性指数SF_{EC}

图 8.36 压气机健康参数随燃气轮机运行的变化情况（案例 2）

7/14 14:01 的#2 燃气轮机实际运行数据再次进行诊断，得到压气机的健康参数如图 8.37 所示。

(a) 压气机流量特性指数SF_{FC}

(b) 压气机效率特性指数SF_{EC}

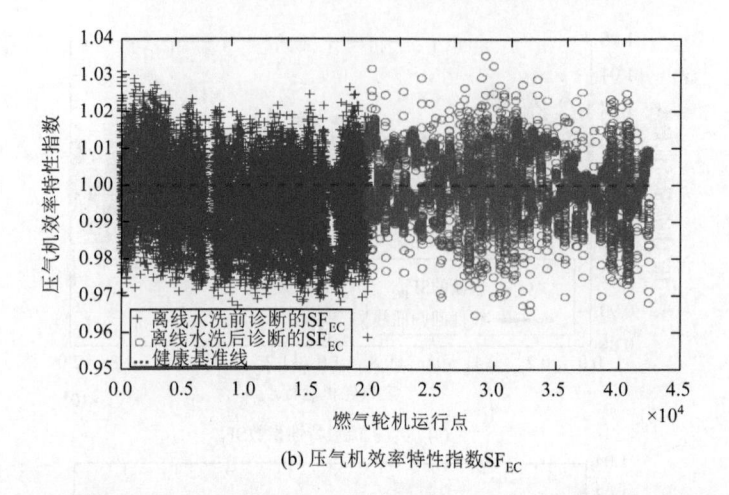

图 8.37 两次离线水洗后压气机健康参数随燃气轮机运行的变化情况（案例 2）

由图 8.37 可知，经过两次#2 压气机离线水洗，压气机的通流能力已经重新恢复到健康基准线，证明了之前压气机流量特性指数的降低确实是由压气机积垢所引起，也证明了本章所提方法的有效性和可靠性。

3. 压气机旋转失速的测试案例

我们采集了从 2021/4/13 21:30 至 2021/4/13 22:38 时段的#2 燃气轮机实际运行数据（总计 4125 个运行数据点）作为待诊断数据，采样间隔为 1s，这段时间的大气温度、大气压力、燃气轮机输出功率以及压气机 IGV 开度位置变化情况如图 8.38～图 8.41 所示。

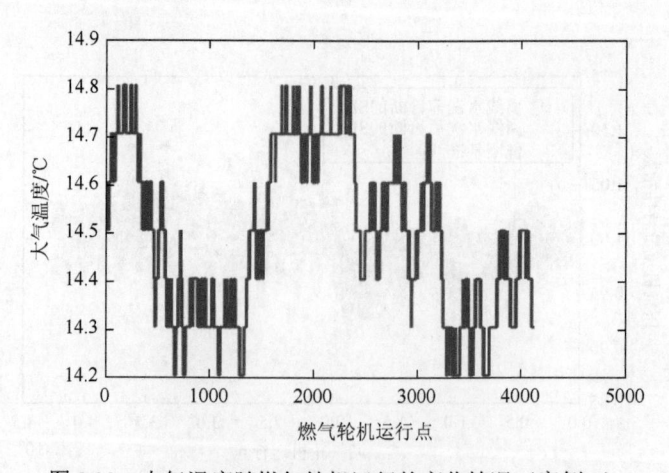

图 8.38 大气温度随燃气轮机运行的变化情况（案例 3）

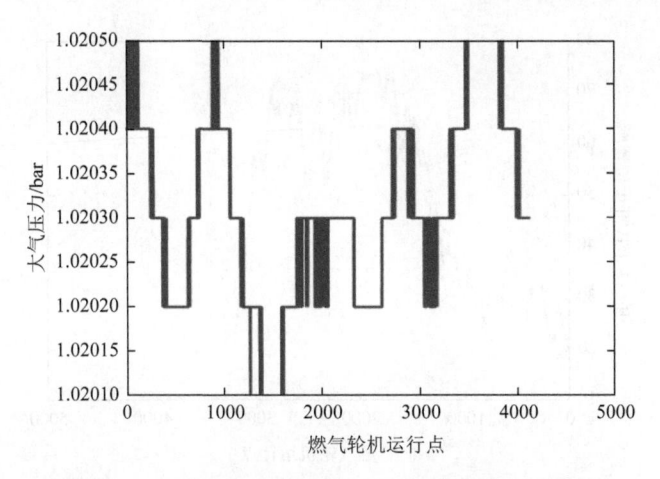

第 8 章　计及进口导叶的燃气轮机全通流气路故障诊断方法研究　　　　　·197·

图 8.39　大气压力随燃气轮机运行的变化情况（案例 3）

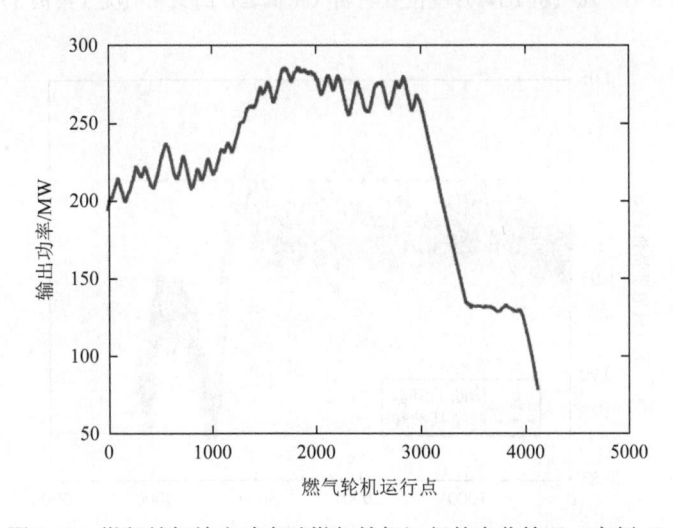

图 8.40　燃气轮机输出功率随燃气轮机运行的变化情况（案例 3）

通过对采集的从 2021/4/13 21:30 至 2021/4/13 22:38 时段的#2 燃气轮机实际运行数据（总计 4125 个运行数据点）进行诊断，得到压气机的流量特性指数 SF_{FC} 如图 8.42 所示。

基于起始时刻、采样间隔和运行数据点可以得到燃气轮机运行在 2021/4/13 22:24 时刻时，压气机流量特性指数开始急剧下降，表现为明显的压气机旋转失速特征，这与该机组当时实际表现的旋转失速征兆完全一致。且通过诊断得到的压气机流量特性指数可以观察到，发生旋转失速前，压气机流量特性指数已明显在健康基准线下方，即压气机的通流能力显著偏低，因此可以判断压气机旋转失速可能是由压气机积垢造成的。经过压气机离线水洗，重新启动后压气机不再

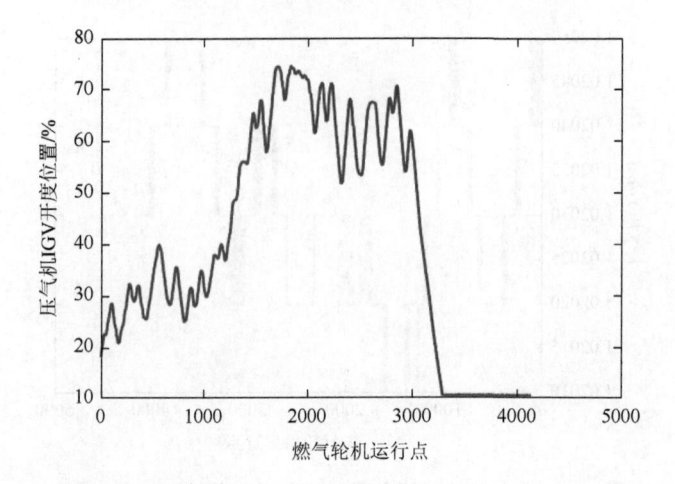

图 8.41 压气机 IGV 开度位置随燃气轮机运行的变化情况（案例 3）

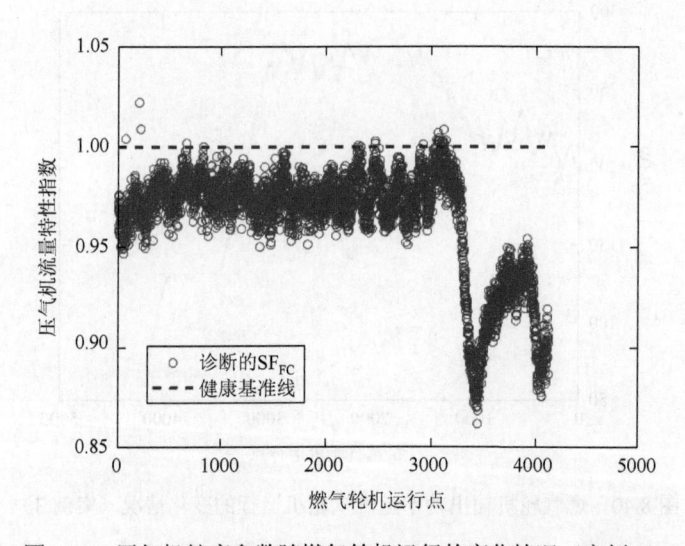

图 8.42 压气机健康参数随燃气轮机运行的变化情况（案例 3）

发生旋转失速现象，证明了之前由诊断得到的压气机流量特性指数分析结论的准确性，也证明了本章所提方法的有效性和可靠性。

在本章中，我们广泛讨论了现有气路故障诊断方法的优缺点。针对上述问题，首次提出了一种适用于瞬态变工况且包含可变几何压气机的电厂燃气轮机气路故障诊断方法，得到了如下结论。

（1）推导了压气机 IGV 开度位置对压气机流量和效率特性影响的热力学关系式，建立了用于性能分析和气路故障诊断的高精度热力学模型。

（2）仿真实验证明，本章所提出的方法在瞬态变工况下对单部件和多部件性能衰退以及部件突发故障诊断都具有良好的准确性和实时性。

（3）实际电厂燃气轮机运行测试表明，本章所提出的方法可以在瞬态工况下，对包含可变几何压气机的电厂燃气轮机进行气路故障诊断，得到量化的部件健康参数，并且诊断得到的结果与实际情况相吻合，验证了本章所提方法的有效性与可靠性。

考虑到燃烧室燃烧效率主要受燃烧室载荷变化的影响，而受燃烧室健康状况影响较小，因此，本章并未把燃烧室效率特性指数纳入全通流气路部件诊断策略中，关于燃烧室的性能诊断原理将在第 10 章中重点讨论。

参 考 文 献

[1] Li J C，Ying Y L，Wu Z. Gas turbine gas-path fault diagnosis in power plant under transient operating condition with variable geometry compressor[J]. Energy Science & Engineering，2022，10（9）：3423-3442.

[2] Ying Y L，Li J C. An improved performance diagnostic method for industrial gas turbines with consideration of intake and exhaust system[J]. Applied Thermal Engineering，2023，222：119907.

[3] Li J C，Ying Y L. Gas turbine gas path diagnosis under transient operating conditions：A steady state performance model based local optimization approach[J]. Applied Thermal Engineering，2020，170：115025.

第9章 基于通流部件多级基因精准画像的燃气轮机智慧诊断方法研究

热力系统动态特性、诊断与控制是工程热力学的重要研究方向，是实现热力系统安全和经济运行的重要基础性课题方向。随着各种大型复杂能源动力系统的高速发展、热力系统在极端条件（高速、高温、高热流、高强度燃烧）下的广泛应用，以及当前所面临的节能减排的巨大压力，人们在热力系统的新型建模理论、节能型运行优化和控制方法、系统级故障检测和诊断方法等方面大力开展应用基础和关键技术问题研究变得越来越迫切。亟须整合本领域的科研力量，以促进学科发展，并在国家经济发展中做出应有的贡献。重型燃气轮机作为极其复杂的热力系统，其运行维护方式已经从传统的事后维修转变为定期计划检修。目前，我国燃气轮机电厂多为调峰电厂，燃气轮机检修也是严格按照燃气轮机制造商提供的技术文件和有关规范中要求的时间周期来进行检修的，检修成本很高。找到一种适合本电厂的检修模式、延长燃气轮机各零部件的使用寿命、降低检修成本、提高燃气轮机运行的经济性，是每个电厂目前迫切需要解决的问题。

为推动从预防性维修保养过渡到预测性维修保养的维修理念改革，针对当前电厂燃气轮机运行维护问题，本章把生物学中基因的概念[1]引入到热力系统故障诊断领域，提出一种基于燃气轮机基因特性的故障预测诊断方法，如图9.1所示。

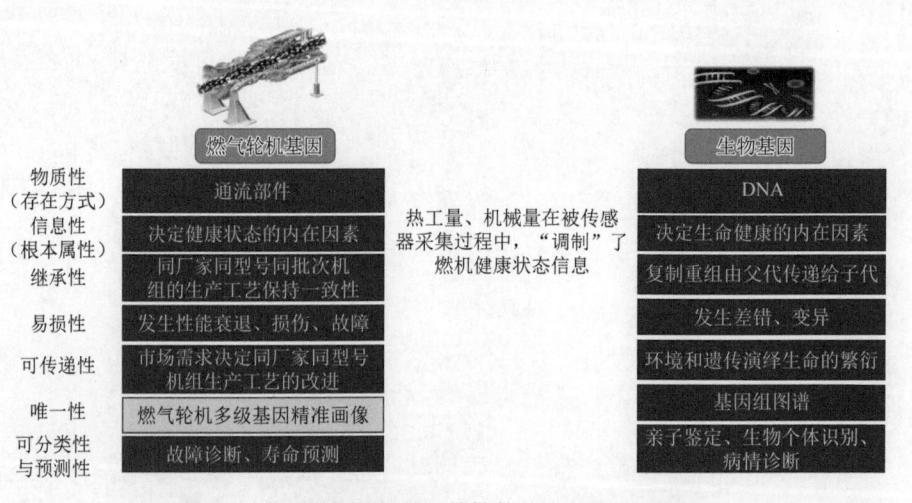

图 9.1 基于燃气轮机基因特性的故障预测诊断方法

以燃气轮机具有物质性、信息性、继承性、易损性、可传递性、唯一性、可分类性与预测性和生物基因类似的特点，本章将燃气轮机机组的热工量、机械量所携带的固有的、本质的无意"调制"信息（热工量、机械量在被传感器采集过程中，"调制"了机组健康状态信息），作为机组健康状态的可识别"基因"特征，通过燃气轮机通流部件多级基因数学建模与特征提取，构建燃气轮机多级故障属性的基因精准画像数据库，再利用深度学习在处理图像识别方面的优势，对代表燃气轮机健康状态特征的基因画像进行智能诊断与寿命预测，有助于实现电厂燃气轮机故障预测诊断的"可视化、精准化与智能化"，以便及时制定恰当合理的维修策略，防止过修和失修，提供控制优化指导，提高机组的可靠性与可用性，最大限度地延长使用寿命，降低运行维护成本，以期打造适应智慧电厂应用的复杂强非线性热力系统故障预测诊断安全防护体系。

9.1 研究目标与内容

电厂燃气轮机故障预测诊断技术还存在许多亟待解决的问题。为解决相关问题，进一步适应当前及未来电厂燃气轮机技术进步及运行灵活性等要求，考虑各种实际干扰因素，开展数据+知识的燃气轮机故障预测诊断机制研究，本节提出一种基于通流部件多级基因精准画像的电厂燃气轮机智慧诊断方法，探索复杂强非线性热力系统故障预测诊断的新理论和新方法，为制定恰当合理的优化控制和维修策略提供理论指导，防止过修和失修，提高机组的可靠性与可用性，确保其安全稳定、绿色高效运行，实现整机的全寿命周期有效管理。

依据亟待解决的问题，本节以电厂燃气轮机故障诊断为研究对象，探索复杂强非线性热力系统故障预测诊断的新理论和新方法，在对燃气轮机通流部件基因特征进行多级数学建模的基础上，设计基于整机热力模型的多级基因特征提取器；针对燃气轮机通流部件多级故障属性，建立多级基因精准画像，构建基于基因画像的通流部件多级故障属性与剩余使用寿命关联数据库；再提出基于基因画像的智能诊断与寿命预测方法，建立一套基于通流部件多级基因精准画像的电厂燃气轮机智慧诊断系统，实现对通流部件多级故障属性以及故障演化过程的智慧诊断。依据研究目标，为通流部件多级故障属性绘制完备的"基因图谱"，设计基于多级基因精准画像的燃气轮机通流部件智慧诊断系统。其中，基于热力模型的燃气轮机通流部件多级基因特征提取方法以及基于多级故障属性基因精准画像的智能诊断与寿命预测方法是本章重点研究的内容。

9.1.1 燃气轮机多级基因数学建模

热工量、机械量在被传感器采集过程中，"调制"了燃气轮机健康状态信息，为去除运行工况、环境边界、可变几何、抽气冷却等各种干扰因素,从采集数据中深层次地"解调"出这些表征燃气轮机健康状态信息的基因特征,本节全面分析燃气轮机基因特性的产生机理,建立通流部件多级基因数学模型,从数学本质上分析燃气轮机基因的存在性问题。具体研究内容如下。

(1) 进、排气系统基因特征数学建模。进、排气系统的健康状态与积灰、结垢等管路状况改变有关,可以定义压损特性指数作为进、排气系统基因特征来表征进、排气系统管路状况变化的量化指标。

(2) 燃烧室基因特征数学建模。燃烧室的健康状态与喷嘴燃料孔堵塞(图9.2)以及燃烧室内衬、头部罩帽及过渡段破损等管路状况改变有关,可以定义压损特性指数作为燃烧室基因特征,来表征燃烧室管路状况变化的量化指标。

图 9.2 M701F4 型燃气轮机燃烧器辅助喷嘴积碳

(3) 压气机/透平基因特征数学建模。压气机/透平的健康状态与积垢、磨损、腐蚀等有关,定义流量特性指数和效率特性指数作为压气机/透平基因特征,来表征压气机/透平通流能力和运行效率变化的量化指标。

(4) 整机数学建模。建立综合考虑上述各种干扰因素且包含通流部件多级基因特征的电厂燃气轮机整机数学模型,由气路可测参数通过整机热力学耦合关系剥离出通流部件多级基因特征。

9.1.2 基于热力模型的多级基因特征提取

本节基于上述建立的电厂燃气轮机整机数学模型建立相应热力模型,利用机组刚投运或健康时的运行数据来自适应修正整机热力模型各通流部件设计工况的性能参数以及变工况的部件特性线,从而使整机热力模型各通流部件的初始特性与机组实际部件的健康基准特性相匹配。修正后的燃气轮机整机热力模型作为后续基因特征提取的驱动模型。

9.1.3 基于知识和数据联合驱动的智慧诊断

本节在对通流部件进行多级基因特征提取的基础上，重点开展基于数据和知识联合驱动的各种故障样本打标器设计研究，并建立多级故障属性（故障位置、故障类型以及严重程度）的基因精准画像数据库，更为精细地刻画通流部件多级基因特征，实现多特征智能融合，建立多特征认知体系；再研究基于基因画像的智能诊断与寿命预测方法，实现故障诊断与寿命预测两者过程机制的有效耦合。具体研究内容如下。

（1）基于数据和知识联合驱动的打标器设计。基于数据和知识联合驱动来对所提取的通流部件多级基因特征在时间序列上切片并打标签，标签出高质量的各种故障数据样本。

（2）基于基因画像的智能诊断。将切片后的多维时序基因特征所构成的基因特征矩阵转换为具有更好泛化能力的二维彩色多级基因精准画像，构建通流部件多级故障属性与基因画像的关联数据库。结合深度学习模型的智能感知原理，实现通流部件多级故障属性的智能诊断。

（3）基于基因画像的寿命预测。将所提取的通流部件多级基因特征在时间序列上回归建模，基于通流部件各种故障的基因特征失效阈值，结合上述多级基因精准画像，得到各通流部件每种故障属性下的基因画像所对应的剩余使用寿命，构建通流部件剩余使用寿命与基因画像的关联数据库。结合深度学习模型的智能感知原理，实现各通流部件寿命预测。

上述研究内容及其逻辑关系如图 9.3 所示。

本章立足于自主创新，紧跟国际前沿，建立基于多级基因精准画像的燃气轮机通流部件智慧诊断方法体系，突破相关核心技术，构建一套有理论支撑、有数据验证、有工程实现的完整体系架构，对推动适应智慧电厂应用的复杂强非线性热力系统故障预测诊断安全防护体系的发展，具有重要的理论价值和实际意义。

9.2 拟解决的关键科学问题

燃气轮机基因是燃气轮机不同工况维度、不同部件维度、不同参量维度所蕴含燃气轮机健康状态信息的物理本质特征，通过提取机组健康状态的可识别"基因"特征，可用于燃气轮机故障预测诊断。但是，燃气轮机故障预测诊断本身是一个开放性很大、具有很大挑战性的课题，其基础理论和方法还存在许多问题，有待进一步研究。针对本章的研究背景，是否可以有效提取到去除各

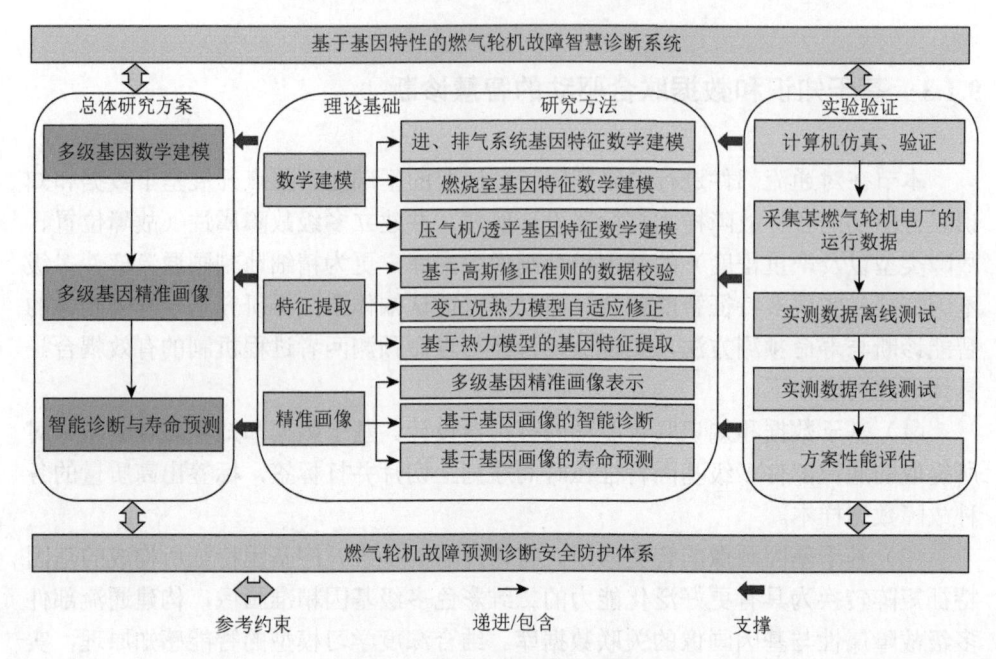

图 9.3　研究内容及其逻辑关系

种干扰因素后的通流部件多级基因特征、构成燃气轮机多级故障属性"基因图谱"，是面临的基本科学问题。从基本科学问题出发，拟解决的三个关键科学问题如下。

1. 燃气轮机通流部件基因的多级表示

燃气轮机通流部件多级基因特征从数学本质上来讲是气路可测参数与各通流部件基准特性的非线性函数，如何去除各种干扰因素、建立通流部件多级基因数学模型，是实现对通流部件多级基因特征提取的理论基础，也是进一步实现燃气轮机通流部件智能诊断与寿命预测需要解决的一个关键问题。

2. 燃气轮机通流部件基因的有效提取

在基于通流部件多级基因数学模型建立整机热力模型的基础上，如何实现设计工况与变工况整机热力模型自适应修正，使热力模型各通流部件的初始特性与机组实际部件的健康基准特性相匹配，以及选择合理的特征提取驱动算法，是有效提取通流部件多级基因特征需要解决的一个关键问题，也是后续构建多级故障属性基因精准画像数据库需要解决的关键问题。

3. 基于基因特征的智能诊断与寿命预测

为有效捕捉多级故障属性以及故障演化过程，如何将所提取的通流部件多级基因特征在时间序列上切片，以及将切片后的多维时序基因特征所构成的基因特征矩阵转换为具有更好泛化能力的多级基因精准画像是绘制通流部件多级故障属性"基因图谱"需要解决的一个关键问题。另外,深度学习作为智慧诊断构成的主要模块,设计有效的深度学习模型是本章需要解决的最后一个关键问题。

9.3 研究思路、方法与技术路线

本章将一种新理论、新方法应用于研究对象——电厂燃气轮机故障诊断中,将理论分析与仿真实验验证相结合,跨领域地应用一些新技术及新方法,并在此基础上进行一定程度的改进,针对电厂燃气轮机故障预测诊断技术所存在的亟待解决的问题,开展基于多级基因精准画像的燃气轮机通流部件智慧诊断方法研究。

9.3.1 基于燃气轮机基因认知的多级数学建模

燃气轮机故障诊断的通用数学模型如下:

$$DC = f(DP) = f(DO, F, S, C, K, S^+) \tag{9.1}$$

式中,DP 为诊断问题,如燃气轮机通流部件故障诊断;DO 为诊断对象,如燃气轮机通流部件;$F = \{f_1, f_2, \cdots, f_m\}$ 为有限故障集,即燃气轮机通流部件所有故障源的集合;$S = \{s_1, s_2, \cdots, s_n\}$ 为有限征兆集,即燃气轮机通流部件所有故障征兆的集合;$C = \{c_1, c_2, \cdots, c_p\}$ 为有限关联故障集,即燃气轮机通流部件所有关联故障的集合;$K = \{F \cup S \cup DO\}$ 为诊断知识,即燃气轮机通流部件中故障源、关联故障和征兆三者之间的关系;S^+ 为燃气轮机通流部件故障征兆表现集,$S^+ \subseteq S$;$f(\cdot)$ 为诊断推理,指诊断专家或专家系统的推理过程;DC 为燃气轮机通流部件故障诊断结论,$DC \subseteq F \cup C$。

燃气轮机故障诊断的实质就是诊断专家或专家系统通过征兆表现集 S^+,依据诊断知识 K 以及故障集 F、关联故障集 C 和征兆集 S,通过诊断思维 f 的推理,求解得出结论 DC 的过程。

类比燃气轮机基因与生物基因在物质性、信息性、可传递性、易损性、唯一性等几个方面的差异可知,燃气轮机基因与生物基因存在许多共同之处,既然生物基因可以被采集、检测、诊断与调控,那么燃气轮机也必然存在可以用于故障诊断、寿命预测的可识别基因特征——即本章所提出的燃气轮机通流部件多级基因特征提取与精准画像的构建。现今灵活的运行模式、可变几何部件的广泛应用、抽气冷却技术的进步、日益复杂的控制系统以及部件和传感器存在同时发生故障的情况,给诊断过程引入了新的工况维度、参量维度以及不确定因素。因此,构建本章所提出的燃气轮机基因特性的数学模型、从数学本质上分析燃气轮机基因的存在性问题、深度揭示影响燃气轮机基因特性的因素、建立综合考虑上述各种干扰因素且包含通流部件多级基因特征的电厂燃气轮机整机数学模型和基因评价标准，是需要解决的一个关键科学问题。

从数学本质上讲，燃气轮机通流部件多级基因特征是气路可测参数与各通流部件基准特性的非线性函数。为去除上述运行工况、环境条件、可变几何、抽气冷却等各种干扰因素，同时既能有效利用气路可测参数前后时间关系，避免数据在时间上的割裂；又能有效利用不同气路可测参数之间非线性耦合关系，剥离出真正的通流部件多级基因特征，需要建立综合考虑上述各种干扰因素且包含通流部件多级基因特征的电厂燃气轮机整机数学模型及热力模型。为便于燃气轮机通流部件多级基因数学建模，参照 ISO 2314 准则，可以采用等效冷却流量处理方法进行燃气轮机热力建模，如 8.1 节中所述。燃烧室的健康状态主要与管路状况改变有关，不仅影响燃烧系统的压力损失 ΔP_{CC}，还会加剧燃烧反应区"非均相"化学反应，进而影响燃烧稳定性（燃烧反应区释热脉动导致压力脉动，严重时引起热声振荡）和污染物排放。此外，由于燃烧室存在燃烧不稳定现象，强烈的燃烧脉动会引发燃烧室内衬、头部罩帽及过渡段破损，进而导致更大的燃烧系统压力损失。因此，压损特性指数 GE_{CC} 作为燃烧室基因特征，来表征燃烧室管路状况变化的量化指标。由此，可以建立综合考虑上述各种干扰因素且包含通流部件多级基因特征的电厂燃气轮机整机数学模型（$z = f(GE, u) + v$）及其热力模型。

上述燃气轮机多级基因数学建模是基于现有的安萨尔多、西门子、GE 和三菱重型燃气轮机机组的气路可测参数情况（图 9.4）开展的。

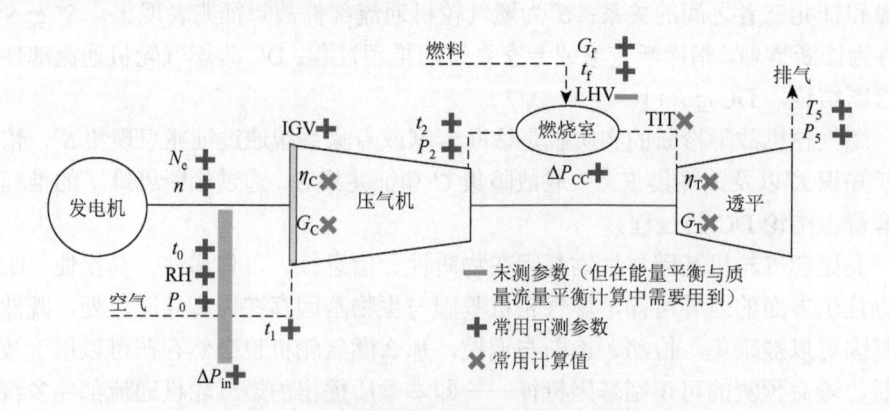

图 9.4 电厂重型燃气轮机机组的气路可测参数情况

若对于燃气轮机试验电厂，在允许人为添加传感器测点的条件下，可以根据实际情况继续细化通流部件的多级基因特征，如若在压气机某级间抽气处可以添加传感器测得此处的温度和压力,则可以考虑以此处为分界点对压气机前半段和后半段分别进行基因数学建模,从而得到更为精细的通流部件故障属性诊断结果。

9.3.2 基于热力模型的多级基因特征提取器的设计

基于上述电厂燃气轮机整机数学模型建立热力模型后,为有效提取燃气轮机健康状态信息的物理本质特征,还需消除以下三方面的不确定度:①同类型不同燃气轮机之间由制造、安装偏差而引入的不确定度;②不同干扰及未知初始条件而引入的不确定度;③使用其他已知机型部件特性线所导致的误差,则需要利用燃气轮机机组刚投运或健康时的气路测量数据来自适应修正整机热力模型各通流部件设计工况的性能参数以及变工况的部件特性线,如图 9.5 所示,从而使整机热力模型各通流部件的初始特性与机组实际部件的健康基准特性相匹配。

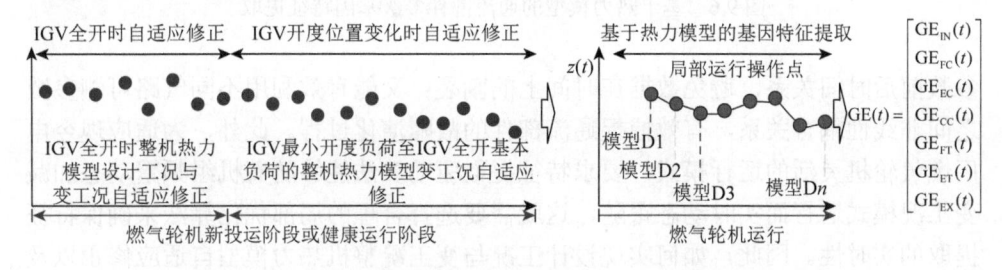

图 9.5 设计工况的性能参数以及变工况的部件特性线自适应修正

如图 9.5 所示,将整机热力模型自适应修正过程分为 IGV 全开时整机热力模型设计工况与变工况自适应修正,以及 IGV 最小开度负荷至 IGV 全开基本负荷的整机热力模型变工况自适应修正两部分。此部分的重点是研究如何基于机组刚投运或健康时的气路测量数据来自适应修正整机热力模型中压气机和透平的部件特性线,难点是可变几何压气机部件特性线的自适应修正。为实现上述自适应修正过程,拟构造合理的部件特性线修正函数,通过全局优化算法来系统性地修正部件特性线修正函数中的可调参数,从而实现整机热力模型的初始特性与机组实际部件的健康基准特性相匹配的目的。设计工况与变工况自适应修正后的电厂燃气轮机整机热力模型作为后续通流部件多级基因特征提取的驱动模型,如图 9.6 所示。

当通流部件发生性能衰退或损伤时,由机组气路可测参数 Z_{deg} 通过整机热力模型热力学耦合关系求解得到通流部件多级基因特征 GE,既能有效利用气路可测

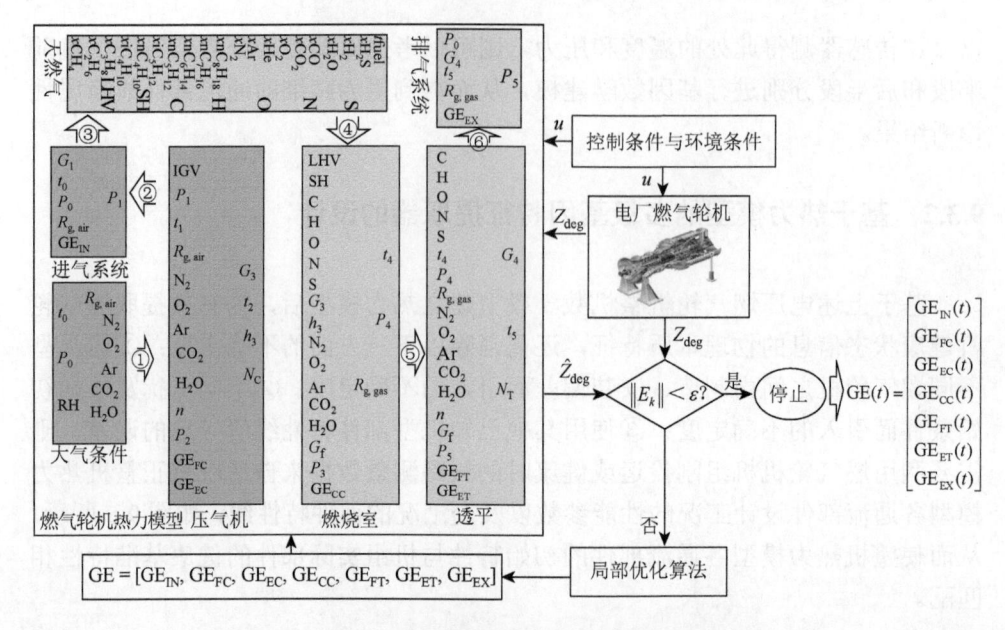

图 9.6 基于热力模型的通流部件多级基因特征提取

参数前后时间关系,避免数据在时间上的割裂;又能有效利用不同气路可测参数之间非线性耦合关系,有效捕捉通流部件的故障演化过程。此外,为适应现今电厂燃气轮机灵活的运行模式,要求特征提取驱动算法能够随着机组频繁动态加减变工况模式运行而实时动态跟随,这就需要选择合理的局部优化算法来确保特征提取的实时性。因此,如何实现设计工况与变工况整机热力模型自适应修正以及如何基于自适应修正后的整机热力模型来实时提取机组通流部件多级基因特征,是本项目需要解决的一个关键科学问题。当初始的通流部件多级基因特征 $GE_1 = [1,1,1,1,1,1,1]$（表示燃气轮机处于初始健康基准状态）选定后,随着迭代计算,当满足残差准则 $\|E_k\| < \varepsilon$（ε 为特定的迭代收敛阈值）时,就可以得到最终解 GE_k。其中

$$E_k = \begin{bmatrix} E_1 = P_{1,\text{meas}} - P_{1,\text{cal}} \\ E_2 = t_{2,\text{meas}} - t_{2,\text{cal}} \\ E_3 = G_{3,\text{cal}} + G_{f,\text{meas}} - G_{4,\text{cal}} \\ E_4 = P_{4,\text{meas}} - P_{4,\text{cal}} \\ E_5 = t_{5,\text{meas}} - t_{5,\text{cal}} \\ E_6 = P_{5,\text{meas}} - P_{5,\text{cal}} \\ E_7 = (N_T \eta_{T,m} - N_C / \eta_{C,m}) \eta_{\text{gen}} - N_{e,\text{meas}} \end{bmatrix}$$

为机组气路可测参数与整机热力模型计算值所组成的非线性方程组；$\eta_{T,m}$ 为透平的机械效率；$\eta_{C,m}$ 为压气机的机械效率；η_{gen} 为发电机效率；下角标 meas 表示实测值，下角标 cal 表示燃气轮机热力模型计算值。

准确的气路测量信息对于自适应修正整机热力模型以及提取通流部件多级基因特征都至关重要。由于气路侧的传感器同部件一样工作在高速、高温、高压、高热流、高强度燃烧的恶劣环境中，其性能也可能会衰退甚至发生故障（如固定偏差故障、漂移偏差故障、冲击故障），易引起误导性的计算结果。因此，需要对气路侧的传感器进行数据校验。通常测量数据的总不确定度由系统偏差和随机误差组成，如图 9.7 所示。

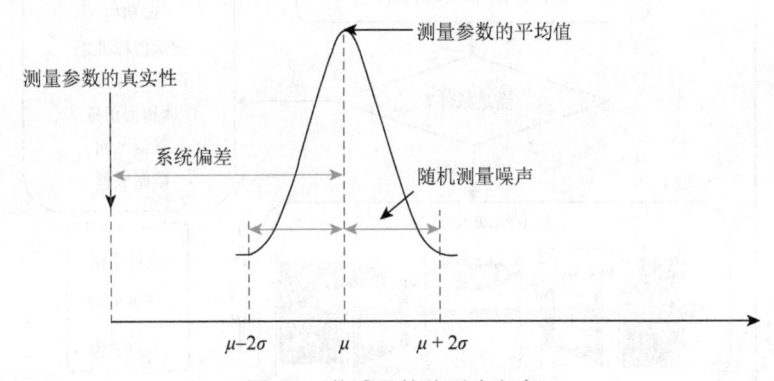

图 9.7　传感器的总不确定度

对于电厂燃气轮机，机组的气路可测参数情况如表 8.1 所示。其中热力模型所需的天然气组分可以通过电厂天然气化验报告获取。本章拟研究基于高斯修正准则的电厂燃气轮机气路可测参数的数据校验原理，来检测存在一定系统偏差的传感器，如图 9.8 所示。

如图 9.8 所示，电厂燃气轮机气路可测参数中某些传感器存在一定系统偏差，会导致冗余的测量数据之间存在矛盾，不能完全满足实际机组物理规律（如流量平衡、功率平衡及压力平衡等），经过数据调和修正后的测量数据（调和值）及其不确定度（标准差）才能满足实际物理规律。当检测出某些气路实测参数的调节量（即调和值与实测值的差值）超过置信限值时，可以判定该传感器存在一定系统偏差，需要对该仪器仪表进行校验。此部分，还可以探讨所提出的气路可测参数数据校验方法对机组辅助系统的故障检测能力，例如，检测出进入燃烧室的燃料气质量流量的调节量超过置信限值，除了可能是因为该传感器确实存在一定系统偏差外，还可能是因为存在燃料气从失效的密封环泄漏或喷嘴前管道（包括燃料气总管、分支管直至掺混器前）出现异物堵塞的故障情况，导致实际进入燃烧室单元的燃料气质量流量与实际通过燃料气总管、分支管的燃料气质量流量存在偏差，进而导致冗余的整机气路测量数据之间存在矛盾性，不能完全满足实际机组物理规律。

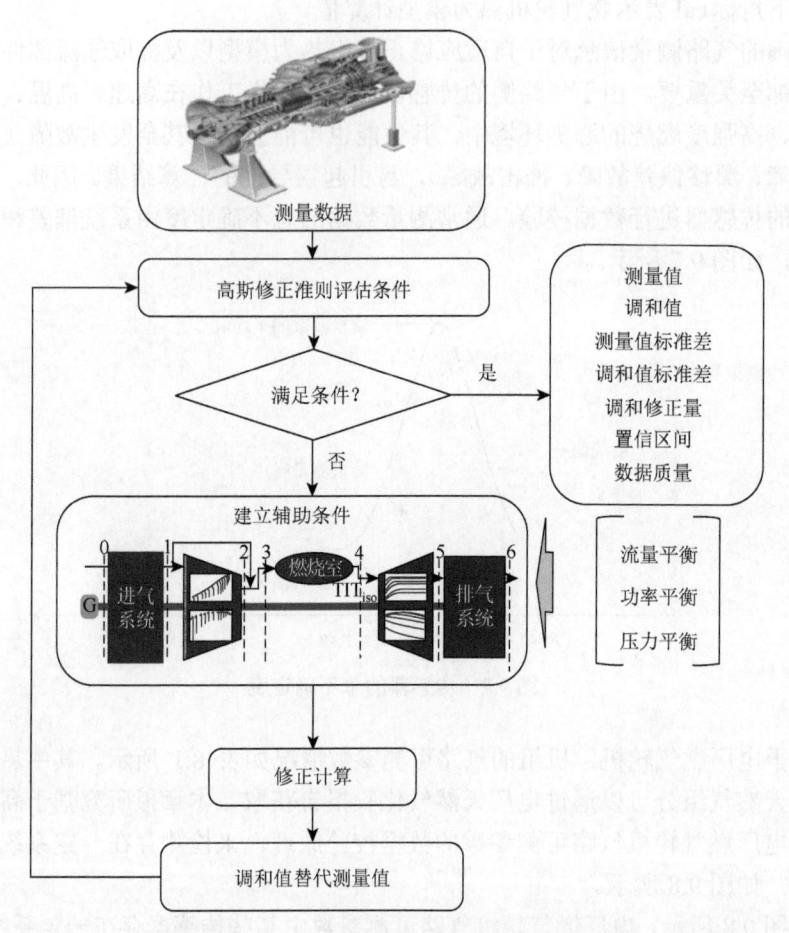

图 9.8　基于高斯修正准则的数据校验原理

9.3.3　基于基因画像的智慧诊断系统的构建

本章将用于营销领域刻画用户行为习惯的用户画像技术，引入到燃气轮机故障预测诊断领域，在对燃气轮机通流部件进行多级基因特征提取的基础上，重点开展基于数据和知识联合驱动的健康样本和各种故障样本打标器设计研究，并建立多级故障属性的基因精准画像数据库，更为精细地刻画通流部件的多级基因特征，实现多特征的智能融合，建立多特征认知体系，再研究基于基因画像的智能诊断与寿命预测方法，实现故障诊断与寿命预测两者机制的有效耦合。

第 9 章　基于通流部件多级基因精准画像的燃气轮机智慧诊断方法研究

下面对燃气轮机原因—基因—影响的故障演变过程，征兆—基因—原因的故障诊断过程，以及评价—原因—维护的故障决策过程进行全面分析，如图 9.9 所示。

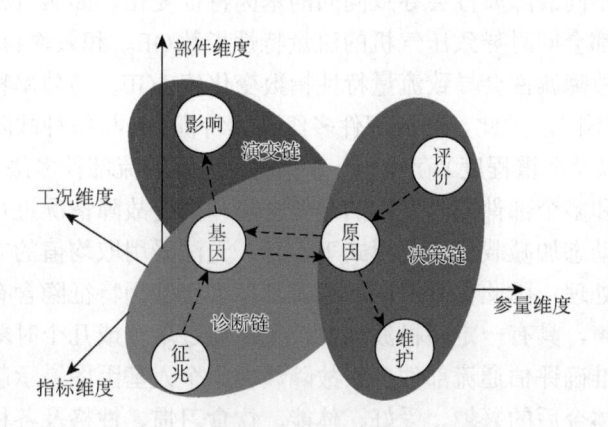

图 9.9　燃气轮机基因特性的认知体系

随着电厂燃气轮机运行，基于数据（包括历史运行数据和现场监测数据等）和知识（包括历史运行维护经验、专家知识、制造商提供的技术文件和有关规范等）联合驱动来对所提取的通流部件多级基因特征在时间序列上切片并打标签，如图 9.10 所示，标签出高质量的健康数据样本和各种故障数据样本。此外，亦可基于整机热力模型通过故障模拟手段来生成大量有价值的标签故障数据样本。此部分，针对电厂燃气轮机的标签故障数据样本少以及健康数据样本和各

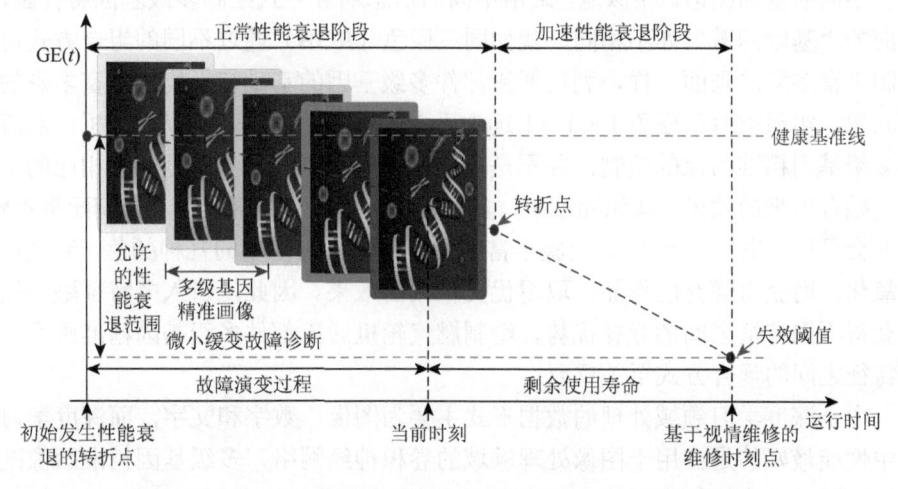

图 9.10　基于数据和知识联合驱动的各种故障样本打标器设计

种故障数据样本不平衡的实际情况,如何基于数据和知识联合驱动来标签出高质量的健康数据样本和各种故障数据样本以及通过故障模拟与数据增强等技术手段来生成大量有价值的标签故障数据,是本章需要解决的一个关键问题。

尽管有时不同故障属性会导致同向的基因特征变化,如压气机叶片积垢和压气机叶片磨损都会同时导致压气机的流量特性指数 GE_{FC} 和效率特性指数 GE_{EC} 减小,但这两者故障属性会导致流量特性指数变化值 ΔGE_{FC} 与效率特性指数变化值 ΔGE_{EC} 的比值不同,因此,通流部件多级基因特征 GE 与每种故障属性(故障位置、故障类型以及严重程度)存在一一映射关系,且通流部件多级基因特征 GE 可以对单个部件和多个部件同时发生的缓变故障和突变故障情况进行量化指示。由于机组在频繁动态加减载变工况模式下运行,无法采用取均值的方式对气路测量数据进行降噪处理,因此实时提取的通流部件多级基因特征隐含有各个气路可测参数的测量噪声,具有一定随机波动性,无法通过单个或几个时刻点上提取的多级基因特征来准确评估通流部件多级故障属性。个人基因图谱承载着个人的全部生命秘密,个体今后的兴趣、爱好、体能、饮食习惯、性格及各种潜在的遗传病等都清楚地写在个人基因图谱上。相似地,为有效捕捉多级故障属性以及故障演化过程,将所提取的通流部件多级基因特征在时间序列上切片,再将切片后的多维时序基因特征所构成的基因特征矩阵转换为具有更好泛化能力的二维彩色多级基因精准画像(如同一张超高清 X 光片),增加样本间特征差异信息量的同时,可以恢复一定低信噪比下的基因特征矩阵丢失的统计特征。此部分,需探讨切片窗口宽度、重叠度对多级故障属性以及故障演化过程捕捉效果的影响,从而选取最佳的切片窗口宽度、重叠度。

生物基因中脱氧核苷酸排列顺序的不同,导致不同的基因具不同的遗传信息,对应不同的基因图谱。相似地,采用不同的信息耦合方式绘制多级基因特征画像,对应的"基因图谱"亦不相同,就如同三原色(RGB)通过不同的组合方式可以绘制丰富多彩的画面一样,利用通流部件多级基因的基础特征构建丰富多彩的精细画像,实现类似三原色 1+1+1 远大于 3 的预期效果。基于以上分析,通流部件多级基因精准画像的绘制,并不是多维特征的简单组合,而是利用相应的手段智能融合出来的效果。就如同绘画,多种颜色需要专业的调配,一旦调配得不够,画面会显得"生""火气"。经验丰富的画家常常利用简单的几种颜色,通过自然的氧化,而获得优秀的作品,取得优美雅致的效果。因此,引入多特征融合技术以获得不同特征之间的互补优势,绘制燃气轮机通流部件多级基因精准画像,基础特征之间的耦合方式至关重要。

由于深度学习领域处理的数据形式主要为图像、数字和文字,而深度学习模型中性能最好的是应用于图像处理领域的卷积神经网络,多级基因精准画像既能很好地反映通流部件多级故障属性的统计特征,又能以彩色图像的数据形式出现,为深度学习应用于通流部件智慧诊断提供了一种重要的数据转换接口，多级基因精准画像具有重要的理论研究意义。

接着建立多级基因精准画像数据库，为通流部件多级故障属性绘制完备的"基因图谱"，构建通流部件多级故障属性与基因画像的关联数据库。再利用深度学习在处理图像识别方面的优势，结合深度卷积神经网络模型的智能感知原理，通过对图像空间结构局部特征的感知能力来实现通流部件多级故障属性（故障位置、故障类型以及严重程度）的智能诊断，如图 9.11 所示。

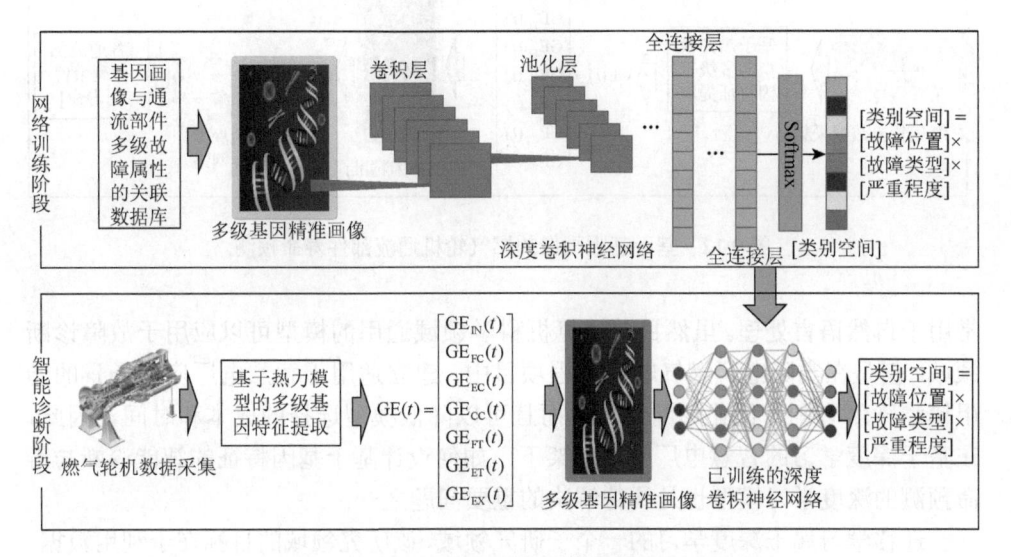

图 9.11 基于基因画像的燃气轮机通流部件智能诊断

为有效捕捉通流部件的故障演化过程，将所提取的通流部件多级基因特征在时间序列上回归建模，基于通流部件各种故障的基因特征失效阈值，结合上述切片得到的多级基因精准画像，可以得到各通流部件每种故障属性下的基因画像所对应的剩余使用寿命，最终建立通流部件剩余使用寿命与基因画像的关联数据库。再结合深度卷积神经网络模型的智能感知原理，通过对图像空间结构局部特征的感知能力来实现基于基因画像的各通流部件寿命预测，如图 9.12 所示。

此部分，在提取有效的燃气轮机通流部件多级精准画像"基因图谱"的基础上，如何构建通流部件多级故障属性与基因画像的关联数据库以及构建通流部件剩余使用寿命与基因画像的关联数据库，是设计基于基因画像的智能诊断与寿命预测方法需要解决的一个关键问题。此外，传统诊断技术在智慧电厂应用场景中对海量数据的处理方面存在根本的局限性，深度学习方法给燃气轮机故障预测诊断提供了新的思路。但是，许多应用于故障诊断领域的深度学习模型都是基于通用模型设计的，例如，卷积神经网络通常用于图像分类问题，而循环神经网络通

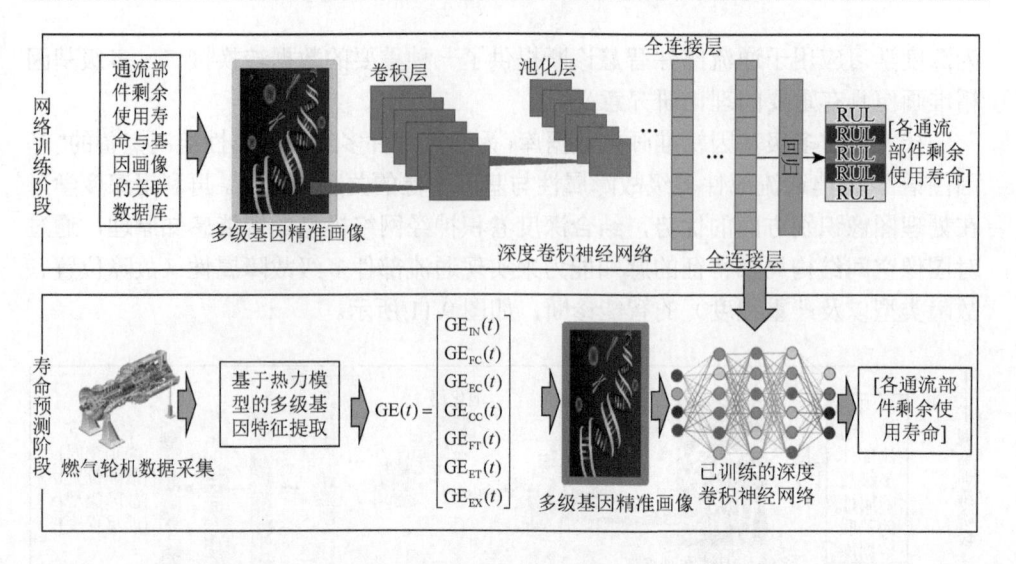

图 9.12　基于基因画像的燃气轮机通流部件寿命预测

常用于自然语言处理。虽然目前计算机科学领域通用的模型可以应用于故障诊断领域，但是在实际电厂燃气轮机工程项目中，建立适用于智慧电厂应用场景的通用模型不仅有利于优化诊断系统，而且可以降低模型选择的成本和时间，因此，在基于深度学习的智慧电厂应用框架下，如何设计基于基因特征的智能诊断与寿命预测的深度学习模型也是亟待解决的重要问题之一。

迁移学习属于深度学习的一个子研究领域，该研究领域的目标在于利用数据、任务或模型之间的相似性，将在旧领域学习过的知识迁移应用于新领域中。在实现迁移学习过程中，一般可以通过使用已经预训练好的模型，将其作为基础模型，在新的数据集上进行调整，进而得到适用于新数据集的新模型。本章以电厂燃气轮机故障诊断为研究对象，目前国内机组多以安萨尔多、西门子、GE 和三菱生产的重型燃气轮机为主，尽管各个制造商的技术风格不同，但本章拟建立的电厂燃气轮机整机数学模型及热力模型是综合考虑了运行工况、环境条件、可变几何、抽气冷却等各种实际干扰因素后的高度泛化的模型，且基于热力模型的多级基因特征提取器所需的气路测量数据也是基于电厂实际机组现有的传感器测点所能获得的，由此对于不同的电厂燃气轮机，基于本章所提出的方法理论，存在数据、任务、模型之间的相似性。因此，在基于深度学习的故障预测诊断框架下，可以进一步探讨如何通过迁移学习将适用于当前机组诊断任务的深度学习模型自适应于其他相同或不同型号，甚至不同类型机组的诊断任务中，实现高效的诊断系统移植，如图 9.13 所示。

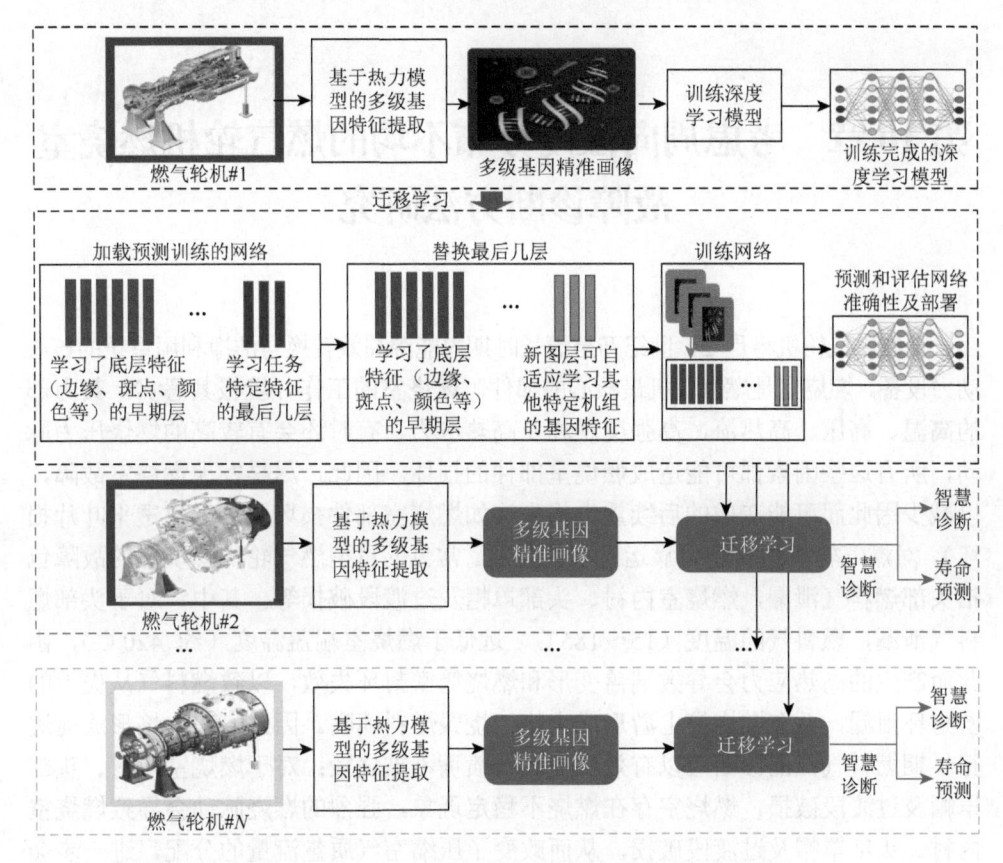

图 9.13 基于迁移学习的燃气轮机诊断系统高效移植

参 考 文 献

[1] Li J C, Ying Y L, Ji C L. Study on radio frequency signal gene characteristics from the perspective of fractal theory[J]. IEEE Access, 2019, 7: 124268-124282.

第10章 考虑周向温度分布不均的燃气轮机燃烧室故障诊断方法研究

重型燃气轮机将是 21 世纪乃至更长时期内能源高效转换与洁净利用系统的核心动力设备。燃烧室是燃气轮机最核心的部件。燃烧室的工作环境极其恶劣,其内部的高温、高压、高热流、高强度燃烧及高热应力,有时还会有较高的燃烧压力脉动,所有这些因素都可能造成燃烧室部件的损坏。因此,尽早发现燃烧室故障,以减少因此而可能造成的后续重大损失(如燃烧室部件损坏脱落导致透平叶片损坏),对燃气轮机的安全可靠运行极为重要。常见的重型燃气轮机燃烧室的故障包括头部燃料气泄漏,燃烧室内衬、头部罩帽及过渡段破损等。其中,对于头部燃料气泄漏,燃料气的温度(15~185℃)远低于燃烧室端盖温度(约 420℃),由此而产生的高热应力会导致端盖变形和燃烧筒密封环失效,以致燃料气从失效的密封环泄漏,并在燃烧筒上游形成火焰,烧毁燃料喷嘴。因此,在火焰形成前进行早期燃料气泄漏诊断可以有效保护燃料喷嘴不被烧毁;对于燃烧室内衬、头部罩帽及过渡段破损,燃烧室存在燃烧不稳定现象,强烈的燃烧脉动会导致燃烧室内衬、头部罩帽及过渡段破损,从而改变了压缩空气质量流量的分配,进一步会烧毁燃料喷嘴。因此,在引起更大损失之前诊断出燃烧室内衬、头部罩帽及过渡段的可能破损是非常重要的。为避免燃气轮机燃烧不稳定和污染物排放超标现象发生,确保其安全稳定、绿色高效运行,设计有效的燃气轮机燃烧室故障预测诊断系统具有重要意义。

10.1 基于透平排温周向偏差的燃烧室故障诊断方法

1905 年,法国人 L. Lemale 和 R. Armengard 研制出首台能输出有效功率的燃气轮机。1939 年,瑞士研制出第一台发电用燃气轮机(功率为 4000kW,效率为 18%)。得益于航空发动机技术的发展,现今出现大批先进的重型和轻型燃气轮机,并形成了以 GE、西门子、阿尔斯通等为代表的三个流派的地面重型燃气轮机技术。这三个流派共同的特征是:使用轴流式压气机、多级透平,燃烧室部分使用环形、环管型或筒型结构。环形燃烧室主要应用于西门子和阿尔斯通的燃气轮机,如图 10.1 所示。环管形燃烧室主要应用于 GE 和三菱的燃气轮机。

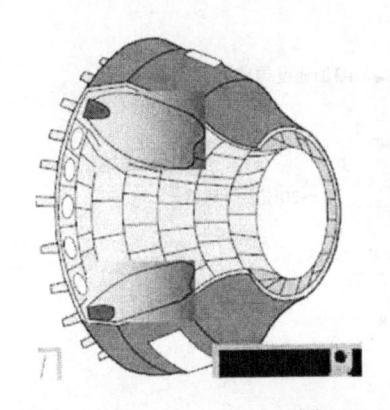

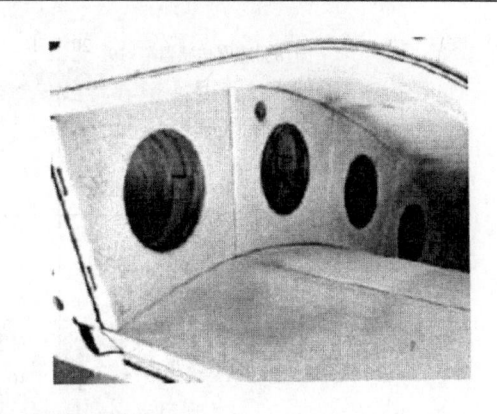

图 10.1　重型燃气轮机环形燃烧室

燃烧室是位于压气机、透平之间的一个封闭腔体，在燃烧室中，燃料与从压气机流入的空气进行燃烧反应，升温后的燃气流入透平膨胀做功。在分管型或者环管型燃烧室中，燃烧室的腔体仅指一个空气流动的空间结构，而实际的燃烧室单元通常指其中一个燃烧室。从燃烧反应动力学、气体动力学角度分析，这两种类型的燃烧室单元不存在本质区别。我们长期用"环管型"（而严格意义上正确的译法应为"管环型"）燃烧室指前分管式燃烧室（单元）+后整体环型过渡段的组合。燃烧器是位于燃烧室头部的部件，在燃烧器里燃料、空气掺混并组织燃烧反应（燃烧反应中有些过程相对缓慢，具体就是在燃烧室空间中留出一段补燃的空间）。现在的燃烧器通常被制作成系列产品或者标准件。为实现低污染排放，重型燃气轮机燃烧室结构日趋复杂，其典型的特征包括在环型燃烧室、管式燃烧室单元的头部，采用并列、串接方式安装多个（甚至多种）燃烧器。为稳定总管压力，一些燃气轮机还将燃烧器的空气、燃料供应管道分为若干分段的组合。

重型燃气轮机燃烧室进行的都是等压燃烧，要求燃烧室在任何工况下都能燃烧稳定，不致发生强烈的火焰脉动，以免造成高温零件的过热或热冲击，更不能熄火。火焰必须限制在燃烧室内，要求火焰短，不应烧到透平中去。这就需要降低燃烧区的空气流速来保持燃烧稳定，还常常需要形成回流区使热燃气流回来加热空气和燃料以利燃烧。同时还需要紊流空气来掺混高温燃气，使燃烧室出口温度不均匀度在允许范围内，但紊流程度的增强会使流动损失增加，因此要合理组织气流的掺冷过程，掺冷空气要适当适时，以免引起熄火或燃烧不良。

重型燃气轮机，如 M701F 型 F 级燃气轮机，其燃烧室采用环管型结构，上下两半的燃烧室外壳与压气机和透平的外缸连接成一整体。20 个燃烧器沿机组圆周向均匀地斜插入燃烧室外壳里，如图 10.2 所示。

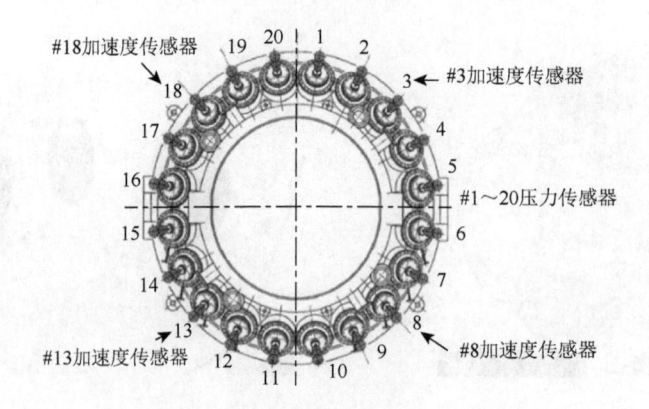

图 10.2 M701F4 型燃气轮机的燃烧室

每个燃烧器头部中央是 1 个扩散燃烧的值班喷嘴，其周围分布着 8 个预混燃烧的主喷嘴。这些喷嘴又分为 A、B 两组，交错配置。在机组启动和低负荷工况时，为防止火焰熄灭，在利用值班喷嘴进行扩散燃烧的同时，A 组主喷嘴也投入工作；在高负荷工况时，为保持火焰稳定，需要增加 A、B 两组主喷嘴的燃料，从而增加预混燃烧的比重，把 NO_x 排放量控制在最低程度。此外，M701F 燃气轮机燃烧器的独有特点是在过渡段处设有一个空气旁路阀，用以随负荷的变化调节一次燃烧空气的流量，确保燃料空气混合比在适当的范围内。在启动阶段或部分负荷工况时，燃料量较少，打开旁路阀，压气机排气的一部分直接通过旁路阀进入过渡段，一次燃烧空气流量减少，使预混燃烧区的燃空比保持最佳值，确保燃烧稳定，从而扩大了低 NO_x 的稳定运行范围。而在负荷增大时，旁路阀开度减小，使燃空比保持一定。在全负荷时，该旁路阀关闭。每个燃烧器性能健康状况的不同可以由透平周向排温的不同反映出来，即不同的燃烧模式对应不同的周向排温分布模式。因此，可以通过检测燃气轮机透平周向排温的分布模式来对燃气轮机的燃烧系统进行异常检测。

为精确测量透平排温，M701F4 型重型燃气轮机布置了叶片通道温度（blade path temperature，BPT）和排气温度（exhaust temperature，EXT）两组温度测点，其中 BPT 测点有 20 个（图 10.3），EXT 测点有 6 个，都是环形均匀布置，以提高测量和控制的可靠性。

如图 10.3 所示，BPT 测点安装在透平第 4 级叶片出口处与各燃烧室对应的位置。沿 360° 圆周方向上燃气的温度分布不是均匀的，各个燃烧室单元出口燃气温度会高于燃烧室单元之间的燃气温度，而且燃气能够在一定程度上保留层流的特点。EXT 测点安装在排气通道内，测量的是排气通道下游混合充分的烟气温度。

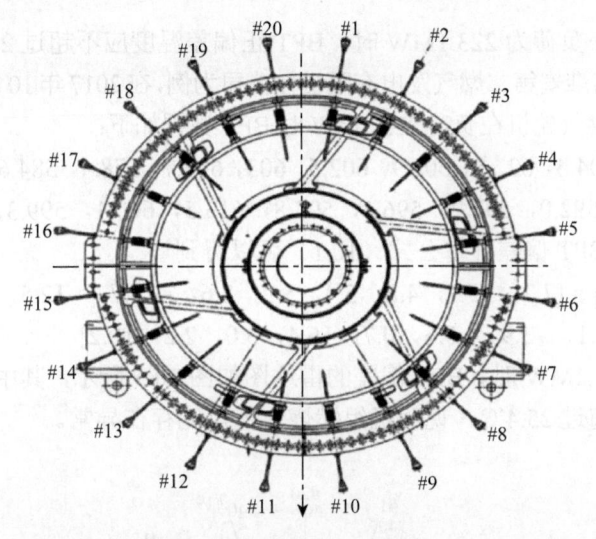

第 10 章 考虑周向温度分布不均的燃气轮机燃烧室故障诊断方法研究 ·219·

图 10.3 M701F4 型重型燃气轮机布置的 BPT 测点情况

考虑燃烧室出口温度不可测量，本节采用透平排温分布雷达图作为燃烧室状态监测与健康管理的特征参数，并结合燃气在透平流道中的旋转效应和掺混效应，逆推燃烧室的故障情况。在机组正常运行中，除了监测 BPT 外，还必须监测 BPT 偏差，如下：

$$[BPT 偏差] = [BPT]-[BPT 平均值] \quad (10.1)$$

式中，[BPT 平均值]为 20 个 BPT 测点温度，除去最大、最小两个温度值，取其 18 个温度的平均值。

三菱 M701F4 型燃气轮机的机组负荷与 BPT 正偏差温度关系如图 10.4 所示。

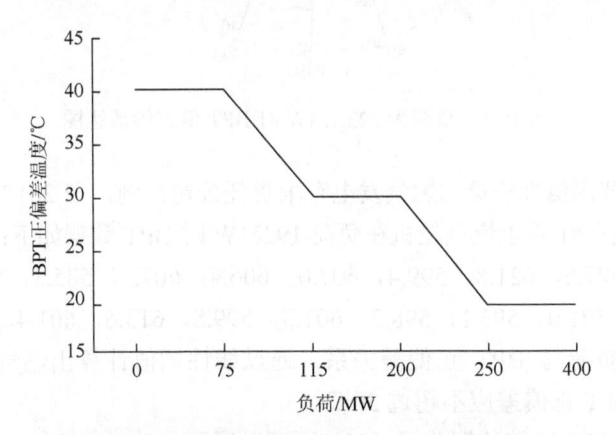

图 10.4 机组负荷与 BPT 正偏差温度关系

如图 10.4 所示，根据机组负荷与 BPT 正偏差温度关系，可以通过线性插值计算出燃气轮机在负荷为 223.1MW 时，BPT 正偏差温度应不超过 25.4℃。

以江苏国信淮安第二燃气发电有限责任公司为例，在 2017 年 10 月 4 日 20:40:44，该电厂#1 重型燃气轮机在负荷 223.1MW 时 BPT 数据如下：

[BPT] = [604.3，622.8，601.9，602.5，603，605.7，578.4，584.6，581.5，583.8，587.3，593.3，592.0，593.2，596.5，597.8，613.5，600.1，599.3，607.3]

通过上述 BPT 偏差计算公式（10.1）可以得到

[BPT 偏差] = [7.2，25.7，4.8，5.4，5.9，8.6，−18.7，−12.5，−15.6，−13.3，−9.8，−3.8，−5.1，−3.9，−0.6，0.7，16.4，3.0，2.2，10.2]

负荷为 223.1MW 时，BPT 偏差的雷达图如图 10.5 所示，其中有一个 BPT 正偏差温度稍微超过 25.4℃，说明机组燃烧系统可能存在异常。

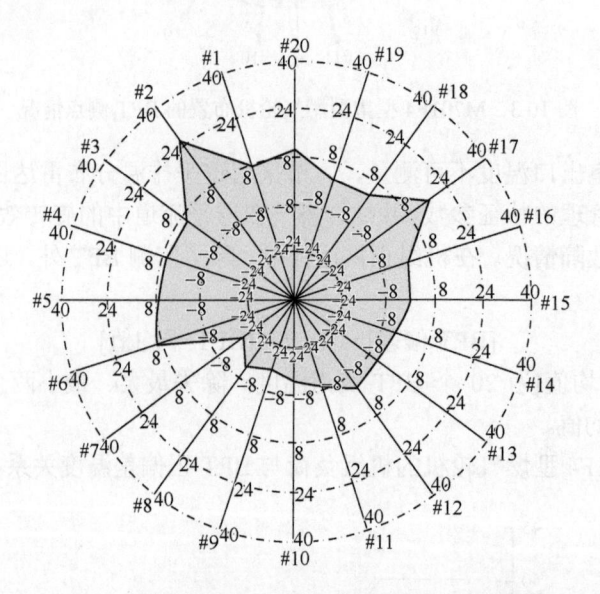

图 10.5　负荷为 223.1MW 时 BPT 偏差的雷达图

继续以江苏国信淮安第二燃气发电有限责任公司为例，在 2017 年 10 月 22 日 17:05:21，该电厂#1 重型燃气轮机在负荷 192MW 时 BPT 数据如下：

[BPT] = [607.6，621.8，599.4，607.0，606.4，607.5，585.3，599.1，602.9，594.3，588.4，591.0，593.1，598.7，601.8，599.8，613.6，601.4，601.8，611.9]

根据机组负荷与 BPT 正偏差关系，通过线性插值计算出燃气轮机在负荷为 192MW 时，BPT 正偏差应不超过 30℃。

通过上述 BPT 偏差计算公式（10.1）可以得到

[BPT 偏差] = [6.2，20.4，−2.0，5.6，5.0，6.1，−16.1，−2.3，1.5，−7.1，−13.0，−10.4，−8.3，−2.7，0.4，−1.6，12.2，−0.0，0.4，10.5]

第 10 章 考虑周向温度分布不均的燃气轮机燃烧室故障诊断方法研究

负荷为 192MW 时 BPT 偏差的雷达图如图 10.6 所示,其中所有的 BPT 正偏差都未超过 30℃,说明机组燃烧系统不存在异常。

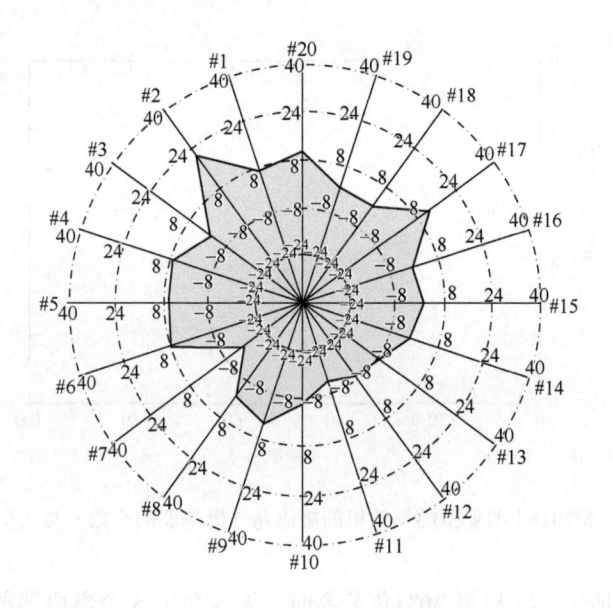

图 10.6 负荷为 192MW 时 BPT 偏差的雷达图

当高压高温燃气流过透平时,受透平各级动叶片旋转的作用,气流在沿着轴向逐级流经各级叶片的同时,也会有一个沿着 360° 圆周旋转的运动分量(图 10.7),此分量与机组负荷相关,且关系相对固定。

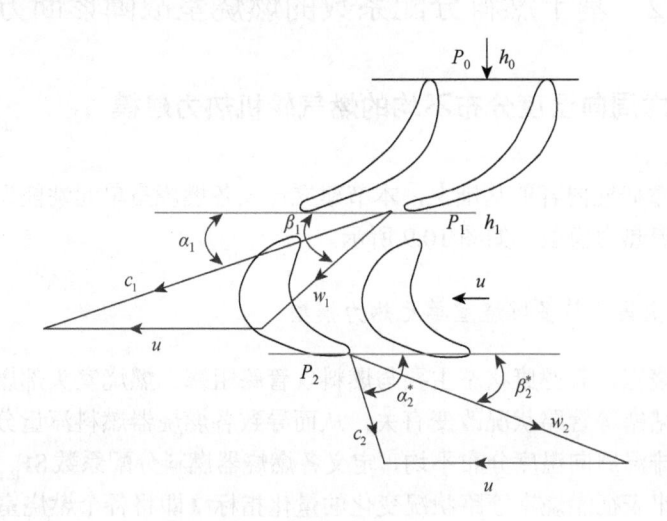

图 10.7 动叶栅进出口速度三角形

M701F4 型重型燃气轮机的旋流角（燃烧器的个数）与负荷率关系如图 10.8 所示。

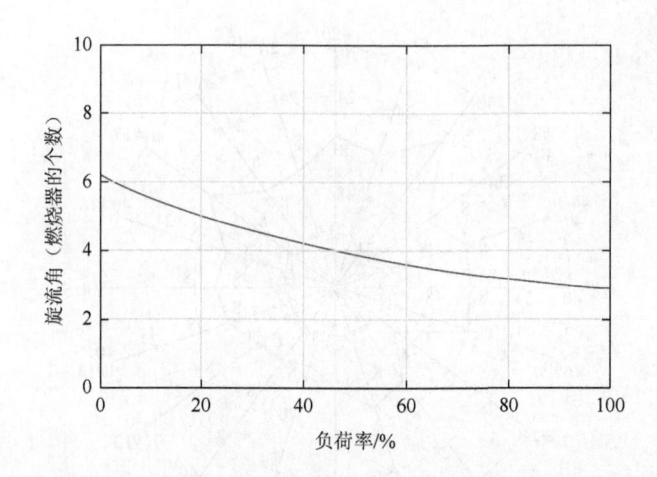

图 10.8　M701F4 型重型燃气轮机的旋流角（燃烧器的个数）与负荷率关系

如图 10.8 所示，在机组 20%负荷率时，旋流角为 5 个燃烧器的角度，假如当 #10 BPT 正偏差温度较大时，则需要点检#5 燃烧器（旋流角可能存在±1 个燃烧器部分的偏差，所以#4、#6 燃烧器也需要一起点检）。三菱 M701F4 型机组旋转的角度使用旋转过的燃烧器数量来定义。

10.2　基于燃料分配系数的燃烧室故障诊断方法

10.2.1　考虑周向温度分布不均的燃气轮机热力建模

在第 8 章研究内容的基础上，本节建立计及各燃烧室单元性能退化的重型燃气轮机全通流热力模型，如图 10.9 所示。

1. 燃烧室集总与多燃烧室单元热力模型

对于燃烧室，其健康状态主要与燃料气管路阻塞、燃烧室头部燃料气泄漏、喷嘴燃料孔堵塞等管路状况改变有关，从而导致各燃烧器燃料流量分配不均，并表现在透平排温周向温度分布不均，定义各燃烧器燃料分配系数 $SF_{B,i}$ 作为燃烧室健康参数，来表征燃烧室管路状况变化的量化指标（即将各个燃烧室单元的结构

第 10 章 考虑周向温度分布不均的燃气轮机燃烧室故障诊断方法研究 ·223·

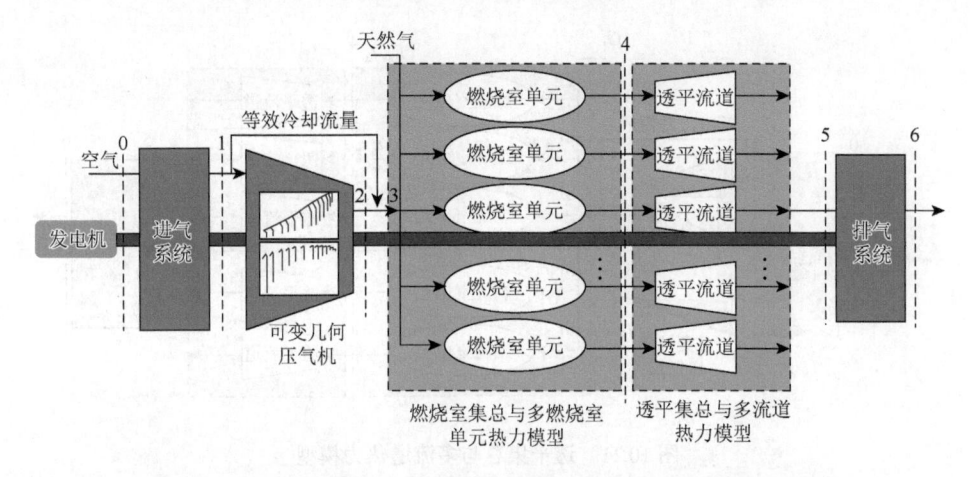

图 10.9 考虑周向温度分布不均的重型燃气轮机全通流整机热力建模

性差异可以抽象为各燃烧器燃料分配系数的不同[1]），并以此建立考虑周向温度分布不均的燃烧室集总与多燃烧室单元热力模型，如图 10.10 所示。

$$\sum_{i=1}^{n} \mathrm{SF}_{\mathrm{B},i} = 1, \quad 即 \sum_{i=1}^{n} G_{\mathrm{f}} \cdot \mathrm{SF}_{\mathrm{B},i} = G_{\mathrm{f}} \quad (10.2)$$

式中，n 为燃烧室单元的个数；G_f 为进入燃烧室的总天然气燃料质量流量。

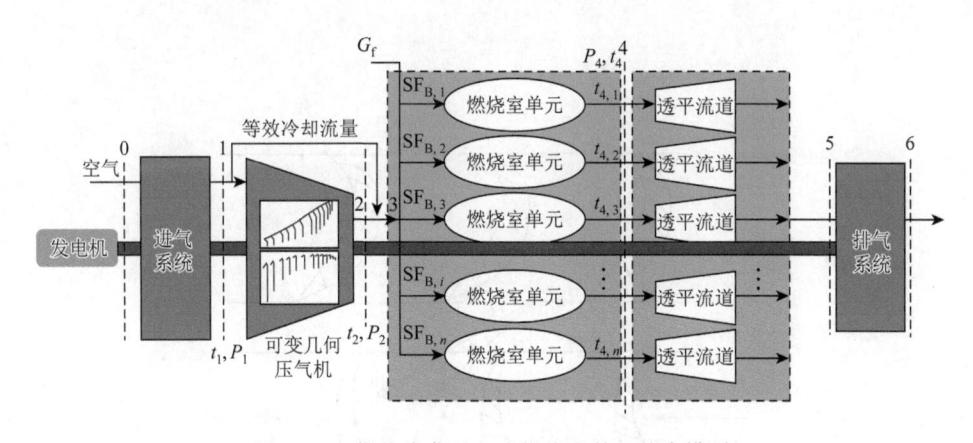

图 10.10 燃烧室集总与多燃烧室单元热力模型

2. 透平集总与多流道热力模型

对于压气机和透平，其健康状态与积垢、磨损、腐蚀等有关，定义流量特性指数和效率特性指数作为压气机/透平健康参数，来表征压气机/透平通流能力和运行效率变化的量化指标，并以此建立压气机集总热力模型以及考虑周向温度分布不均的透平集总与多流道热力模型，如图 10.11 所示。

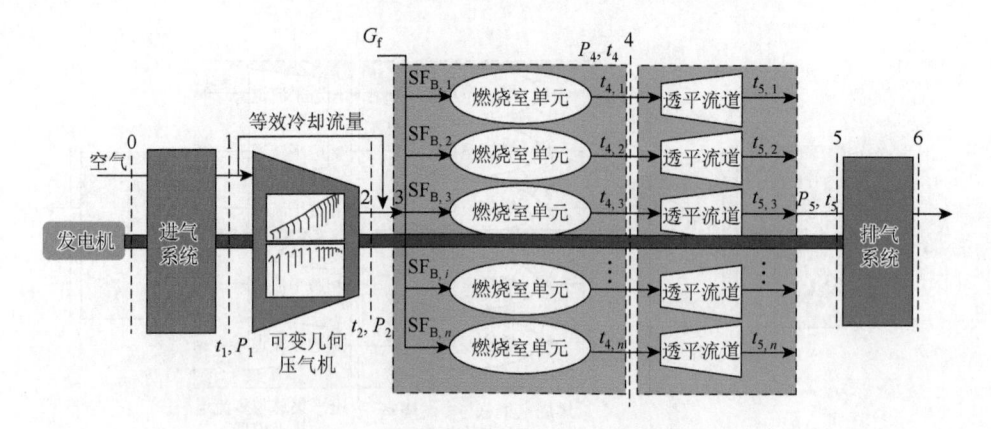

图 10.11 透平集总与多流道热力模型

针对燃气在透平流道中的旋转问题，建立了燃气的旋转效应模型，并最终建立计及各燃烧室单元性能退化的重型燃气轮机全通流热力模型，再由机组气路可测参数通过整机热力学耦合关系剥离出通流部件健康参数。

对于 GE PG9351FA 型机组，由于其在运行时转子是旋转的，透平第 1 级进口的高温燃气流到第 3 级出口存在一定的扭转，也就是说，燃气沿顺时针方向流动，如图 10.12 所示，它和排气测点间有一个夹角，这个角度称为扭转角 Ω。

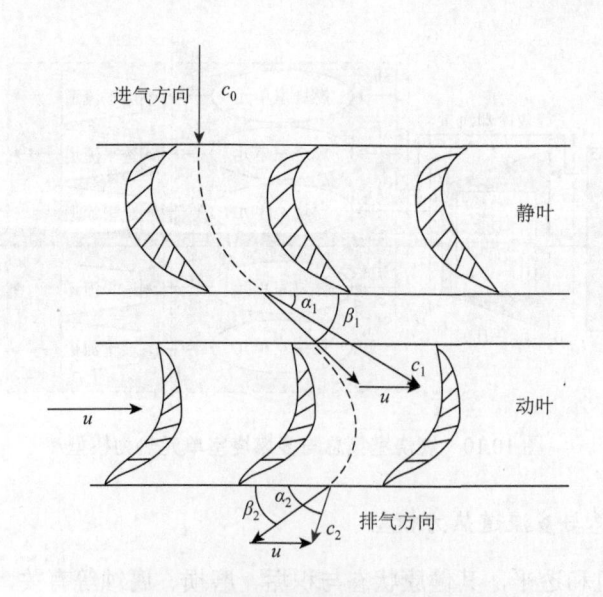

图 10.12 燃气在透平中发生的旋转效应

$$\Omega = f(N_e, \text{IGV}) \tag{10.3}$$

随着 N_e（燃气轮机输出功率）增加和 IGV（压气机 IGV）角度的增加，扭转角变小。不同类型的机组有着各自的对应关系。对于 PG9351FA 机组（其燃烧室单元和排气热电偶的分布情况如图 10.13 所示），对应关系可能是：在接近基本负荷的情况下，#1 燃烧室单元出来的高温燃气经透平做功，大约顺时针扭转间隔 2.5 个燃烧室单元的位置，即在 TTXD_8 的排气热电偶左右；在全速空载的情况下，#1 燃烧室单元出来的高温燃气经透平做功，大约顺时针扭转间隔 8 个燃烧室单元的位置，即在 TTXD_17 的排气热电偶左右。

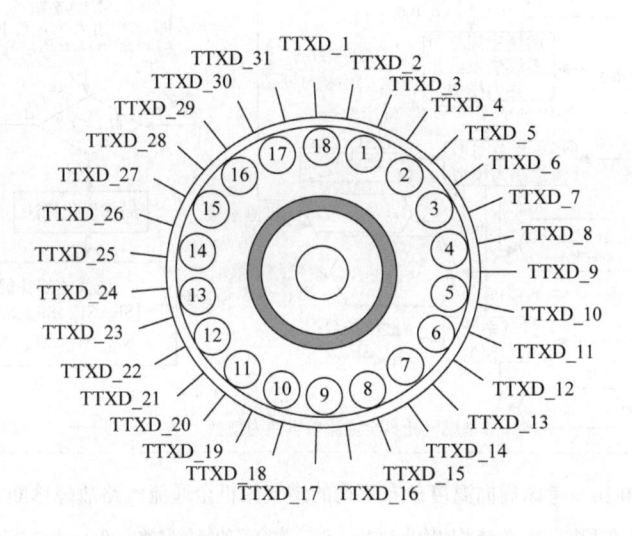

图 10.13　燃烧室单元和排气热电偶的分布情况（逆燃气流方向看）

10.2.2　基于燃料分配系数的燃烧室故障诊断策略

基于上述建立的计及各燃烧室单元性能退化的重型燃气轮机全通流整机热力模型，设计考虑周向温度分布不均的燃气轮机全通流气路故障诊断方法，如图 10.14 所示。首先利用机组刚投运或健康时的运行数据来自适应修正整机热力模型各通流部件设计工况的性能参数以及变工况的部件特性线，从而使整机热力模型各通流部件的初始特性与机组实际部件的健康基准特性相匹配。修正后的整机热力模型作为全通流部件健康参数提取的驱动模型。

对于电厂燃气轮机，考虑周向温度分布不均的燃气轮机燃烧室故障诊断，所需机组的气路可测参数情况如表 10.1 所示，这里增加了透平周向排温测点的采集。其中热力模型所需的天然气组分可以通过电厂天然气化验报告获取。

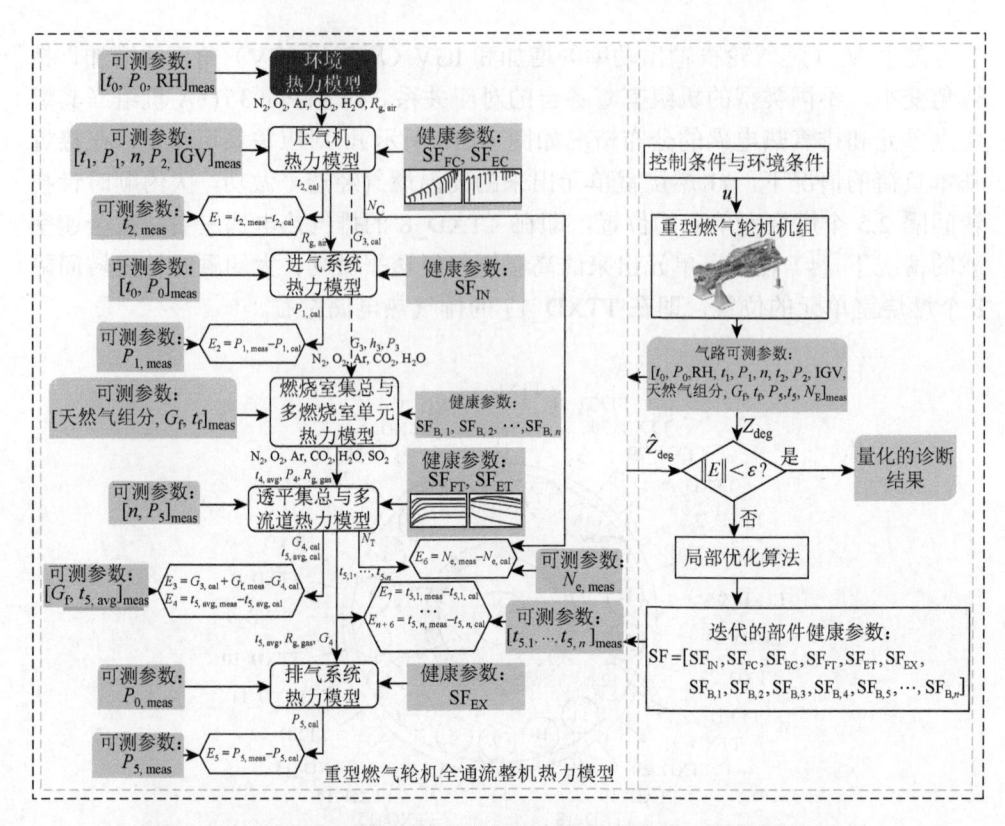

图 10.14 考虑周向温度分布不均的燃气轮机全通流气路故障诊断方法

N_C 为压气机的耗功；N_T 为透平的输出功率；$R_{g,air}$ 为空气的气体常数；$R_{g,gas}$ 为燃气的气体常数；$N_2/O_2/Ar/CO_2/H_2O$ 分别表示空气中各组分的质量分数；$SF=[SF_{IN}, SF_{FC}, SF_{EC}, SF_{FT}, SF_{ET}, SF_{EX}, SF_{B,1}, SF_{B,2}, SF_{B,3}, SF_{B,4}, SF_{B,5}, \cdots, SF_{B,n}]$ 为全通流部件多级健康特征参数；$u=[t_0, P_0, RH]$ 为环境条件；$Z_{deg}=[IGV, N_e, n, G_f, t_f, P_0, t_0, RH, P_1, t_1, P_2, t_2, P_5, t_5]$ 为机组气路可测参数

表 10.1 机组的气路可测参数情况

符号	可测参数	单位
IGV	IGV 开度位置	%
N_e	燃气轮机输出功率	kW
n	转速	r/min
G_f	天然气质量流量	kg/s
t_f	天然气入口温度	℃
P_0	大气压力	bar
t_0	大气温度	℃
RH	大气相对湿度	%

符号	可测参数	单位
P_1	压气机入口压力	bar
t_1	压气机入口温度	℃
P_2	压气机出口压力	bar
t_2	压气机出口温度	℃
P_5	透平出口压力	bar
t_5	透平排温	℃
$t_{5,1}$,$t_{5,2}$,$t_{5,3}$,…,$t_{5,n}$	透平出口BPT	℃

利用机组实测气路参数 Z_{deg}，通过本章所提出的气路故障诊断方法实时诊断输出各个部件的健康参数 SF。本章我们采用牛顿-拉弗森算法作为诊断驱动算法，详细的诊断驱动求解过程如下。

对于一个已知的残差方程组 $E = f(\text{SF})$，当各个部件的健康参数向量（即方程组的自变量向量）$\text{SF} \in \mathbf{R}^{n+6}$ 变化一个微小量 ΔSF 时，对应的残差向量 E 也会改变一个微小量 ΔE。若 ΔSF 足够小，则 ΔE 与 ΔSF 的数学关系可以足够精确地表示为

$$\Delta E = J(E, \text{SF}) \cdot \Delta \text{SF} \tag{10.4}$$

式中，

$$E = \begin{bmatrix} E_1 = t_{2,\text{meas}} - t_{2,\text{cal}} \\ E_2 = P_{1,\text{meas}} - P_{1,\text{cal}} \\ E_3 = G_{3,\text{cal}} + G_{f,\text{meas}} - G_{4,\text{cal}} \\ E_4 = t_{5,\text{avg},\text{meas}} - t_{5,\text{avg},\text{cal}} \\ E_5 = P_{5,\text{meas}} - P_{5,\text{cal}} \\ E_6 = N_{e,\text{meas}} - N_{e,\text{cal}} \\ E_7 = t_{5,1,\text{meas}} - t_{5,1,\text{cal}} \\ E_8 = t_{5,2,\text{meas}} - t_{5,2,\text{cal}} \\ \vdots \\ E_{n+6} = t_{5,n,\text{meas}} - t_{5,n,\text{cal}} \end{bmatrix}$$

$$\text{SF} = [\text{SF}_{\text{IN}}, \text{SF}_{\text{FC}}, \text{SF}_{\text{EC}}, \text{SF}_{\text{FT}}, \text{SF}_{\text{ET}}, \text{SF}_{\text{EX}}, \text{SF}_{B,1}, \text{SF}_{B,2}, \text{SF}_{B,3}, \text{SF}_{B,4}, \text{SF}_{B,5}, \cdots, \text{SF}_{B,n}]$$

由此，

$$E_2 - E_1 = J(E, \text{SF})_{\text{SF}=\text{SF}_1} \cdot (\text{SF}_2 - \text{SF}_1) \tag{10.5}$$

式中，$J(E, \text{SF})$ 为雅可比矩阵，如下所示：

$$J(E, \mathrm{SF}) = \begin{bmatrix} \dfrac{\partial E_1}{\partial \mathrm{SF}_{\mathrm{IN}}}, & \dfrac{\partial E_1}{\partial \mathrm{SF}_{\mathrm{FC}}}, & \dfrac{\partial E_1}{\partial \mathrm{SF}_{\mathrm{EC}}}, & \dfrac{\partial E_1}{\partial \mathrm{SF}_{\mathrm{FT}}}, & \dfrac{\partial E_1}{\partial \mathrm{SF}_{\mathrm{ET}}}, & \dfrac{\partial E_1}{\partial \mathrm{SF}_{\mathrm{EX}}}, & \dfrac{\partial E_1}{\partial \mathrm{SF}_{\mathrm{B},1}}, & \dfrac{\partial E_1}{\partial \mathrm{SF}_{\mathrm{B},2}}, & \cdots, & \dfrac{\partial E_1}{\partial \mathrm{SF}_{\mathrm{B},n}} \\ \dfrac{\partial E_2}{\partial \mathrm{SF}_{\mathrm{IN}}}, & \dfrac{\partial E_2}{\partial \mathrm{SF}_{\mathrm{FC}}}, & \dfrac{\partial E_2}{\partial \mathrm{SF}_{\mathrm{EC}}}, & \dfrac{\partial E_2}{\partial \mathrm{SF}_{\mathrm{FT}}}, & \dfrac{\partial E_2}{\partial \mathrm{SF}_{\mathrm{ET}}}, & \dfrac{\partial E_2}{\partial \mathrm{SF}_{\mathrm{EX}}}, & \dfrac{\partial E_2}{\partial \mathrm{SF}_{\mathrm{B},1}}, & \dfrac{\partial E_2}{\partial \mathrm{SF}_{\mathrm{B},2}}, & \cdots, & \dfrac{\partial E_2}{\partial \mathrm{SF}_{\mathrm{B},n}} \\ \dfrac{\partial E_3}{\partial \mathrm{SF}_{\mathrm{IN}}}, & \dfrac{\partial E_3}{\partial \mathrm{SF}_{\mathrm{FC}}}, & \dfrac{\partial E_3}{\partial \mathrm{SF}_{\mathrm{EC}}}, & \dfrac{\partial E_3}{\partial \mathrm{SF}_{\mathrm{FT}}}, & \dfrac{\partial E_3}{\partial \mathrm{SF}_{\mathrm{ET}}}, & \dfrac{\partial E_3}{\partial \mathrm{SF}_{\mathrm{EX}}}, & \dfrac{\partial E_3}{\partial \mathrm{SF}_{\mathrm{B},1}}, & \dfrac{\partial E_3}{\partial \mathrm{SF}_{\mathrm{B},2}}, & \cdots, & \dfrac{\partial E_3}{\partial \mathrm{SF}_{\mathrm{B},n}} \\ \dfrac{\partial E_4}{\partial \mathrm{SF}_{\mathrm{IN}}}, & \dfrac{\partial E_4}{\partial \mathrm{SF}_{\mathrm{FC}}}, & \dfrac{\partial E_4}{\partial \mathrm{SF}_{\mathrm{EC}}}, & \dfrac{\partial E_4}{\partial \mathrm{SF}_{\mathrm{FT}}}, & \dfrac{\partial E_4}{\partial \mathrm{SF}_{\mathrm{ET}}}, & \dfrac{\partial E_4}{\partial \mathrm{SF}_{\mathrm{EX}}}, & \dfrac{\partial E_4}{\partial \mathrm{SF}_{\mathrm{B},1}}, & \dfrac{\partial E_4}{\partial \mathrm{SF}_{\mathrm{B},2}}, & \cdots, & \dfrac{\partial E_4}{\partial \mathrm{SF}_{\mathrm{B},n}} \\ \dfrac{\partial E_5}{\partial \mathrm{SF}_{\mathrm{IN}}}, & \dfrac{\partial E_5}{\partial \mathrm{SF}_{\mathrm{FC}}}, & \dfrac{\partial E_5}{\partial \mathrm{SF}_{\mathrm{EC}}}, & \dfrac{\partial E_5}{\partial \mathrm{SF}_{\mathrm{FT}}}, & \dfrac{\partial E_5}{\partial \mathrm{SF}_{\mathrm{ET}}}, & \dfrac{\partial E_5}{\partial \mathrm{SF}_{\mathrm{EX}}}, & \dfrac{\partial E_5}{\partial \mathrm{SF}_{\mathrm{B},1}}, & \dfrac{\partial E_5}{\partial \mathrm{SF}_{\mathrm{B},2}}, & \cdots, & \dfrac{\partial E_5}{\partial \mathrm{SF}_{\mathrm{B},n}} \\ \dfrac{\partial E_6}{\partial \mathrm{SF}_{\mathrm{IN}}}, & \dfrac{\partial E_6}{\partial \mathrm{SF}_{\mathrm{FC}}}, & \dfrac{\partial E_6}{\partial \mathrm{SF}_{\mathrm{EC}}}, & \dfrac{\partial E_6}{\partial \mathrm{SF}_{\mathrm{FT}}}, & \dfrac{\partial E_6}{\partial \mathrm{SF}_{\mathrm{ET}}}, & \dfrac{\partial E_6}{\partial \mathrm{SF}_{\mathrm{EX}}}, & \dfrac{\partial E_6}{\partial \mathrm{SF}_{\mathrm{B},1}}, & \dfrac{\partial E_6}{\partial \mathrm{SF}_{\mathrm{B},2}}, & \cdots, & \dfrac{\partial E_6}{\partial \mathrm{SF}_{\mathrm{B},n}} \\ \vdots & \vdots & \vdots & \vdots & \vdots & \vdots & \vdots & \vdots & & \vdots \\ \dfrac{\partial E_{n+6}}{\partial \mathrm{SF}_{\mathrm{IN}}}, & \dfrac{\partial E_{n+6}}{\partial \mathrm{SF}_{\mathrm{FC}}}, & \dfrac{\partial E_{n+6}}{\partial \mathrm{SF}_{\mathrm{EC}}}, & \dfrac{\partial E_{n+6}}{\partial \mathrm{SF}_{\mathrm{FT}}}, & \dfrac{\partial E_{n+6}}{\partial \mathrm{SF}_{\mathrm{ET}}}, & \dfrac{\partial E_{n+6}}{\partial \mathrm{SF}_{\mathrm{EX}}}, & \dfrac{\partial E_{n+6}}{\partial \mathrm{SF}_{\mathrm{B},1}}, & \dfrac{\partial E_{n+6}}{\partial \mathrm{SF}_{\mathrm{B},2}}, & \cdots, & \dfrac{\partial E_{n+6}}{\partial \mathrm{SF}_{\mathrm{B},n}} \end{bmatrix}$$

(10.6)

当初始的部件健康参数 SF_1（表征燃气轮机健康基准状态）选定后，通过残差方程组可以得到一个残差向量 E_1。我们希望当得到下一个迭代计算点 SF_2 时，对应的残差向量 E_2 接近于 0，则可以得到

$$\mathrm{SF}_2 = \mathrm{SF}_1 - J^{-1}(E, \mathrm{SF})_{\mathrm{SF}=\mathrm{SF}_1} \cdot E_1 \tag{10.7}$$

将式（10.7）进行推广泛化，则牛顿-拉弗森算法可以表达为

$$\mathrm{SF}_{k+1} = \mathrm{SF}_k - J^{-1}(E, \mathrm{SF})_{\mathrm{SF}=\mathrm{SF}_k} \cdot E_k \tag{10.8}$$

随着迭代计算，当残差准则 $\|E_{k+1}\| < \varepsilon$（$\varepsilon$ 为特定的迭代收敛阈值）满足时，就可以得到最终解 SF_{k+1}。

10.3 应用与分析

为了测试所提出方法的可靠性与有效性，进行如下 5 个 M701F4 型燃气轮机燃烧室故障诊断仿真案例测试。

1. 案例 1

燃气轮机负荷率为 83%，[BPT] = [560.5102，560.5102，560.5102，569.11，560.5102，560.5102，560.5102，560.5102，560.5102，551.8949，560.5102，560.5102，560.5102，560.5102，560.5102，560.5102，560.5102，560.5102，560.5102，560.5102]。

通过 10.2 节所述的 BPT 偏差计算公式（10.1）可以得到

[BPT 偏差] = [0, 0, 0, 8.6, 0, 0, 0, 0, 0, -8.6, 0, 0, 0, 0, 0, 0, 0, 0, 0, 0]

BPT 偏差的雷达图如图 10.15 所示。

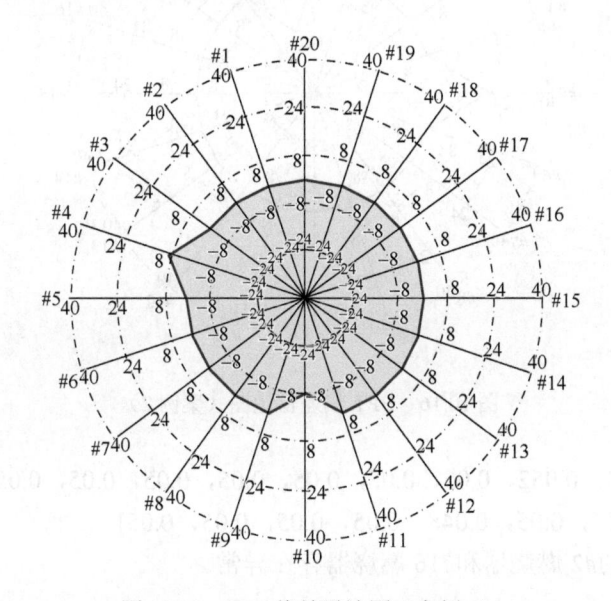

图 10.15　BPT 偏差雷达图（案例 1）

说明#4BPT 测点和#10 BPT 测点存在异常。进一步采用 10.3 节所述的基于燃料分配系数的燃烧室故障诊断方法，可以诊断得到各个燃烧室单元的燃料分配系数为

SF_B = [0.051, 0.05, 0.05, 0.05, 0.05, 0.05, 0.049, 0.05, 0.05, 0.05, 0.05, 0.05, 0.05, 0.05, 0.05, 0.05, 0.05, 0.05, 0.05, 0.05]

说明对应的#1 燃烧器和#7 燃烧器存在异常。

2. 案例 2

燃气轮机负荷率为 92%，通过 10.2 节所述的 BPT 偏差计算公式（10.1）可以得到

[BPT 偏差] = [0, 0, 0, 0, 19.1214, 0, 0, 0, 0, 0, 0, 0, 0, 0, 0, 0, 0, 0, -19.1985, 0]

BPT 偏差的雷达图如图 10.16 所示。

说明#5 BPT 测点和#19 BPT 测点存在异常。进一步采用 10.3 节所述的基于燃料分配系数的燃烧室故障诊断方法，可以诊断得到各个燃烧室单元的燃料分配系数为

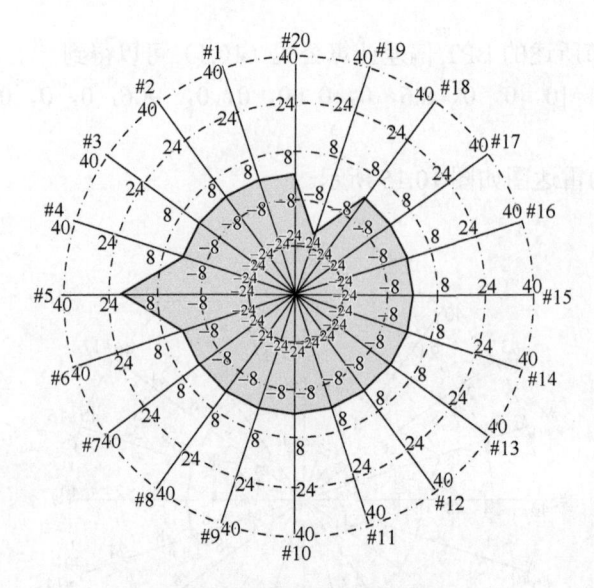

图 10.16 BPT 偏差雷达图（案例 2）

SF$_B$ = [0.05，0.052，0.05，0.05，0.05，0.05，0.05，0.05，0.05，0.05，0.05，0.05，0.05，0.05，0.05，0.048，0.05，0.05，0.05，0.05]

说明对应的#2 燃烧器和#16 燃烧器存在异常。

3. 案例 3

燃气轮机负荷率为 61.5%，通过 10.2 节所述的 BPT 偏差计算公式（10.1）可以得到

[BPT 偏差] = [0，0，0，0，0，21.3267，0，0，0，0，0，0，0，0，0，0，0，0，0，−21.4217]

BPT 偏差的雷达图如图 10.17 所示。

说明#6 BPT 测点和#20 BPT 测点存在异常。进一步采用 10.3 节所述的基于燃料分配系数的燃烧室故障诊断方法，可以诊断得到各个燃烧室单元的燃料分配系数为

SF$_B$ = [0.05，0.053，0.05，0.05，0.05，0.05，0.05，0.05，0.05，0.05，0.05，0.05，0.05，0.05，0.05，0.047，0.05，0.05，0.05，0.05]

说明对应的#2 燃烧器和#16 燃烧器存在异常。

4. 案例 4

燃气轮机负荷率为 61.5%，通过 10.2 节所述的 BPT 偏差计算公式（10.1）可以得到

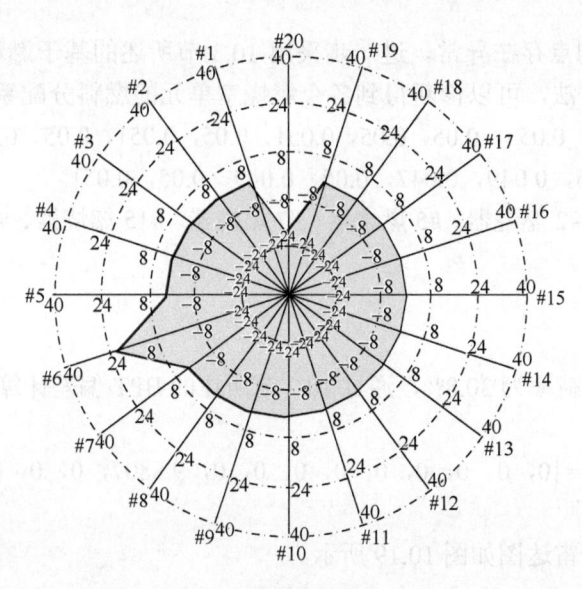

图 10.17 BPT 偏差雷达图（案例 3）

[BPT 偏差] = [0，−7.1287，0，0，0，21.3279，0，0，7.1205，0，7.1205，0，0，0，0，0，0，0，−7.1287，−21.4205]

BPT 偏差的雷达图如图 10.18 所示。

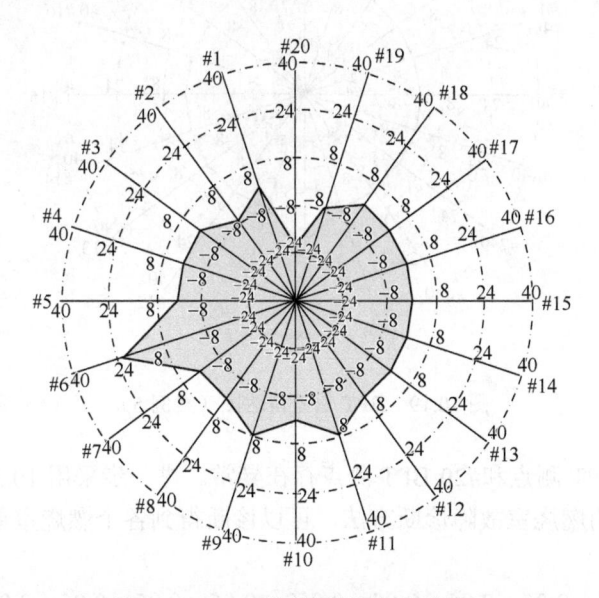

图 10.18 BPT 偏差雷达图（案例 4）

说明#2 BPT 测点、#6 BPT 测点、#9 BPT 测点、#11 BPT 测点、#19 BPT 测

点和#20 BPT 测点存在异常。进一步采用 10.3 节所述的基于燃料分配系数的燃烧室故障诊断方法，可以诊断得到各个燃烧室单元的燃料分配系数为

SF_B = [0.05, 0.053, 0.05, 0.05, 0.051, 0.05, 0.051, 0.05, 0.05, 0.05, 0.05, 0.05, 0.05, 0.05, 0.049, 0.047, 0.05, 0.049, 0.05, 0.05]

说明对应的#2 燃烧器、#5 燃烧器、#7 燃烧器、#15 燃烧器、#16 燃烧器和#18 燃烧器存在异常。

5. 案例 5

燃气轮机负荷率为 30.8%，通过 10.2 节所述的 BPT 偏差计算公式（10.1）可以得到

[BPT 偏差] = [0, 0, 0, 0, 0, 0, 0, 0, 0, 9.8807, 0, 0, 0, 0, 0, 0, 0, 0, 0, −9.9007]

BPT 偏差的雷达图如图 10.19 所示。

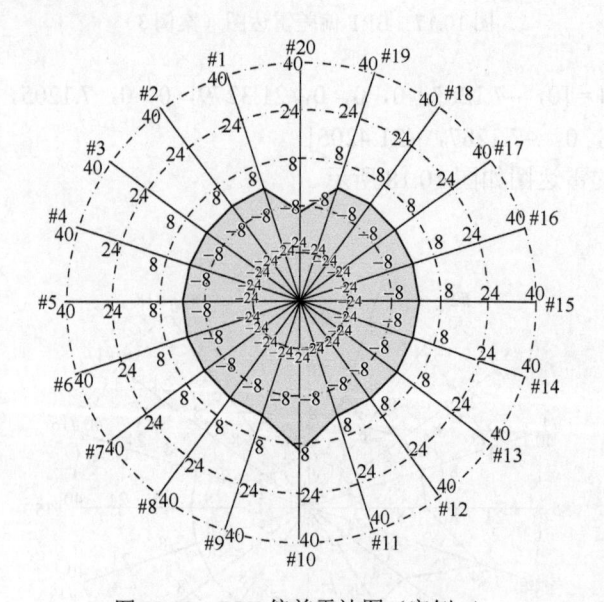

图 10.19　BPT 偏差雷达图（案例 5）

说明#10 BPT 测点和#20 BPT 测点存在异常。进一步采用 10.3 节所述的基于燃料分配系数的燃烧室故障诊断方法，可以诊断得到各个燃烧室单元的燃料分配系数为

SF_B = [0.05, 0.05, 0.05, 0.05, 0.052, 0.05, 0.05, 0.05, 0.05, 0.05, 0.05, 0.05, 0.05, 0.05, 0.048, 0.05, 0.05, 0.05, 0.05, 0.05]

说明对应的#5 燃烧器和#15 燃烧器存在异常。

综上所述，结合第 8 章内容，本章所提出的方法可实现燃气轮机机组并网后全工况（从 IGV 最小开度负荷至 IGV 全开基本负荷）全通流部件（进气系统、压气机、多燃烧室单元、透平和排气系统）的故障量化诊断，揭示气路恶化发展规律，实现在瞬态变工况下的故障辨识。

参 考 文 献

[1] Bai M L, Liu J F, Chai J H, et al. Anomaly detection of gas turbines based on normal pattern extraction[J]. Applied Thermal Engineering, 2020, 166: 1-18.

第 11 章　基于数据和知识联合驱动的燃气轮机自适应燃烧调整方法研究

我国重型燃气轮机的自主研发方兴未艾，如中国联合重型燃气轮机技术有限公司（联合重燃）、上海电气（集团）总公司（上海电气）、东方电气股份有限公司（东方电气）均在进行重型燃气轮机的自主研发工作。上述几家公司在重型燃气轮机自主研发方面取得了重要进展，但基于自主研发的重型燃气轮机在燃烧调整技术方面暂未取得突破。燃气轮机运行维护核心技术开发难度大、周期长、所需投入大。特别是在燃烧监测、诊断与燃烧调整技术方面，国内研究基础较为落后（国内实验平台基础及条件相对较差，对燃烧调整核心技术的消化吸收和研究不够），无经验可借鉴。针对上述问题，本章开展重型燃气轮机贫燃料预混燃烧稳定控制的基础研究，提出一种计及通流部件性能退化的重型燃气轮机自适应燃烧调整方法，开展数据（即基于数据驱动的人工智能技术）和知识（即基于物理机理的热力建模技术）联合驱动的重型燃气轮机自适应燃烧调整机制研究，提取决定燃烧稳定性与排放水平的关键燃烧状态特征，建立燃烧稳定性、排放水平与燃烧状态特征参数的定性、定量关系规则库，构建基于深度强化学习的重型燃气轮机自适应燃烧调整系统，打破国外企业对燃烧监测及调整技术的封锁。

11.1　燃气轮机燃烧室燃烧稳定性原理分析

11.1.1　扩散燃烧与预混燃烧

对于扩散燃烧，在扩散燃烧反应模式下，保持燃料气、空气的流动均稳定，在燃烧反应区内会自动形成位置稳定、当量比≈1 的反应（火焰）薄层，如图 11.1 所示。

在这个燃烧反应（火焰）薄层内：①温度很高（约 1730℃以上），必须在其后掺入冷却空气稀释、降温；②NO_x 生成量很高，需要在其后注水或蒸汽或喷氨降低 NO_x 排放量。

对于预混燃烧，贫燃料预混燃烧器是 F 级重型燃气轮机普遍选用的干式低氮

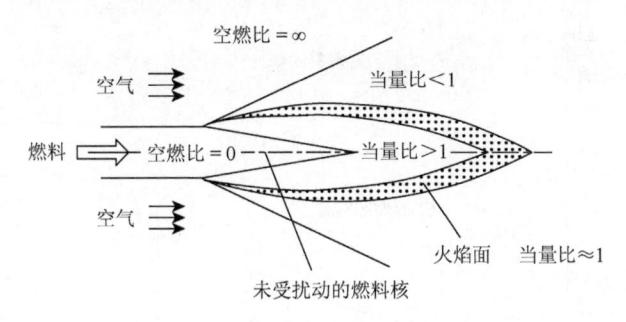

图 11.1 扩散燃烧反应模式

燃烧器的一种。典型贫燃料预混燃烧器的工作原理与扩散燃烧不同,燃料气与空气流动、掺混与燃烧过程分为在掺混区、反应区两个分区中进行。

贫燃料预混燃烧器实现原理和特点如下。

(1) 燃烧反应生成燃气的温度,取决于未燃混气当量比。

(2) 燃烧反应的 NO_x 生成量,取决于未燃混气当量比,如图 11.2 所示。

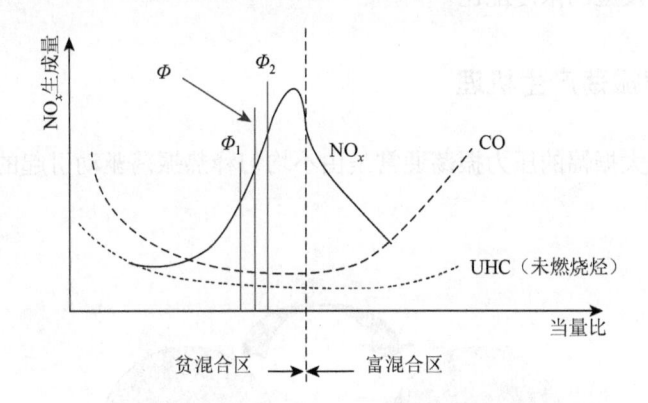

图 11.2 燃烧反应的 NO_x 生成量与未燃混气当量比的关系

(3) 燃烧稳定性较低,容易出现吹熄和回火,稳定性主要取决于未燃混气的当量比、流速两者的共同影响,如图 11.3 所示。

在反应区中,燃烧反应的当量比 $\varPhi<1$,燃烧反应温度、NO_x 生成量较扩散燃烧降低,一般选燃烧温度<1650℃。进入掺混区的燃料气、空气质量流量按当量比 $\varPhi<1$ 配置(称为贫燃料或稀薄燃烧),在掺混区内,两股气流经快速掺混形成未燃混气。理想的掺混结果为反应区内各处的未燃混气浓度均等于 $\varPhi$,相应的燃烧反应温度与 NO_x 生成量都是可确定的数值,不存在显著波动,将这种理想的掺混与燃烧过程,称为"均相"化学反应。因为管道、掺混器和燃料喷嘴之间存在设备差异,引起燃料气分配不均,实际供入反应区的未燃混气当量比在一个区间

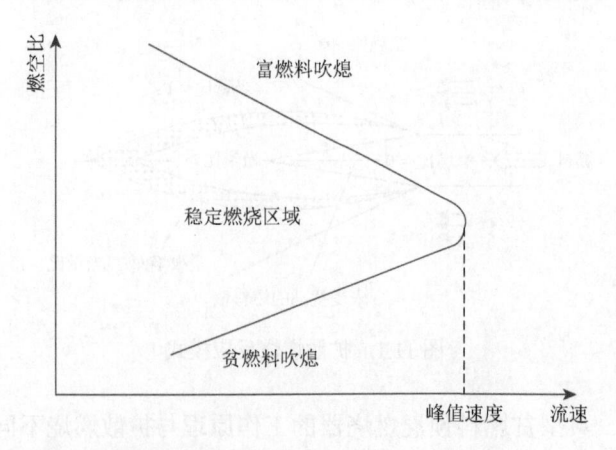

图 11.3　燃烧稳定性与未燃混气的当量比、流速两者的关系

$\varPhi_1 \sim \varPhi_2$ 内波动，如图 11.2 所示。"均相"化学反应，属于不可能获得的理想情况。燃空比仅表示掺混前燃料气、空气的配比关系，可称为"物理配比"，当量比 $\varPhi$ 则是影响化学反应的浓度配比。

11.1.2　热声振荡产生机理

燃烧室内大振幅的压力振荡通常是由不均匀释热振荡驱动引起的，如图 11.4 所示。

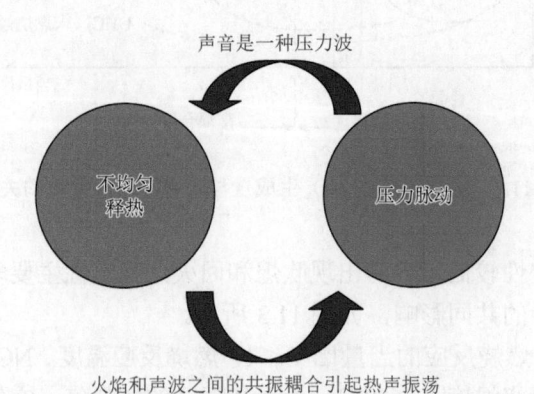

图 11.4　燃气轮机燃烧室热声振荡产生机理

热声振荡对燃气轮机硬件（如燃烧室和透平）具有破坏性影响。这些不均匀释热振荡产生声波，声波首先从火焰传播到燃烧室壁面边界，再从边界反射并重新冲击到火焰上，导致不均匀释热振荡逐渐增强，如图 11.5 所示。

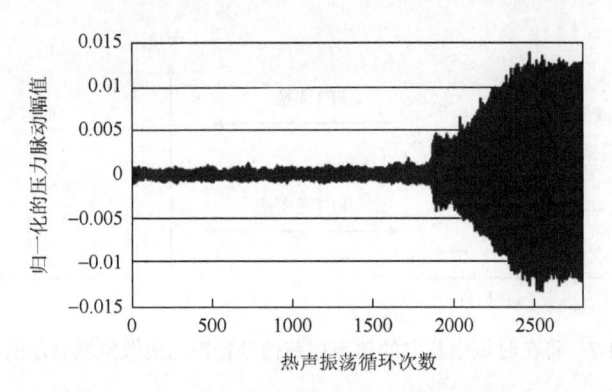

第 11 章　基于数据和知识联合驱动的燃气轮机自适应燃烧调整方法研究　·237·

图 11.5　燃烧室热声振荡随着循环次数逐渐增强

如图 11.5 所示，这些压力脉动和不均匀释热振荡的相对相位，产生了一个潜在的自激反馈回路。这种反馈回路导致的热声振荡，其振幅在饱和到极限值之前呈指数增长。在燃烧不稳定期间，燃烧过程通常会激发燃烧室产生一个或多个自然声学模式，如图 11.6 所示。

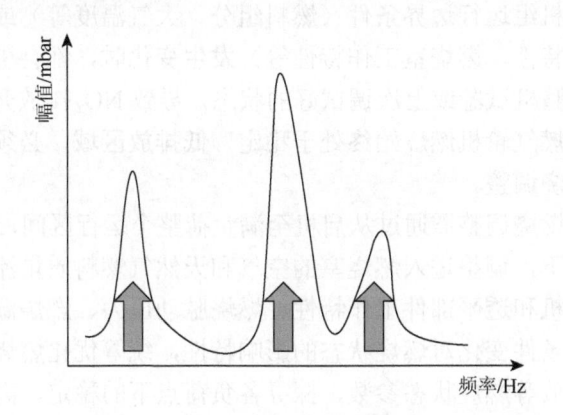

图 11.6　燃烧室压力脉动的傅里叶变换

FFT 在频率（频谱）分析领域非常重要，因为它可以将在时域中获取的离散信号（燃烧室压力脉动信号或燃烧室振动加速度）转换为离散频域表示的信号，如图 11.6 和图 11.7 所示。

如图 11.7 所示，经过 FFT 变换，这些热声振荡现象通常以与燃烧室的自然声学模式相关联的离散频率的形式存在。

11.2　燃气轮机燃烧室燃烧调整技术发展现状

燃烧调整技术是重型燃气轮机运行维护领域的关键技术之一，可以避免燃气

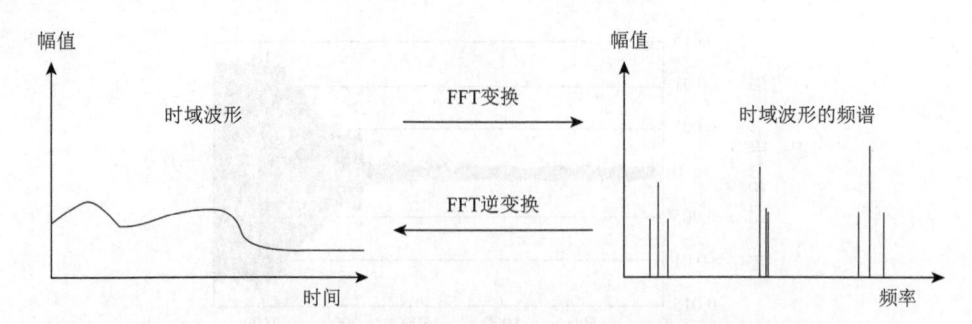

图 11.7　将在时域中获取的热声振荡信号转换为离散频域表示的信号

轮机燃烧不稳定和污染物排放超标现象发生，确保燃气轮机机组安全稳定、绿色高效地运行。当前我国尚未掌握重型燃气轮机燃烧调整技术，新建或在役燃气轮机的燃烧调整大多由国外燃气轮机制造商提供技术服务。重型燃气轮机燃烧调整技术是一种复杂的、需要兼顾压气机工作特性、考虑多要素影响、多目标统筹优化的燃烧技术，属于燃气轮机的售后服务和运行维护范畴。无论是新建机组调试阶段，还是在役机组运行边界条件（燃料组分、大气温度等）或通流部件本身状态（压气机工作特性、燃烧室工作特性等）发生变化时，都会引发燃烧室工作状态点偏离出厂前整机试验或上次调试好的状态，导致 NO_x 排放升高，热声振荡频发。因此，为使燃气轮机燃烧始终处于稳定、低排放区域，必须对燃烧室工作状态点重新进行燃烧调整。

燃气轮机的燃烧调整需通过从启机至满负荷整个运行区间，选择多个负荷点，并在每个负荷点下，调整进入燃烧室的空气和天然气燃料质量流量及分配比例，并综合考虑压气机和透平部件工作特性、燃烧脉动压力、燃烧温度、污染物排放以及燃料和大气条件变化对燃烧状态的影响特性，统筹优化燃烧脉动压力、燃烧温度、污染物排放等燃烧状态参数，探寻各负荷点下的稳定、高效、低排放运行工作边界，并反复进行升负荷和降负荷燃烧调整；而且待各负荷点的燃烧调整完成后，还需通过快速升负荷和降负荷实验验证燃烧调整控制参数设置的合理性，确保燃气轮机能在整个负荷区间安全、可靠运行。

目前在重型燃气轮机领域，美国通用电气公司、德国西门子公司、日本三菱集团已成为拥有独立设计、实验、制造技术的重型燃气轮机主要制造商，且均已开发出各自的燃烧调整系统及燃烧调整技术，并应用于实际机组。

1. 三菱自动燃烧调整系统

该系统能抑制燃烧振动的增加，并能保持机组以最佳状态连续运行，提高运行的可靠性。但该系统仅在燃气轮机本体、燃烧器及燃料系统的调整范围内进行自动调整，以达到最佳的运行点。燃烧振动检测传感器共有 24 个，包括安装于#1～#20 燃烧器的压力波动检测传感器和分别安装于#3、#8、#13、#18 燃烧器的加速度检测传感器。燃气轮机控制系统对燃烧器压力波动传感器和加速度传感器检测数据分为 9 个不同的频段进行分析，分别为 LOW（15～40Hz）、MID（55～95Hz）、H1（95～170Hz）、H2（170～290Hz）、H3（290～500Hz）、HH1（500～2000Hz）、HH2（2000～2800Hz）、HH3（2800～3800Hz）、HH4（4000～4750Hz）。在不同频段针对燃烧器压力波动传感器和加速度传感器检测数据分别设置了调整、预报警、降负荷、跳闸等功能限值，其中，调整功能由 A-CPFM 系统完成；预报警、降负荷、跳闸功能由燃气轮机控制系统实现。当 24 个传感器中的任意 2 个检测数值超过降负荷限值时，触发燃气轮机降负荷；当 24 个传感器中的任意 2 个检测数值超过跳闸限值时，跳闸保护动作，例如，燃气轮机跳闸由#1、#2、#19 压力波动传感器 HH2 频段检测数值均超过跳闸限值引起。

三菱干式低 NO_x（dry low NO_x，DLN）燃烧器是通过调整燃料比、空气量来控制燃烧状态（火焰稳定性、NO_x 产生量等）。扩散燃烧（值班喷嘴）与预混合燃烧（主喷嘴）的燃料比通过值班燃料控制信号进行控制；进入燃烧器的空气量通过燃烧器旁路阀进行控制。自动燃烧调整系统是指依据分析结果，为达到机组稳定运行，对上述值班燃料控制信号及燃烧器旁路阀加以自动调整。自动燃烧调整系统的机能是依据高速收集的数据,对稳定区域进行分析并自动进行调整(修正)，如图 11.8 所示。

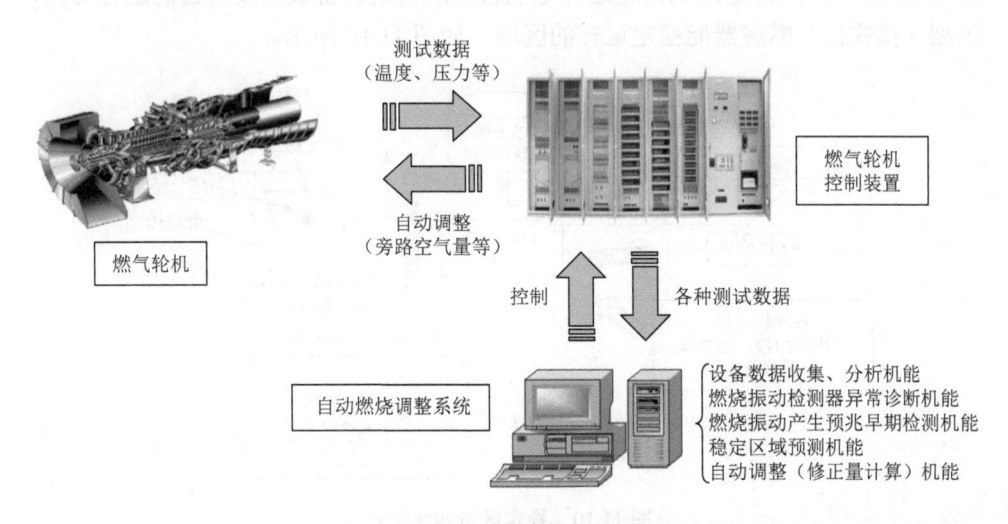

图 11.8　自动燃烧调整系统的机能

自动燃烧调整动作将持续到燃气轮机运行点达到稳定区域为止,如图 11.9 所示。

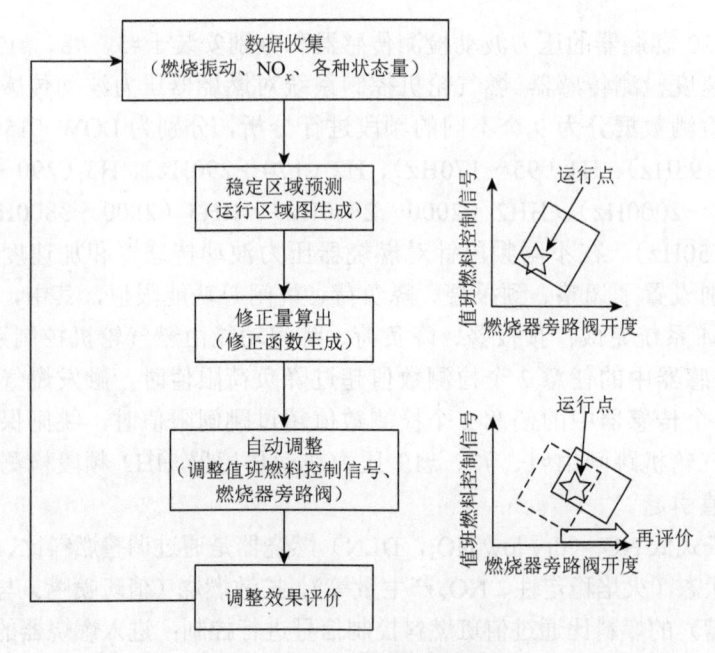

图 11.9　自动燃烧调整流程

如图 11.9 所示，当自动燃烧调整时，若有其他燃烧振动成分发生变化，也要考虑其变化的影响，进行调整动作。随时反复这一连串动作，确保燃气轮机运行点在稳定范围内。稳定区域预测过程是从收集的机组设备数据及过去的运行数据，预测（模式化）燃烧器能稳定运行的区域，如图 11.10 所示。

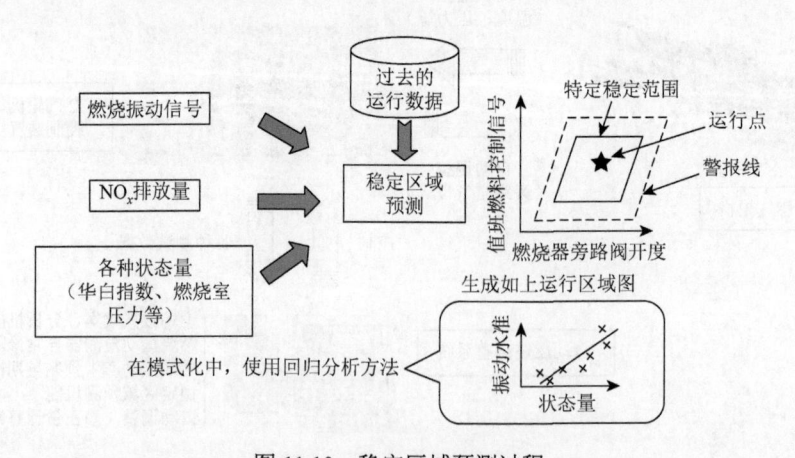

图 11.10　稳定区域预测过程

从实际燃气轮机运行数据评价机组燃烧稳定性，并依据其修正量对计算结果实施自动调整，如图 11.11 所示。

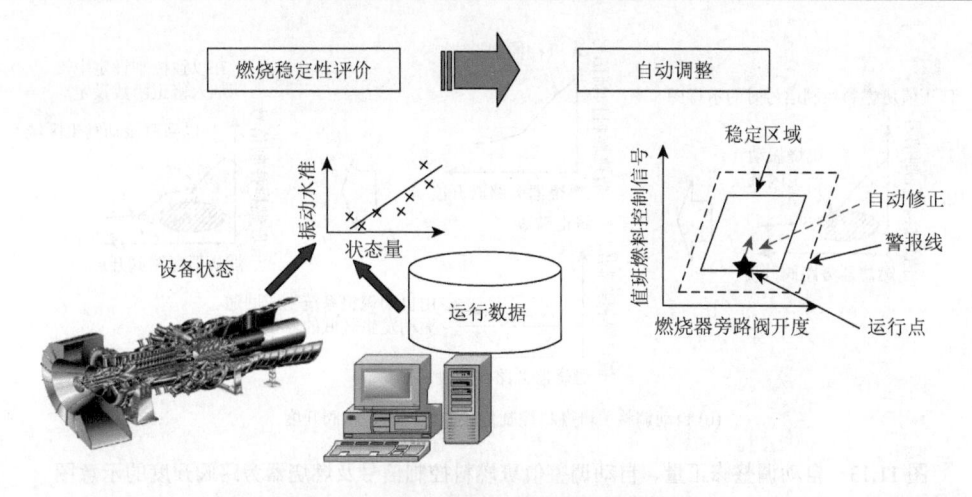

第 11 章　基于数据和知识联合驱动的燃气轮机自适应燃烧调整方法研究　　·241·

图 11.11　自动调整（修正量计算）过程

在运行区域图生成过程中，稳定区域预测公式是根据各个燃烧器以及各个频率带计算得到，各个燃烧器存在其稳定燃烧区域，最终综合得到整个燃烧室最佳的稳定区域，如图 11.12 所示。

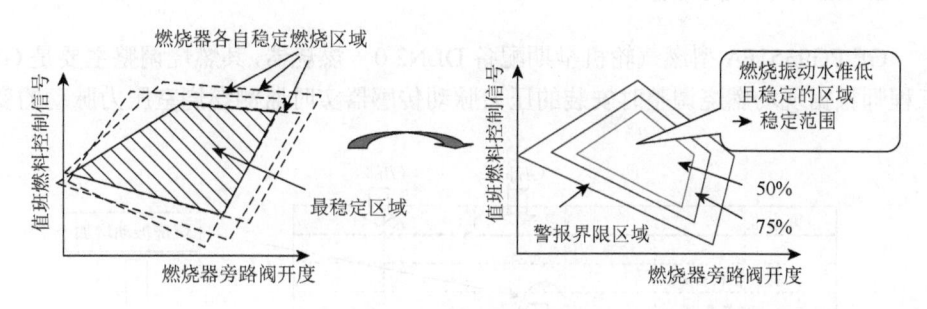

图 11.12　运行区域图生成过程

当燃烧振动产生时，考虑防止熄火等的运行限制，依据燃烧稳定分析结果决定修正方向和修正量。当燃烧振动水准或 NO_x 排放量超出管理值时，从上述的运行区域图，计算出向燃烧稳定方向的调整量，自动调整值班燃料控制信号及燃烧器旁路阀开度，如图 11.13 所示。

(a) 自动调整修正量计算过程

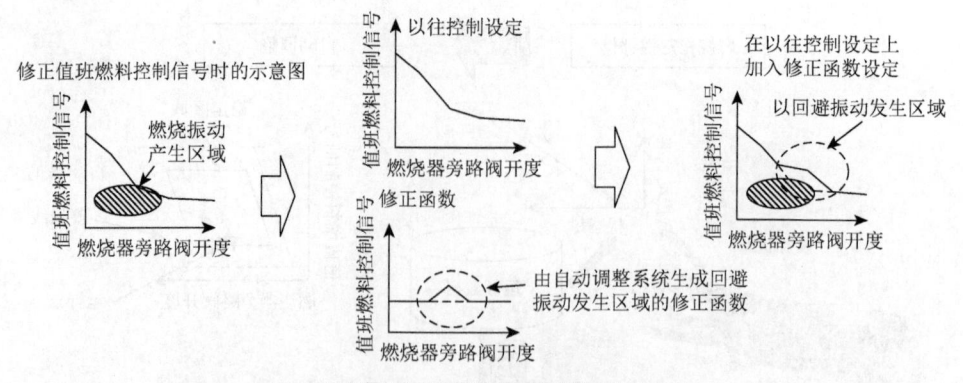

(b) 自动调整值班燃料控制信号及燃烧器旁路阀开度

图 11.13　自动调整修正量、自动调整值班燃料控制信号及燃烧器旁路阀开度的示意图

进行自动燃烧调整修正的契机有两个：一是燃烧振动超过规定值，二是检测到有超高频率预兆，此时需要自动调整值班燃料控制信号及燃烧器旁路阀，如图 11.14 所示。

2. GE 自动燃烧调整系统

GE PG9351FA 型燃气轮机早期配备 DLN2.0＋燃烧器，其燃烧调整主要是 GE 工程师根据现场燃烧调整时安装的压力脉动传感器实时监测燃烧室压力脉动的变

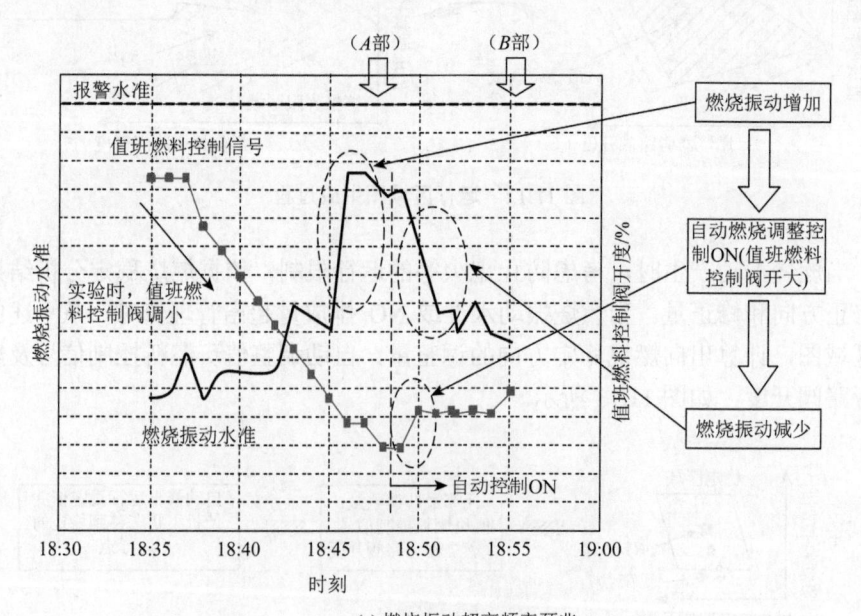

(a) 燃烧振动超高频率预兆

不稳定状态（A部）图

稳定状态（B部）图

(b) 燃烧振动超高频率预兆出现后自动燃烧调整

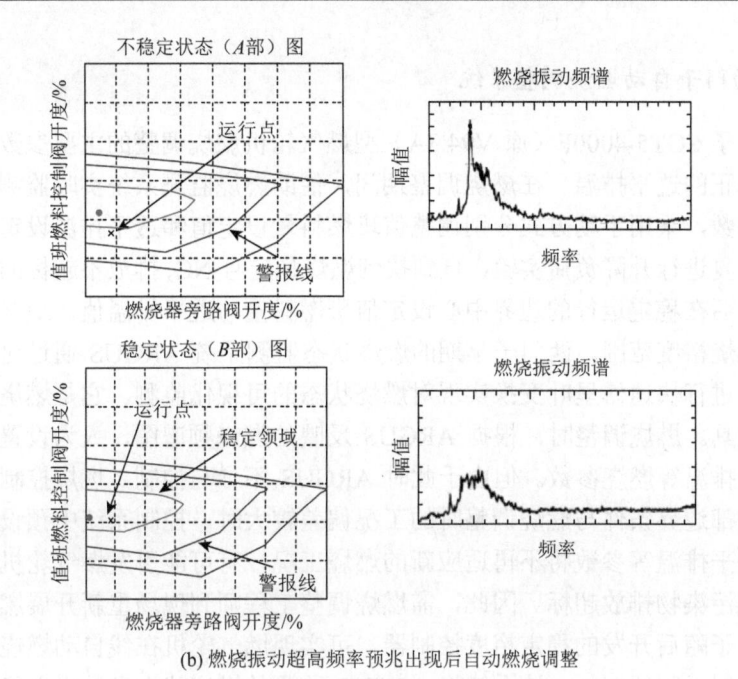

图 11.14　燃烧振动超高频率预兆及自动燃烧调整

燃烧振动超高频率预兆指超高频率出现时燃烧振动水准会突变。需要监视振动水准的变动，而不是振动水准本身。当燃烧振动水准变动较大时，即使没有超过管理值也视其为预兆

化情况，通过调整不同燃烧模式下 D5、PM1、PM4 各燃料通道的燃料分配比例，将燃烧室压力脉动控制在较低的范围内，同时确保 NO_x、CO 排放满足环保要求。后来有部分燃气轮机电厂在 PG9351FA 型燃气轮机上配备了燃烧压力脉动监测系统，该监测系统能够实时监测燃气轮机各燃烧室的压力脉动情况，电厂运行人员可据此在燃气轮机机组报警或跳机前，及时调停燃气轮机机组，然后对燃烧室进行检查，实现对燃烧室的状态检修，使得燃气轮机燃烧室燃烧状况恢复到一个较好的运行状况。然而，由于燃烧压力脉动监测系统尚不具备联锁保护功能，所以只能依靠现场运行人员根据压力脉动实时监测情况，提前发现问题，并及时采取措施，避免燃烧系统发生严重故障。GE 随后开发的 OpFlex AutoTune 自动燃烧调整系统，是基于燃气轮机热力循环模型、燃烧特征数据实时反馈的控制系统，该系统采用模型化控制技术，能够实时自动连续地对燃烧系统的燃料进行分配调整。OpFlex AutoTune 自动燃烧调整系统可适应更宽泛的华白指数范围，消除季节性燃烧调整，避免接近贫燃熄火极限时熄火，保障燃气轮机机组的高效安全运行。同时，运行人员也可通过该系统调整 NO_x 排放浓度的目标值，以应对日益严苛的环保要求。该系统已经成功地应用于 GE 公司装有 DLN2.6＋燃烧器的 PG9351FA 型燃气轮机。

3. 西门子自动燃烧调整系统

西门子 SGT5-4000F（原 V94.3A）型燃气轮机燃烧调整的主要参数为值班燃料量和修正的透平排温。在燃烧调整期间，借助燃烧监测系统实时监测燃烧室燃烧状态参数，采用手动方式分别调整值班燃料量设定值和透平排温设定值，以不同速率反复进行升降负荷实验，直到找到燃烧稳定且 NO_x 排放不超标的稳定运行边界，然后在稳定运行的边界中心设定值班燃料量与透平排温值，最终获得良好的稳定燃烧裕度范围。西门子早期的燃烧状态监测系统 ARGUS 通过对加速度和嗡鸣信号进行快速傅里叶变换实现对燃烧状态的可视化监测，它是燃烧调整的重要监视工具。燃烧调整时，根据 ARGUS 反映的燃烧频谱图，人为设置值班燃料量和透平排温等燃烧参数。但由于此时 ARGUS 不参与控制，燃烧控制为开环控制。当外部边界条件与燃烧调整时的工况偏差较大时，控制系统中预设的值班燃料量和透平排温等参数将不再适应新的燃烧工况，有可能引发燃气轮机机组燃烧不稳定或污染物排放超标。因此，需燃烧调整工程师到现场重新开展燃烧调整实验。西门子随后开发的稳定裕度控制器，可实现燃气轮机在线自动燃烧调整，其燃烧控制属于闭环控制。该系统将 ARGUS 监测的燃烧状态参数引入稳定裕度控制器，稳定裕度控制器根据预设的燃烧调整曲线，在燃气轮机即将出现燃烧不稳定时，自动对值班燃料流量和透平排温设定值进行实时调整。当燃气轮机燃烧稳定后，ARGUS 将参数反馈给稳定裕度控制器，稳定裕度控制器通过燃气轮机控制系统重新把参数调回最佳状态，确保机组的燃烧效率。该系统可提高燃气轮机机组燃烧稳定性，减少跳机次数。但其主要从燃烧稳定性的角度，对值班气流量或透平排温进行调整，而对机组排放、运行经济性和调峰性能考虑不足，即燃烧状况恶化时，会适度牺牲燃气轮机机组的运行经济性、调峰性能或机组排放，以换取燃气轮机的运行安全性。

综上所述，国外各燃气轮机主要制造商均研发了各自的燃烧调整系统，以解决燃气轮机部分燃烧不稳定问题，但由于燃气轮机的工况条件复杂多变，有时仍需燃烧调整工程师赴现场借助压力脉动监测系统进行燃烧调整。除上述燃气轮机主要制造商外，国外多家第三方服务机构经过多年技术积累和工程应用，也具备 E 级以及部分 F 级燃气轮机的燃烧调整技术能力。

11.3 基于机器学习的燃烧调整优化

现代燃气轮机使用贫预混燃烧器来满足严格的 NO_x 排放要求。然而，贫预混燃烧器的稳定运行范围很窄，其性能容易受到环境条件和运行控制条件变化的影响。例如，当环境温度在冬季下降很多时或燃料/空气比在低负荷运行时下降很多时，燃烧器可能会出现贫燃料吹熄问题。为了运行安全和性能优化，通常会根据季节变化和运行维护周期进行定期的燃烧调整，通过调节几个关键的操作变量来完成。执行燃烧调整的前提条件是建立运行性能（如排放、燃烧动力学）和运行变量之间的映射关系。燃烧脉动压力的增大致使燃烧室振动加速度增大。过大的脉动压力和振动加速度可能导致火焰熄灭，甚至导致燃烧室和透平结构损坏。

11.3.1 燃烧调整优化目标

重型燃气轮机的燃烧调整与优化主要涉及两个方面：一是减少 NO_x 排放量；二是提高燃烧稳定性，即降低燃烧脉动压力和燃烧室振动加速度。鉴于这两方面燃烧性能通常相互耦合，且调整任一方面燃烧性能参数可能会导致另一方面燃烧性能参数恶化，因此提出了两个优化目标：一是在燃烧室振动加速度不超过限值的约束下使 NO_x 排放量最小化，二是在 NO_x 排放量不超过限值的约束下使燃烧脉动压力最小化。

当最小化 NO_x 排放量时，可以通过向优化目标引入惩罚函数来实现对燃气轮机输出功率、透平排温、燃烧脉动压力和燃烧室振动加速度的约束，如下：

$$OF_{NO_x} = NO_x + \text{comp}(PEL_{LL}, PEL, PEL_{UL}) + \text{comp}(OTC_{LL}, OTC, OTC_{UL})$$
$$+ \text{comp}(ACC_{LL}, ACC, ACC_{UL}) + \text{comp}(DP_{LL}, DP, DP_{UL})$$
(11.1)

$$\text{comp}(a,b,c) = \begin{cases} m(b-c), & b > c \\ m(a-b), & b < a \\ 0, & a \leqslant b \leqslant c \end{cases}$$
(11.2)

式中，NO_x 表示 NO_x 排放量；PEL 为燃气轮机输出功率；OTC 为透平排温；ACC 为燃烧室振动加速度；DP 为燃烧脉动压力；下角标 LL 表示下限值，UL 表示上限值。

在实际的燃烧调整中，出于安全考虑，应避免过大的燃气轮机运行参数变化。优化目标中每个运行参数都预设了适当的变化限制。燃气轮机运行控制参数（如 IGV 开度位置、值班气质量流量和预混气质量流量等）的调节变化量在燃烧调整过程中被限制为不超过±5%。PEL 和 OTC 被限制在±1%的变化范围内。通过将 PEL_{UL} 和 PEL_{LL} 分别设置为 PEL 原始值的 101%和 99%，将 PEL 限制在其原始值的±1%以内。同时，通过将 OTC_{UL} 和 OTC_{LL} 分别设置为 OTC 原始值的 101%和 99%，将 OTC 限制在其原始值的±1%以内。ACC 和 DP 应尽可能低，因此将其下限设置为 0，而将其上限限制在+10%的变化范围内。m 是 PEL 项、OTC 项、ACC 项和 DP 项的惩罚系数，这里设置为 10^5。在 ACC、PEL、OTC 和 DP 保持在其允许限值内的情况下，将 m 设置为 0，以便优化目标函数仅使 NO_x 排放量最小化。否则，它们的惩罚系数被设置为 10^5 以使优化目标函数 OF_{NO_x} 非常大，即惩罚 NO_x 排放量最小化。

当最小化 DP 时，可以通过向优化目标引入惩罚函数来实现对 PEL、OTC 和 NO_x 排放量的约束，如下：

$$OF_{DP} = DP + comp(PEL_{LL}, PEL, PEL_{UL}) + comp(OTC_{LL}, OTC, OTC_{UL})$$
$$+ comp(NO_{x_{LL}}, NO_x, NO_{x_{UL}})$$

(11.3)

$$comp(a,b,c) = \begin{cases} m(b-c), & b > c \\ m(a-b), & b < a \\ 0, & a \leq b \leq c \end{cases}$$

(11.4)

同理，在实际的燃烧调整中，出于安全考虑，应避免过大的燃气轮机运行参数变化。优化目标中每个运行参数都预设了适当的变化限制。燃气轮机运行控制参数（如 IGV 开度位置、值班气质量流量和预混气质量流量等）的调节变化量在燃烧调整过程中被限制为不超过 ±5%。PEL 和 OTC 限制在 ±1% 的变化范围内。通过将 PEL_{UL} 和 PEL_{LL} 分别设置为 PEL 原始值的 101% 和 99%，将 PEL 限制在其原始值的 ±1% 以内。同时，通过将 OTC_{UL} 和 OTC_{LL} 分别设置为 OTC 原始值的 101% 和 99%，将 OTC 限制在其原始值的 ±1% 以内。NO_x 排放量应尽可能低，因此将其下限设置为 0，而将其上限限制在 +10% 的变化范围内。m 是 PEL 项、OTC 项和 NO_x 排放量项的惩罚系数，这里设置为 10^5。在 PEL、OTC 和 NO_x 排放量保持在其允许限值内的情况下，将 m 设置为 0，以便优化目标函数仅使 DP 最小化。否则，它们的惩罚系数被设置为 10^5 以使优化目标函数 OF_{DP} 非常大，即惩罚 DP 最小化。

11.3.2 机器学习模型建立

本节在参考文献[1]的基础上，拟建立一个机器学习模型来描述燃烧室性能与燃气轮机运行参数的因果关系。燃烧室燃烧脉动压力和振动加速度是分别描述燃烧室内部压力振荡和燃烧室机械振动严重程度的重要参数。燃烧室性能参数包括 NO_x 排放量、燃烧脉动压力和燃烧室振动加速度，主要受环境边界条件（包括大气温度、大气压力和大气相对湿度）和关键操作运行变量（包括 IGV 开度位置、值班气质量流量、预混气质量流量、燃料温度、燃料压力、燃气轮机转速、燃气轮机输出功率和透平排温）的共同影响。此外，重型燃气轮机的输出功率和透平排温主要由 IGV 开度位置、值班气质量流量、预混气质量流量、大气温度、大气压力、燃料温度、燃料压力、燃气轮机转速决定。因此，可以设计两个机器学习子模型来提高对 NO_x 排放量、燃烧脉动压力和燃烧室振动加速度的预测准确性。

第一个机器学习子模型的输入参数为[IGV 开度位置,值班气质量流量,预混气质量流量,大气温度,大气压力,大气相对湿度,燃料温度,燃料压力,燃气轮机转速],输出参数为[燃气轮机输出功率,透平排温];第二个机器学习子模型的输入参数为[IGV 开度位置,值班气质量流量,预混气质量流量,大气温度,大气压力,大气相对湿度,燃料温度,燃料压力,燃气轮机转速,燃气轮机输出功率,透平排温],输出参数为[NO_x 排放量,燃烧脉动压力,燃烧室振动加速度]。其中,燃气轮机运行控制参数包括 IGV 开度位置、值班气质量流量、预混气质量流量和燃料压力的调节变化量在燃烧调整过程中被限制为不超过±5%。上述两个机器学习子模型的结构不仅保证了燃气轮机输出功率和透平排温这两个参数的预测准确性,而且利用这两个参数提高了第二个机器学习子模型对 NO_x 排放量、燃烧脉动压力和燃烧室振动加速度这三个参数的预测准确性。此外,输入参数中,燃气轮机转速可以改善对各种典型运行工况(如启动、惰走、并网、加载等)的预测准确性;大气压力会按比例影响进气密度,从而改变燃气轮机输出功率和透平排烟质量流量;燃料压力会影响喷嘴出口处的天然气燃料质量流量和燃料喷射速度,燃料喷射速度决定了燃料穿透深度和燃料-空气混合状况,这会进一步影响燃烧过程;大气相对湿度对燃气轮机性能的影响非常小,但它对氮氧化物排放有很大影响,尤其是在较低相对湿度条件下。上述 11 个输入参数可以在燃气轮机操作运行过程中连续测量,所有低频测量数据的采样间隔均为 1s。对于高频的燃烧脉动压力和燃烧室振动加速度测量数据,可以分别取其均方根值。

详细的燃烧调整优化目标、燃气轮机运行可控参数和约束条件如表 11.1 所示。

表 11.1 燃烧调整优化目标、燃气轮机运行可控参数和约束条件情况

类别	参数
燃烧调整优化目标	NO_x 排放量
	燃烧脉动压力
	燃烧室振动加速度
燃气轮机运行可控参数	IGV 开度位置
	值班气质量流量
	预混气质量流量
	燃料压力
约束条件	燃气轮机输出功率
	透平排温
	NO_x 排放量
	燃烧脉动压力
	燃烧室振动加速度

利用重型燃气轮机的现场运行数据可对上述两个机器学习子模型进行训练，测试验证通过后，结合 11.4.1 节所述的燃烧调整优化目标，当 NO_x 排放量或者燃烧稳定性超过限值时，利用粒子群优化算法对燃气轮机四个运行控制参数（IGV 开度位置、值班气质量流量、预混气质量流量和燃料压力）进行优化调节，并且出于安全考虑，燃气轮机运行控制参数（如 IGV 开度位置、值班气质量流量和预混气质量流量等）的调节变化量在燃烧调整过程中被限制为不超过±5%，以实现机组安全稳定、绿色高效运行。

11.4 基于数据和知识联合驱动的燃烧调整优化

11.4.1 研究目标与内容

重型燃气轮机燃烧稳定的关键核心是压气机与燃烧室运行适配。然而在整机系统下，进气系统、压气机、燃烧室、透平及排气系统协同运行，共同形成强非线性耦合热力系统，因此，燃气轮机燃烧状态除了受瞬变工况、环境条件、可变几何、抽气冷却等实际因素影响外，还受各个通流部件因发生性能衰退或损伤而导致特性偏移的作用影响。当前重型燃气轮机燃烧调整技术本质上是结合海量的运行数据经验，基于燃烧压力脉动信号的被动调整手段（且只针对特定型号燃气轮机），对于燃气轮机燃烧调整更深层次的机制并未掌握。为揭示重型燃气轮机燃烧振荡机理，需要从整机热力系统角度出发，提取决定燃烧稳定性与排放水平的关键燃烧状态特征，并在不干扰机组正常负荷调控运行（即不牺牲燃气轮机机组的运行经济性、调峰性能和机组排放）的前提下，建立主动燃烧调整、优化策略。

依据理论分析中亟待解决的问题，本节以重型燃气轮机燃烧调整为研究对象，提出一套完整的重型燃气轮机燃烧振荡预判、预控及快速优化调整方法。在对计及部件性能退化的燃气轮机全通流数学建模的基础上，设计基于全通流热力模型的燃烧状态特征提取器；针对燃烧振荡热声耦合特性，建立燃烧稳定性、排放水平与燃烧室载荷、各燃烧器当量比等燃烧状态特征参数的量化关系规则库，揭示燃烧振荡产生机理；再设计燃烧调整深度学习模型，并通过迁移学习，建立一套基于深度强化学习的重型燃气轮机自适应燃烧调整系统，实现重型燃气轮机燃烧调整的"精准化与智能化"。

依据研究目标，本章开展重型燃气轮机贫燃料预混燃烧稳定控制的基础研究。其中，基于全通流热力模型的燃烧状态特征提取方法以及基于深度强化学习的重型燃气轮机自适应燃烧调整方法是本章重点研究的内容。

1. 计及部件性能退化的全通流热力建模

考虑各个通流部件由发生性能衰退或损伤而导致特性偏移的实际情况，引入部件健康参数，建立计及部件性能退化的重型燃气轮机全通流热力模型，详细建模过程参考 8.1 节和 10.3.1 节。建立综合考虑各种干扰因素且包含全通流部件健康特征的重型燃气轮机整机数学模型，由气路可测参数通过整机热力学耦合关系剥离出通流部件健康参数与周向分布燃烧状态特征参数。

2. 基于全通流热力模型的燃烧特征提取

基于上述重型燃气轮机整机数学模型建立热力模型，设计基于全通流热力模型的燃烧状态特征提取器，利用机组刚投运或健康时的运行数据来自适应修正整机热力模型各通流部件设计工况的性能参数以及变工况的部件特性线，从而使整机热力模型各通流部件的初始特性与机组实际部件的健康基准特性相匹配。修正后的整机热力模型作为后续燃烧状态特征提取的驱动模型，提取决定燃烧稳定性与排放水平的关键燃烧状态特征。

3. 基于知识和数据联合驱动的自适应燃烧调整

在对决定燃烧稳定性与排放水平的关键燃烧状态特征提取的基础上，重点研究基于数据和知识联合驱动的重型燃气轮机自适应燃烧调整方法。具体研究内容如下。

（1）燃烧调整量化关系规则库建立。针对燃烧振荡热声耦合特性，建立燃烧稳定性、排放水平与燃烧室载荷、各燃烧器当量比、校正华白指数、值班/预混燃料配比等燃烧状态特征参数的量化关系规则库，揭示燃烧振荡产生机理。

（2）燃烧调整深度学习模型建立。制定燃烧振荡与排放水平综合调整的平衡准则，设计基于上述量化关系规则库的燃烧调整深度学习模型，对历史运行量化规则库数据进行深度学习。

（3）燃烧调整深度强化模型建立。基于上述燃烧调整深度学习模型，通过迁移学习，建立基于深度强化学习的自适应燃烧调整系统，在不干扰机组正常负荷调控运行（即不牺牲燃气轮机机组的运行经济性、调峰性能和机组排放）的基础上，实现主动燃烧调整、优化。

本章研究内容及其逻辑关系如图 11.15 所示。

11.4.2 拟解决的关键科学问题

重型燃气轮机燃烧调整研究本身是一个开放性很大、具有很大挑战性的课题，

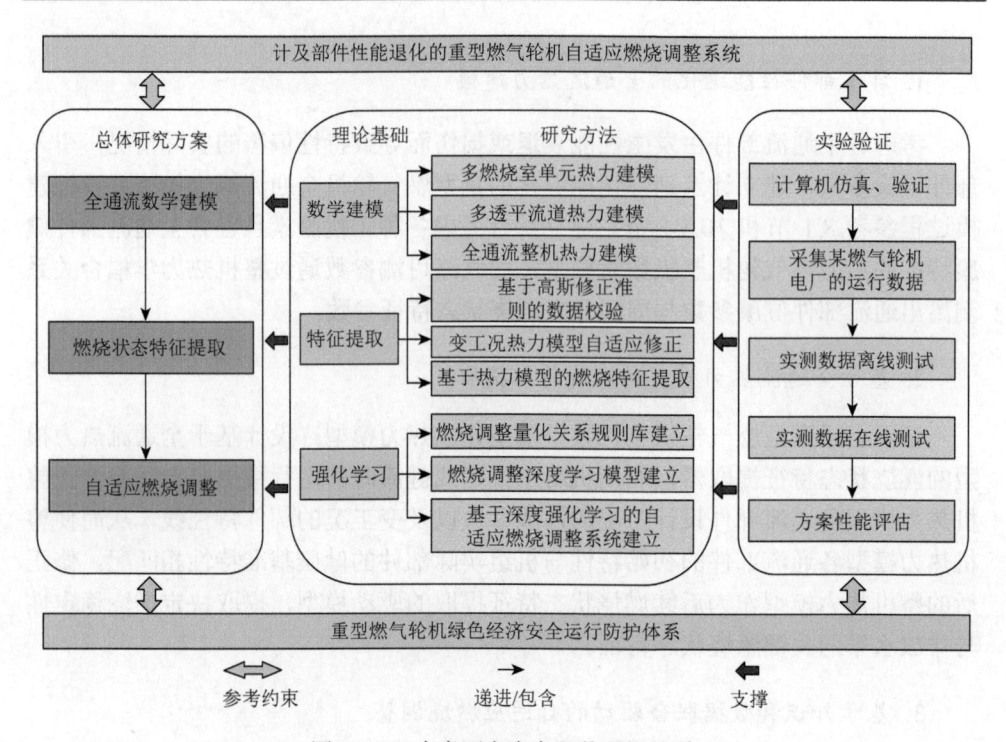

图 11.15 本章研究内容及其逻辑关系

其基础理论和方法还存在许多问题有待进一步研究。针对本章内容研究背景，是否可以有效提取到去除各种干扰因素后的燃烧状态特征参数，是本章内容面临的基本科学问题。从基本科学问题出发，本章拟解决的三个关键科学问题如下。

1. 考虑周向温度分布不均的全通流热力建模

燃气轮机通流部件健康参数与燃烧状态特征参数从数学本质上来讲是气路可测参数与各通流部件基准特性的非线性函数，如何去除各种实际影响因素、建立综合考虑上述各种干扰因素且包含全通流部件健康参数的重型燃气轮机整机数学模型，是本章内容实现对通流部件健康参数与周向分布燃烧状态特征参数提取的理论基础，也是进一步建立燃烧调整量化关系规则库需要解决的一个关键问题。

2. 周向分布燃烧状态特征的有效提取

在建立整机热力模型的基础上，如何实现设计工况与变工况整机热力模型自适应修正、使热力模型各通流部件的初始特性与机组实际部件的健康基准特性相匹配，以及选择合理的特征提取驱动算法，是有效提取通流部件健康参数与燃烧状态特征参数需要解决的另一个关键问题。

3. 深度强化学习模型的设计及优化

为有效制定燃烧振荡与排放水平综合调整的平衡准则，如何利用所提取的燃烧状态特征参数建立燃烧调整量化关系规则库，是实现基于深度强化学习的自适应燃烧调整需要解决的一个关键问题。另外，深度强化学习作为本章内容自适应燃烧调整构成的主要模块，设计有效的深度强化学习模型是本章内容需要解决的最后一个关键问题。

11.4.3 研究思路、方法与技术路线

本章将一种新理论、新方法应用于研究对象——重型燃气轮机燃烧调整中，将理论分析与仿真实验验证相结合，跨领域地应用一些新技术及新方法，并在此基础上进行一定程度的改进，针对重型燃气轮机燃烧调整技术所存在的亟待解决的问题，开展基于知识和数据联合驱动的重型燃气轮机自适应燃烧调整方法研究。通过搭建合理的仿真测试平台及实验演示平台，对实测数据进行验证。

1. 计及部件性能退化的全通流热力建模

重型燃气轮机燃烧稳定的关键核心是压气机与燃烧室运行适配，即压-燃耦合。然而在整机系统下，进气系统、压气机、燃烧室、透平及排气系统协同运行，共同形成强非线性耦合热力系统，因此，燃气轮机燃烧状态除了受瞬变工况、环境条件、可变几何、抽气冷却等实际因素影响外，还受各个通流部件因发生性能衰退或损伤而导致特性偏移的作用影响。为去除运行工况、环境边界、可变几何、抽气冷却等各种干扰因素，并考虑各个通流部件因发生性能衰退或损伤而导致特性偏移的实际情况，引入部件健康参数，建立计及部件性能退化的重型燃气轮机全通流热力模型，如图 11.16 所示。

对于进、排气系统，其健康状态与积灰、积焦等管路状况改变有关，定义压损特性指数作为进、排气系统健康参数，来表征进、排气系统管路状况变化的量化指标；对于燃烧室，其健康状态主要与燃料气管路阻塞、燃烧室头部燃料气泄漏、喷嘴燃料孔堵塞等管路状况改变有关，从而导致各燃烧器燃料流量分配不均，并表现在透平排温周向温度分布不均，定义各燃烧器燃料分配系数作为燃烧室健康参数，来表征燃烧室管路状况变化的量化指标，并以此建立考虑周向温度分布不均的燃烧室集总与多燃烧室单元热力模型；对于压气机和透平，其健康状态与积垢、磨损、腐蚀等有关，定义流量特性指数和效率特性指数作为压气机/透平健康参数，来表征压气机/透平通流能力和运行效率变化的量化指标，并以此建立压气机集总热力模型以及考虑周向温度分布不均的透平集总与多流道热力模型；最

终建立综合考虑上述各种干扰因素且包含全通流部件健康参数的重型燃气轮机整机数学模型，由机组气路可测参数通过整机热力学耦合关系剥离出通流部件健康参数与燃烧状态特征参数，这既能有效利用气路可测参数前后时间关系，避免数据在时间上的割裂，又能有效利用不同气路可测参数之间非线性耦合关系，提取决定燃烧稳定性与排放水平的周向分布关键燃烧状态特征。

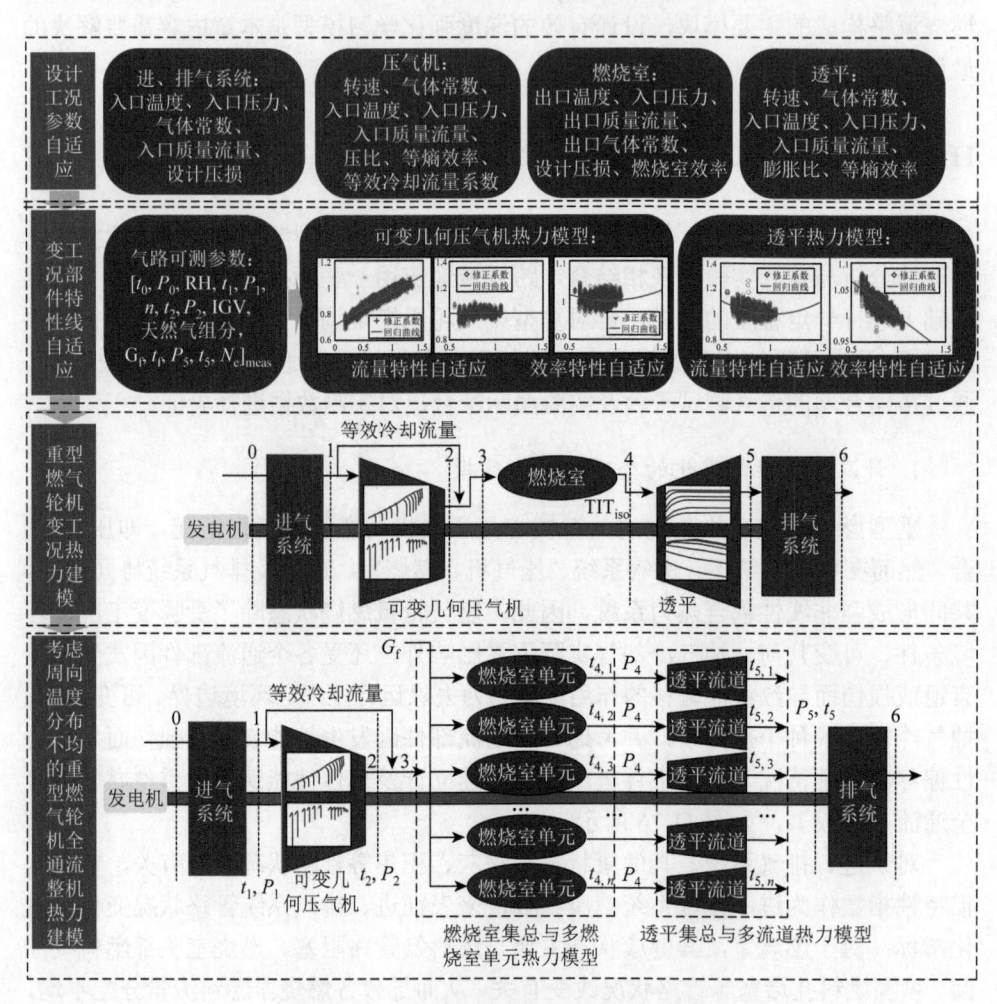

图 11.16 重型燃气轮机全通流热力建模

2. 基于全通流热力模型的燃烧特征提取

基于上述建立的重型燃气轮机全通流整机热力模型，设计基于全通流热力模型的燃烧状态特征提取器，如图 11.17 所示。利用机组刚投运或健康时的运行数据来自适应修正整机热力模型各通流部件设计工况的性能参数以及变工况的部件特性线，从而使整机热力模型各通流部件的初始特性与机组实际部件的健康基准特性相匹配。修正后的整机热力模型作为通流部件健康参数和燃烧状态特征参数提取的驱动模型，提取决定燃烧稳定性与排放水平的周向分布关键燃烧状态特征。

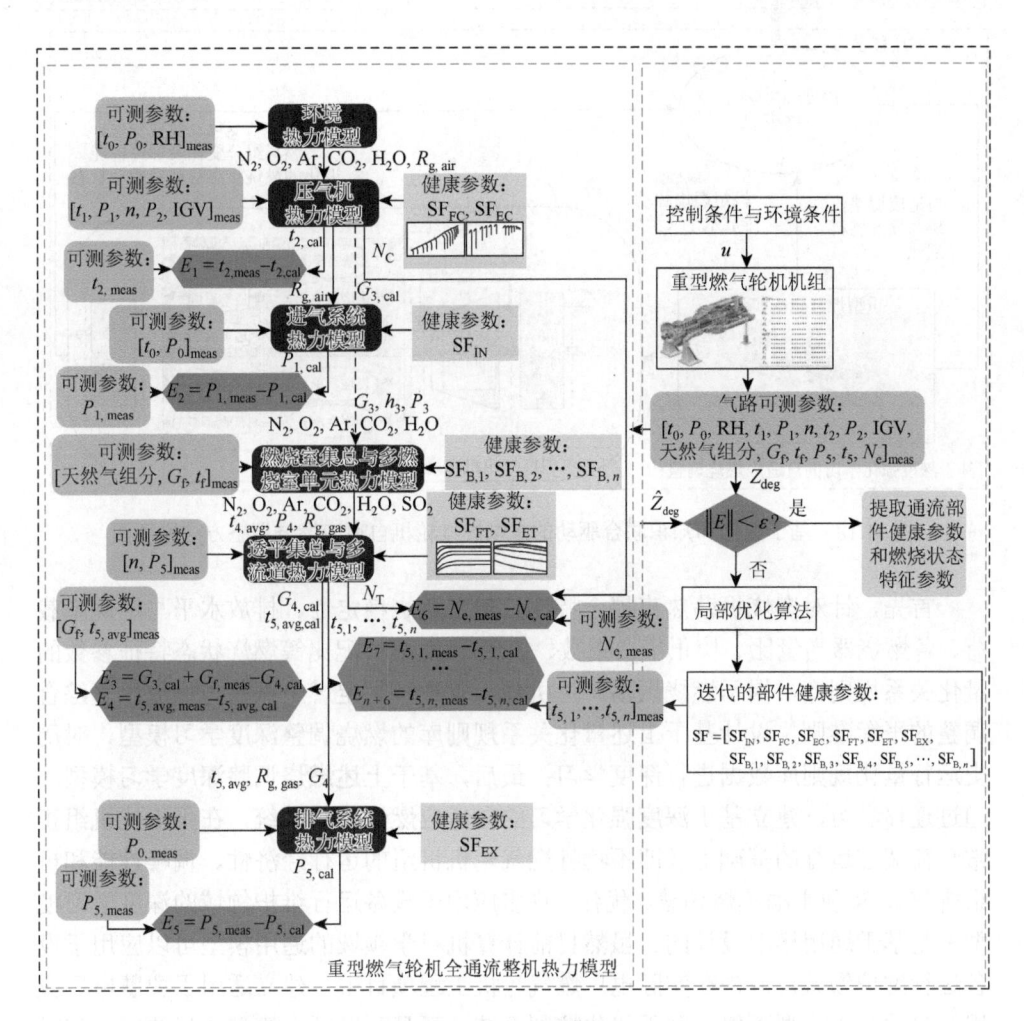

图 11.17 基于全通流热力模型的燃烧状态特征提取器

3. 基于深度强化学习的自适应燃烧调整

在对决定燃烧稳定性与排放水平的关键燃烧状态特征提取的基础上，重点研究基于数据（即基于数据驱动的人工智能技术）和知识（即基于物理机理的热力建模技术）联合驱动的重型燃气轮机自适应燃烧调整方法，原理如图 11.18 所示。

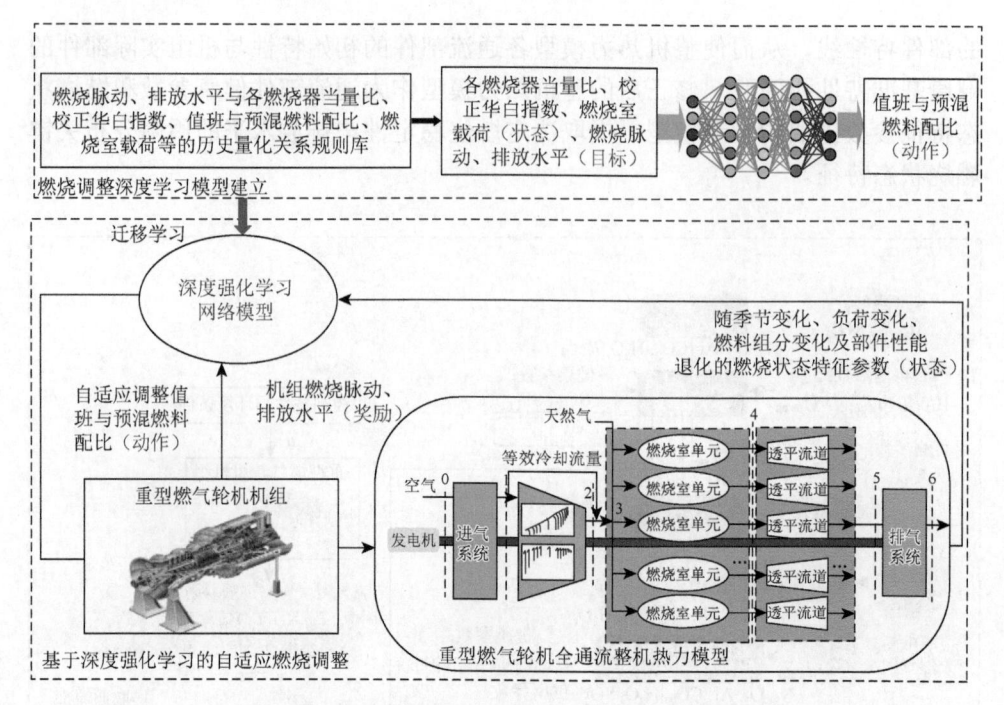

图 11.18　基于数据和知识联合驱动的重型燃气轮机自适应燃烧调整方法原理图

首先，针对燃烧振荡热声耦合特性，建立燃烧稳定性、排放水平与燃烧室载荷、各燃烧器当量比、校正华白指数、值班/预混燃料配比等燃烧状态特征参数的量化关系规则库，揭示燃烧振荡产生机理；其次，制定燃烧振荡与排放水平综合调整的平衡准则，设计基于上述量化关系规则库的燃烧调整深度学习模型，对历史运行量化规则库数据进行深度学习；最后，基于上述燃烧调整深度学习模型，通过迁移学习，建立基于深度强化学习的自适应燃烧调整系统，在不干扰机组正常负荷调控运行的基础上（即不牺牲燃气轮机机组的运行经济性、调峰性能和机组排放），实现主动燃烧调整、优化。许多应用于设备运行维护领域的深度学习模型都是基于通用模型设计的。虽然目前计算机科学领域的通用模型可以应用于设备运行维护领域，但是在实际电厂燃气轮机工程项目中，建立适用于智慧电厂应用场景的通用模型不仅有利于优化控制系统，而且可以减少模型选择的成本和时间，因此，在基于深度学习的智慧电厂应用框架下，深度强化学习作为本章自适应燃烧调整系统构成的主要模块，设计有效的深度强化学习模型是本章需要解决的最后一个关键问题。

本章以重型燃气轮机燃烧调整为研究对象，尽管各个制造商的技术风格不同，但拟建立的电厂燃气轮机整机数学模型及热力模型是综合考虑了运行工况、环境条件、可变几何、抽气冷却等各种实际干扰因素后高度泛化的模型，且基于热力模型的燃烧状态特征提取器所需的气路测量数据也是基于电厂实际机组现有的传感器测点所能获得的,由此对于不同的电厂燃气轮机,基于本章所提出的方法理论,存在数据、任务、模型之间的高度相似性。因此,在基于深度学习的重型燃气轮机燃烧调整框架下,可以进一步通过迁移学习将适用于当前机组燃调任务的深度强化学习模型自适应于其他相同或不同型号,甚至不同类型机组的燃调任务中,实现高效的燃调系统移植。

参 考 文 献

[1] Li S H, Zhu H X, Zhu M, et al. Combustion tuning for a gas turbine power plant using data-driven and machine learning approach[J]. Journal of Engineering for Gas Turbines and Power, 2021, 143 (3): 031021.